化学工业出版社"十四五"普通高等教育规划教材

Engineering Chemistry

工程化学

徐家宁　吴 珍　范 勇　刘媛媛　主编

化学工业出版社

·北 京·

内容简介

《工程化学》共9章，第1～7章为化学基础理论，第8章为化学与应用工程，第9章为化学实验基础（包括实验基础知识和4个实验项目）。本书基础理论部分由浅入深、循序渐进、内容精炼。

本书可作为各类工科和应用型院校相关专业教材和参考书。

图书在版编目（CIP）数据

工程化学 / 徐家宁等主编. -- 北京 ：化学工业出版社，2025. 10. --（化学工业出版社“十四五”普通高等教育规划教材）. -- ISBN 978-7-122-49403-0

Ⅰ. TQ02

中国国家版本馆 CIP 数据核字第 2025JR6535 号

责任编辑：李　琰　马　波　　　装帧设计：韩　飞
责任校对：宋　玮

出版发行：化学工业出版社
（北京市东城区青年湖南街13号　邮政编码100011）
印　　装：河北鑫兆源印刷有限公司
787mm×1092mm　1/16　印张13½　字数341千字
2026年2月北京第1版第1次印刷

购书咨询：010-64518888　　售后服务：010-64518899
网　　址：http://www.cip.com.cn
凡购买本书，如有缺损质量问题，本社销售中心负责调换。

定　　价：48.00元

《工程化学》编写人员名单

主　编： 徐家宁（吉林大学）

吴　珍（鄂尔多斯应用技术学院）

范　勇（吉林大学）

刘媛媛（内蒙古科技大学）

副主编： 王　坤（鄂尔多斯应用技术学院）

周　蔚（内蒙古科技大学）

陈晓霞（内蒙古科技大学）

李国祥（鄂尔多斯应用技术学院）

参　编： 王　莉（吉林大学）

薛　佼（内蒙古科技大学）

艾　晶（内蒙古科技大学）

阿木日萨娜（鄂尔多斯应用技术学院）

前言

工程化学是高等工科院校非化学化工类专业一门重要的基础课程，是化学学科与工程科学交叉融合的桥梁，肩负着为学生筑牢化学根基、开启科学思维大门的重要使命，旨在为新材料研发、能源转化、环境治理、智能制造等工程领域发挥基础性支撑作用，这也是新工科背景下复合型人才培养的必然要求。

《工程化学》一书立足于培养复合型工程技术人才的目标，紧密围绕化学原理在工程实践中的应用，不仅让学生掌握高等教育必需的基础化学知识，还能深入理解科学研究的方法论，提升科学素养，增强分析与解决实际工程问题的能力。

本书由吉林大学、内蒙古科技大学、鄂尔多斯应用技术学院等多所高校教学一线教师合作共同完成。编写团队秉持“夯实化学基础、强化工程应用、融入课程思政”的编写理念，依托多年教学积累，力求实现理论深度与实践广度的平衡。

其一，对教材内容进行了精心设计。以化学热力学、化学动力学、化学平衡、溶液化学、物质结构理论、电化学为核心主线，系统阐述化学基本原理，着力夯实化学的理论基础。

其二，以工程应用和实验能力培养为导向，聚焦能源、材料、环境工程等跨学科应用，体现化学在工程技术中的关键作用；注重操作规范与安全意识培养，通过典型实验案例提升学生动手能力，培养科学思维，强化综合实践能力培养。

其三，隐性融入课程思政，将科学家的探索故事、化学发展史与献身科学精神、工程伦理教育与家国情怀等融入教材中，强调绿色化学理念与可持续发展观、科技报国的使命与担当，通过知识载体传递价值观念，力图实现知识传授与价值引领的统一。

限于编者水平，书中难免存在疏漏与不足之处，恳请广大师生和读者批评指正，以便再版修订时得以完善。

编者

2025 年 6 月

目录

第 1 章 化学基础知识

气态、液态和固态是物质常见的三种存在状态，气体的性质比较简单，人们对其研究得最早。等离子体是部分失去电子的正负离子与电子组成的气态状物质，是物质存在的第四种状态。处于临界状态（气、液之间的分界面消失）的纯物质，如果使其压力和温度同时超过其于临界状态的压力和温度，这种状态称为超临界状态。

1.1 气 体

气体是一种没有形状的流体，其体积可压缩和膨胀。描述气体的物理量有压力、体积、温度和物质的量。压力 p 的单位为 Pa（帕斯卡，$1\ Pa=1\ N\cdot m^{-2}$），体积 V 的单位为 m^3（立方米），温度 T 的单位为 K（开尔文），物质的量 n 的单位为 mol（摩尔）。

1.1.1 气体状态方程

1. 理想气体状态方程

理想气体是在实际气体的基础上抽象出的理想化模型，是忽略了气体分子之间的作用力和气体分子所占体积的气体。即气体分子之间、分子与器壁之间所发生的碰撞没有能量损失，气体体积可无限压缩。实际气体在高温、低压条件下的性质与理想气体非常相近。

理想气体的压力、温度、体积、物质的量之间的关系式称为理想气体状态方程：

$$pV=nRT$$

式中，R 为摩尔气体常量，$R=8.314\ Pa\cdot m^3\cdot mol^{-1}\cdot K^{-1}=8.314\ J\cdot mol^{-1}\cdot K^{-1}$。

在不同条件下，理想气体状态方程有不同的表达形式。

当 n 一定时，符合关系式：

$$\frac{p_1V_1}{T_1}=\frac{p_2V_2}{T_2}$$

当 n、T 一定时，符合波义耳（Boyle）定律：

$$p_1V_1=p_2V_2$$

当 n、p 一定时，符合盖·吕萨克(Gay-Lussac）定律：

$$\frac{V_1}{T_1}=\frac{V_2}{T_2}$$

当 T、p 一定时，符合阿伏伽德罗（Avogadro）定律：

$$\frac{n_1}{n_2}=\frac{V_1}{V_2}$$

将 $n=\frac{m}{M}$、$\rho=\frac{m}{V}$代入理想气体状态方程，可求气体的摩尔质量 M：

$$M=\frac{mRT}{pV}=\frac{\rho RT}{p}$$

式中，m 为气体的质量；ρ 为气体的密度。

【例 1-1】 在 298 K、101.3 kPa 时，气体 A 的密度为 1.145 $g \cdot dm^{-3}$。求 A 的摩尔质量。

解： 由理想气体状态方程 $pV=nRT$ 的导出公式：

$$M=\frac{\rho RT}{p}$$

可求得气体 A 的摩尔质量：

$$M=\frac{\rho RT}{p}=\frac{1.145\times10^3\ g\cdot m^{-3}\times8.314\ Pa\cdot m^3\cdot mol^{-1}\cdot K^{-1}\times298\ K}{1.013\times10^5\ Pa}=28.00\ g\cdot mol^{-1}$$

2. 实际气体状态方程

当气体分子之间的相互作用力和气体分子自身的体积不可忽略时，理想气体状态方程不再适用。可通过对理想气体状态方程进行修正，使之适用于实际气体。

当气体分子之间的相互作用力不可忽略时，气体分子与器壁碰撞所产生的压力 p 要比相同物质的量的理想气体的压力 $p_{理}$ 小，需加上修正项，该修正项与 n^2 成正比，与 V^2 成反比。

$$p_{理}=p+a\left(\frac{n}{V}\right)^2$$

当气体分子自身的体积不可忽略时，须从气体的体积 V 减去其分子自身的体积，才能得到相当于理想气体的自由空间。分子自身的体积与气体的物质的量 n 成正比。

$$V_{理}=V-nb$$

将以上修正项代入理想气体状态方程，得实际气体的状态方程：

$$\left[p+a\left(\frac{n}{V}\right)^2\right](V-nb)=nRT$$

实际气体的状态方程是范德华（van der Waals，获得了 1910 年诺贝尔物理学奖）提出来的，亦称范德华方程。式中，a 和 b 为气体的范德华常数，不同气体的范德华常数不同。

1.1.2 气体分压定律

1. 分压与分体积

由两种或两种以上气体混合组成的气体称为混合气体，组成混合气体的每一种气体都称为该混合气体的组分气体。若混合气体可以看成理想气体，整体上满足 $pV=nRT$。某组分气体 i 单独存在并占有总体积 V 时所具有的压力，称为该组分气体的分压，用 p_i 表示。则

$$p_iV=n_iRT$$

某组分气体 i 单独存在且具有总压 p 时所占有的体积，称为该组分气体的分体积，用 V_i 表示。则

$$pV_i = n_i RT$$

2. 物质的量分数

某组分气体 i 的物质的量占混合气体物质的量的分数称为物质的量分数，也称摩尔分数，用 x_i 表示。

$$x_i = \frac{n_i}{\sum n_i} \text{或} x_i = \frac{n_i}{n}$$

由理想气体状态方程可知，当 p、T 一定时，混合气体中某组分气体 i 的物质的量分数等于体积分数（某组分气体的分体积占混合气体总体积的分数）。

$$x_i = \frac{n_i}{\sum n_i} = \frac{V_i}{\sum V_i}$$

3. 气体分压定律

混合气体的总压等于各组分气体的分压之和，称为气体分压定律，也称道尔顿（Dalton）分压定律。

$$p = \sum p_i$$

将 $p_i V = n_i RT$ 除以 $pV = nRT$，得：

$$\frac{p_i}{p} = \frac{n_i}{n} = x_i$$

即组分气体的分压等于总压与物质的量分数之积：

$$p_i = p x_i$$

1.1.3　气体扩散定律

英国物理学家格拉罕姆（Graham）提出：同温同压下，气体的扩散速率 u 与其密度 ρ 的平方根成反比。这就是气体扩散定律。

$$\frac{u(\mathrm{A})}{u(\mathrm{B})} = \sqrt{\frac{\rho(\mathrm{B})}{\rho(\mathrm{A})}}$$

将气体分子的摩尔质量 M 与密度 ρ 的关系式 $M = \frac{\rho RT}{p}$ 代入气体扩散定律公式，整理可得：

$$\frac{u(\mathrm{A})}{u(\mathrm{B})} = \sqrt{\frac{M(\mathrm{B})}{M(\mathrm{A})}}$$

即，同温同压下气体的扩散速率与其摩尔质量的平方根成反比。

【例 1-2】气体 A 的扩散速率约为氧气的 4 倍，通过计算判断 A 是何种气体。

解：氧气的摩尔质量为 32 $\mathrm{g \cdot mol^{-1}}$。

由气体的扩散速率与其摩尔质量的关系，得气体 A 的摩尔质量为

$$M(\mathrm{A}) = M(\mathrm{O_2})\left[\frac{u(\mathrm{O_2})}{u(\mathrm{A})}\right]^2 = 32\ \mathrm{g \cdot mol^{-1}} \times \left(\frac{1}{4}\right)^2 = 2.0\ \mathrm{g \cdot mol^{-1}}$$

由气体 A 的摩尔质量判断，该气体为 H_2。

1.1.4 气体的液化

常采用降温或加压的方法使气体液化。实验结果表明，当气体温度高于某一值时无论施加多大压力都不能使其液化。

通过加压能使某气体液化的最高温度称为该气体的临界温度，用 T_c 表示；在临界温度下使气体液化所需要施加的最低压力称为该气体的临界压力，用 p_c 表示；在临界温度和临界压力时 1 mol 气体所占有的体积称为该气体的临界体积，用 V_c 表示。气体同时处在临界温度和临界压力时的状态称为临界状态。

临界状态是物质的一种特殊存在形式，此时气、液同性，状态不分，往往具有非常规的性质。人们可以利用临界状态的特殊性质，合成一些在通常情况下难以合成的物质，提取分离一些在通常情况下难以提取的物质。

1.1.5 超临界状态

超临界状态是物质的压力和温度同时超过它的临界压力和临界温度的状态。处于超临界状态时，气、液两相性质非常接近，以至于无法分辨。超临界状态的物质既具有气体的性质，可以很容易地压缩或膨胀；又像液体一样，具有较大的密度，但它的黏度比液体小，有较好的流动性和热传导性能。

超临界流体的介电常数随压力改变而急剧变化，通过控制超临界流体的温度和压力，可以很方便地改变它的密度大小和溶剂性质，使得它在化学反应和分离方面得到非常广泛的应用。据此，人们发展了超临界流体萃取、超临界流体色谱、超临界化学反应等新的分离和反应技术，其中超临界流体萃取技术应用得最为广泛。例如，在高压条件下，使超临界流体与物料接触，使物料中的有效成分溶于超临界流体中（相当于萃取）；分离后，降低超临界流体的压力，有效成分即可析出。如果有效成分不止一种，采用逐级降压技术可使多种成分分步析出。

超临界流体不仅可用于从天然产物中提取有效成分，而且是很好的反应介质。例如，将反应物和催化剂都溶解在超临界流体中，可使非均相反应变成均相反应，不仅可以加快化学反应速率，还可利用各种物质在超临界流体中的溶解度不同，把未反应的物质、产物、催化剂乃至副产物等逐一分离开来。

二氧化碳（CO_2）的临界温度（364.2 K）和临界压力（7.28 MPa）都比较低，且自身无毒，在实际操作中常使用 CO_2 超临界流体，如可从咖啡豆中除去咖啡因，从烟草中脱除尼古丁，从大豆或玉米胚芽中分离甘油酯，对花生油、棕榈油、大豆油脱臭，从月见草中提取月见草油等。

1.2 液 体

液体具有流动性，有确定的体积，但没有固定的外形和显著的膨胀性。液体中溶入其他物质则形成溶液。

1.2.1 溶液的浓度

1. 物质的量浓度

1 dm^3 溶液中含有溶质的物质的量称为该溶质的物质的量浓度，也称为体积摩尔浓度，

其单位为 $mol \cdot dm^{-3}$，有时也使用 $mol \cdot L^{-1}$ 表示。物质 A 的物质的量浓度可以用符号 $c(A)$ 表示，也可以用 c_A 或 [A] 表示。

2. 质量摩尔浓度

1000 g 溶剂中含有溶质的物质的量称为溶质的质量摩尔浓度，用符号 b 表示，其单位为 $mol \cdot g^{-1}$。所以，溶质的质量摩尔浓度为

$$b = \frac{n}{m/1000}$$

式中，n 为溶质的物质的量；m 为溶剂的质量，g。

3. 质量分数

溶质 A 的质量 $m_{质}$ 与溶液的质量 m 之比称为溶质的质量分数，用符号 w 表示。则

$$w = \frac{m_{质}}{m}$$

显然，固体混合物也可以计算质量分数。

4. 物质的量分数

溶液中溶质的物质的量 $n_{质}$ 与溶液的总物质的量 n 之比，称为溶质的物质的量分数，也称为摩尔分数，用符号 $x_{质}$ 表示，其量纲为 1。

$$x_{质} = \frac{n_{质}}{n} = \frac{n_{质}}{n_{质} + n_{剂}}$$

溶剂的物质的量分数为

$$x_{剂} = \frac{n_{剂}}{n} = \frac{n_{剂}}{n_{质} + n_{剂}}$$

显然，溶质与溶剂的物质的量分数之和为 1。

5. 浓度换算

若溶液的密度已知，可进行物质的量浓度与质量分数之间的换算、物质的量浓度与质量摩尔浓度之间的换算、质量摩尔浓度与质量分数之间的换算。

稀溶液中溶剂的物质的量分数 $x_{剂}$ 远大于溶质的物质的量分数 $x_{质}$，即 $x_{质} + x_{剂} \approx x_{剂}$，所以

$$x_{质} = \frac{n_{质}}{n_{质} + n_{剂}} \approx \frac{n_{质}}{n_{剂}}$$

对于稀的水溶液，若溶剂水为 1000 g，则有

$$n_{剂} = \frac{1000\ g}{18\ g \cdot mol^{-1}} = 55.6\ mol$$

水溶液中溶质的质量摩尔浓度与物质的量分数之间的关系近似为

$$x_{质} = \frac{b}{55.56}$$

即，稀溶液中溶质的物质的量分数与其质量摩尔浓度成正比。可以写成

$$x_{质} = k'b$$

1.2.2 液体的气化与凝固

1. 液体的气化

液体气化的方式有两种：蒸发和沸腾。若液体的气化只在液体的表面进行，称为蒸发；

若液体的气化在液体的表面和内部同时进行，称为沸腾。液体沸腾时，其饱和蒸气压与外界大气压相等。液体沸腾时的温度称为该液体的沸点，用 T_b 表示。

有时，将液体加热至沸点温度时液体并没有沸腾，这种现象称为过热。过热现象经常导致温度过高而使液体暴沸，非常危险。因此，在进行蒸馏实验时需要加入少量沸石以避免液体的暴沸。

2. 饱和蒸气压

在密闭容器中，纯溶剂分子的凝聚速率和蒸发速率相等时，体系达到动态平衡，蒸气的压力不再改变，此时的蒸气为饱和蒸气，其所具有的压力称为该温度下的饱和蒸气压，用 p^* 表示。饱和蒸气压与温度有关，温度升高，则饱和蒸气压增大。例如，20 ℃时水的饱和蒸气压为 2338 Pa，30 ℃时水的饱和蒸气压为 4242 Pa。

溶液的饱和蒸气压：在密闭容器中，单位时间内在溶液表面凝聚的分子数目与蒸发的分子数目相等时的蒸气压。

非挥发性溶质溶解在溶剂中，形成的溶液中部分表面被溶质占有，因此在单位时间内溶液的表面所蒸发的溶剂分子数目小于纯溶剂蒸发的分子数目，溶液的饱和蒸气压 p 小于纯溶剂的饱和蒸气压 p^*，如图 1-1。

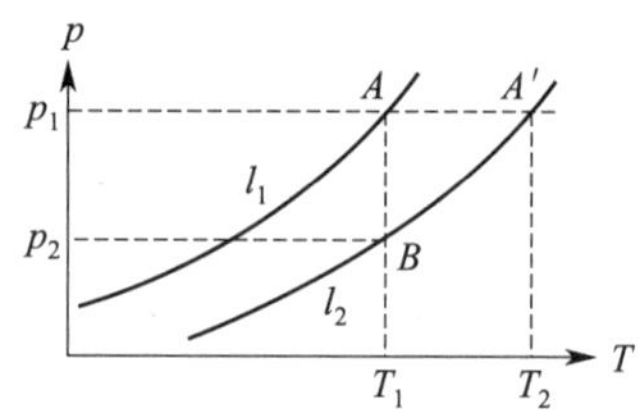

图 1-1 饱和蒸气压-温度图

l_1—纯溶剂；l_2—溶液

3. 拉乌尔定律

根据大量实验结果，拉乌尔（Raoult）得出结论：在一定温度下，稀溶液中溶剂的饱和蒸气压 p 等于纯溶剂的饱和蒸气压 p^* 与溶剂物质的量分数 $x_{剂}$ 的乘积。

$$p=p^*x_{剂}$$

4. 液体的凝固

液体凝固为晶体时，在凝固过程中温度不变，该温度称为凝固点，用 T_f 表示。在该温度下液体和固体的饱和蒸气压相等。液体凝固为非晶体时，在凝固过程中温度仍发生变化。

有时，将液体温度降至凝固点温度时，液体并没有凝固，这种现象称为过冷现象。过冷状态一经破坏，凝固的速度则非常快，会使晶体出现缺陷。

1.2.3 稀溶液的依数性

难挥发的非电解质稀溶液的某些性质只和溶液的浓度有关，称为稀溶液的依数性。稀溶液的依数性计算公式只适用于难挥发的非电解质稀溶液，对于浓溶液或电解质溶液，虽然仍有蒸气压降低、沸点升高、凝固点降低和渗透压等现象，但定量关系不准确。

1. 蒸气压降低

难挥发的非电解质溶液的饱和蒸气压比纯溶剂的饱和蒸气压低，对于稀溶液，则符合拉乌尔定律 $p=p^*x_{剂}$，将 $x_{剂}=1-x_{质}$ 代入拉乌尔定律表达式，得

$$p=p^*(1-x_{质})$$

用 $\Delta p=p^*-p$ 表示稀溶液的饱和蒸气压的降低值，经整理得

$$\Delta p=p^*x_{质}$$

据此，拉乌尔定律也可以描述为：难挥发的非电解质稀溶液饱和蒸气压的降低值 Δp 与溶质

的物质的量分数 $x_{质}$ 成正比。

将 $x_{质}=k'b$ 代入式 $\Delta p=p^{*}x_{质}$，并令 $p^{*}k'=k$（k 为常数）得

$$\Delta p=kb$$

这是拉乌尔定律的又一种表述形式，即：难挥发的非电解质稀溶液饱和蒸气压的降低值 Δp 与溶液的质量摩尔浓度 b 成正比。

2. 沸点升高

水、水溶液和冰的饱和蒸气压随温度变化的曲线如图 1-2。同一温度下，水溶液的饱和蒸气压低于水的饱和蒸气压。373 K 时，纯水的饱和蒸气压等于外界大气压（1.013×10^{5} Pa），则 373 K 为水的沸点。但 373 K 时水溶液的饱和蒸气压小于外界大气压强，即水溶液未达到沸点，只有当温度升到高于 373 K 的 T_1 时水溶液的饱和蒸气压才达到外界大气压，水溶液沸腾，即水溶液的沸点比纯水的沸点高。

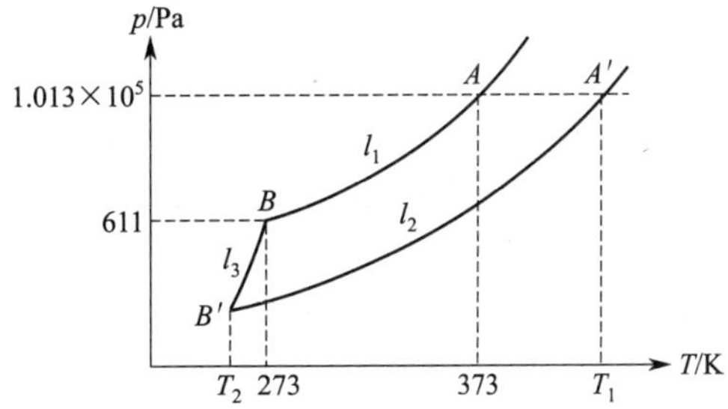

图 1-2 水、水溶液和冰的饱和蒸气压-温度图
l_1—水；l_2—水溶液；l_3—冰

稀溶液的沸点升高值（ΔT_b）为溶液的沸点（T_b）与纯溶剂的沸点（T_b^{*}）之差

$$\Delta T_b=T_b-T_b^{*}$$

研究表明，稀溶液沸点升高的数值与稀溶液的饱和蒸气压降低的数值 Δp 成正比，由于饱和蒸气压降低的数值与质量摩尔浓度成正比（$\Delta p=kb$），所以

$$\Delta T_b=k_b b$$

即，难挥发的非电解质稀溶液的沸点升高数值与溶液的质量摩尔浓度成正比。式中，k_b 为沸点升高常数，其大小由溶剂的性质决定。例如，水的沸点升高常数为 0.512 K·kg·mol^{-1}，苯的沸点升高常数为 2.53 K·kg·mol^{-1}。

【例 1-3】 将 9.0 g 葡萄糖溶于 100 g 水中，求该葡萄糖水溶液的沸点。已知水的沸点升高常数 $k_b=0.512$ K·kg·mol^{-1}，葡萄糖的摩尔质量为 180 g·mol^{-1}。

解： 葡萄糖溶液的质量摩尔浓度为

$$b(糖)=\frac{n(糖)}{m(水)/1000}=\frac{m(糖)/M(糖)}{m(水)/1000}=\frac{9.0\text{g}/180\ \text{g}\cdot\text{mol}^{-1}}{(100/1000)\text{kg}}=0.50\ \text{mol}\cdot\text{kg}^{-1}$$

葡萄糖溶液的沸点升高值为 $\Delta T_b=k_b b(糖)=0.512\ \text{K}\cdot\text{kg}\cdot\text{mol}^{-1}\times0.50\ \text{mol}\cdot\text{kg}^{-1}=0.26\ \text{K}$

葡萄糖溶液的沸点为 $T_b=373.16\text{K}+0.26\ \text{K}=373.42\ \text{K}$

3. 凝固点降低

由图 1-2 可知，水线（l_1）与冰线（l_3）相交于 B 点（温度 273 K，压力 611 Pa），则 B 点的温度为水的凝固点，也称为冰点。

在凝固点温度时，水和冰的饱和蒸气压相等，但水溶液饱和蒸气压低于冰的饱和蒸气压，即 $p(冰)>p(溶液)$。当水溶液和冰共存时，冰将蒸发为气态，气态的水则凝结为液态，宏观上冰将融化为水进入水溶液，或者说此温度时水溶液尚未达到凝固点。只有当温度降到低于 273 K 的 T_2 时，冰线（l_3）和水溶液线（l_2）相交，水溶液的饱和蒸气压和冰的

饱和蒸气压相等，此温度时水溶液才开始结冰，达到水溶液的凝固点。可见，水溶液的凝固点比纯水的凝固点低。

与稀溶液的沸点升高相似，难挥发的非电解质稀溶液的凝固点降低的数值 ΔT_f 与其质量摩尔浓度成正比

$$\Delta T_f = k_f b$$

式中，k_f 为凝固点降低常数，其大小与溶剂的性质有关。例如，水的凝固点降低常数为 1.86 $K \cdot kg \cdot mol^{-1}$，苯的凝固点降低常数为 4.9 $K \cdot kg \cdot mol^{-1}$。

4. 渗透压

在图 1-3 所示的 U 形管中央安装一个半透膜（溶剂分子能透过而溶质分子不能透过的膜），在一侧注入蔗糖水溶液而在另一侧注入等高度的纯水。放置一段时间后，蔗糖水溶液的液面升高而纯水的液面降低。这种溶剂透过半透膜进入溶液的现象称为渗透。

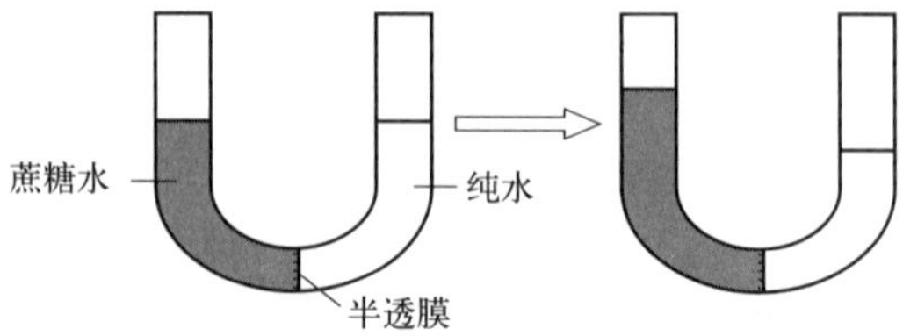

图 1-3 渗透现象示意图

为什么会产生渗透现象？原因是单位时间内半透膜两侧透过的水分子数目不同。在蔗糖水溶液一侧，由于不能透过半透膜的蔗糖分子占有部分位置，因此单位时间内从蔗糖水溶液一侧进入纯水一侧的水分子数少于从纯水一侧进入蔗糖水溶液一侧的水分子数，蔗糖水溶液一侧的液面逐渐升高。蔗糖水溶液一侧的液面升高，导致其静压升高，蔗糖水溶液一侧进入纯水一侧的水分子速率逐渐加快。渗透进行到一定程度后，两侧透过半透膜的水分子的速率相同，达到平衡状态，两侧的液面高度不再发生变化。

范特霍夫（van't Hoff）提出，稀溶液的渗透压 Π 与溶液的物质的量浓度 c、温度 T 的关系和理想气体状态方程相似，即 $\Pi = cRT$ 或 $\Pi V = nRT$。

人们根据渗透压原理，利用提高外压实现反渗透，从而进行海水的淡化处理。

1.3 固 体

固体有固定的形状和体积，在无外力作用时固体没有流动性。按照固体中粒子间排列的有序程度，可将固体分为非晶体和晶体。

1.3.1 晶体与非晶体

非晶体也称无定形体，粒子排列无规律，也没有规则的外形。非晶体没有固定的熔点，加热时逐渐软化，最后成为液体，液化过程有较宽的温度区间；非晶体各向同性（即物理性质不随量度方向变化）。非晶体往往是由于温度下降较快，凝固过程中物质的粒子来不及进行有规则的排列，所以非晶体属于不稳定的固体。

晶体通常是由粒子（原子、分子或离子）在空间按一定规律周期性重复排列构成的固态物质。晶体有规则的外形，形成规则的多面体；晶体有固定的熔点，加热至晶体的熔点温度后，体系的温度不再上升，直至晶体全部熔化；有些晶体有各向异性，其导热、导电、光折射、硬度等性质与晶体的取向有关，如石墨层内导电而层间不导电；晶体具有解理性，劈裂

出现的新晶面与某一原晶面平行。

1.3.2 晶体的类型

根据晶体中粒子的性质，可以将晶体分成四种基本类型：分子晶体、离子晶体、原子晶体和金属晶体。

1. 分子晶体

分子晶体中有序排列的粒子是分子。例如，冰中有序排列的粒子都是 H_2O 分子，干冰中有序排列的粒子都是 CO_2 分子。

分子晶体中粒子之间的结合力均为分子间作用力，这种结合力很弱。所以，分子晶体熔、沸点一般较低，有的在常温下以气体形式存在，如 H_2、N_2、CO_2、H_2O、NH_3 等。

分子晶体导电性较差，这是因为分子传递电子能力差。

2. 离子晶体

离子晶体中有序排列的粒子是离子。例如，在 KF 晶体中有序排列的粒子是 K^+ 和 F^-。离子晶体结构的相关内容将在第 6 章介绍。

3. 原子晶体

原子晶体中有序排列的粒子是原子。例如，在金刚石中有序排列的粒子是 C 原子，在石英中有序排列的粒子是 Si 原子和 O 原子。

在原子晶体中，原子间都是以共价键相互联结的。由于共价键非常强，所以多数原子晶体的熔点高、硬度大、导电性差。

4. 金属晶体

金属晶体中有序排列的粒子是金属原子。金属晶体的某些性质相差很大，如钠的熔点很低，质地很软；而钨的熔点很高，硬度大。这些差异是由金属键的强弱不同造成的。

金属晶体与原子晶体没有截然的界限，金属晶体可以看成原子晶体的特例，即原子晶体中的所有原子为金属原子时则成为金属晶体。砷在同族元素中熔点最高，一般认为砷是金属晶体，实际上将砷看成原子晶体更为合适，只不过砷原子半径大，其硬度和熔点明显低于多数原子晶体。

金属晶体的成键和结构知识分别在第 6 章介绍。

1.4 等离子体

1.4.1 等离子体的概念

等离子体是部分失去电子的正离子与电子组成的气态状物质，即电离了的“气体”，是物质存在的第四种状态。等离子体由离子、电子以及未电离的中性粒子的集合组成，整体呈电中性。

等离子体的电子温度和离子温度相等，则称为高温等离子体，不相等，则称为低温等离子体。等离子体中的带电粒子运动时，能引起正电荷或负电荷局部集中，产生电场；电荷定向运动具有很高的电导率，产生磁场。电场和磁场要影响其他带电粒子的运动，并伴随着极强的热辐射和热传导。等离子体的这些特性使它区别于普通气体。

在自然界里，炽热烁烁的火焰、光辉夺目的闪电以及绚烂壮丽的极光等都是等离子体作用的结果。在地球上，等离子体远比固体、液体、气体物质少；但在宇宙中，等离子体是物质存在的主要形式，占宇宙中物质总量的99%以上，如恒星（包括太阳）、星际物质以及地球周围的电离层等，都是等离子体。

1.4.2 等离子体技术的应用

随着等离子体技术的发展和完善，该技术已经得到广泛的应用。

等离子体可用于冶炼普通方法难于冶炼的材料，例如高熔点的 Zr、Ti、Ta、Nb、W 等金属。还可用于简化工艺过程，例如直接从氯化锆、硫化钼、氧化钽和氯化钛中分别获得 Zr、Mo、Ta 和 Ti。

等离子体喷涂可用于在设备的部件表面喷涂一层具有特殊性能的材料。用等离子体沉积快速固化法可将特种材料粉末喷入热等离子体中熔化，并喷涂到基体上，使之迅速冷却、固化，形成接近网状结构的表层，这可大大提高喷涂质量。

等离子体可用于焊接钢、合金钢、铝、铜、钛等，其优点是焊缝平整，焊接速度快，没有氧化物杂质，有利于再加工。等离子体用于切割钢、铝及其合金，切割厚度大。

等离子平面屏幕技术凭借其卓越的成像质量和大尺寸纯平特性，成为高端显示领域的优选方案。该技术能确保在各种环境光条件下稳定呈现色彩丰富、动态范围宽广的画面效果，为用户提供始终如一的视觉体验。

等离子体可促使有机及无机化合物进行各种反应，例如将氢化合物、挥发性卤化合物、氟碳化合物、氟氮化合物转化为相应的高分子化合物，通过分子异构化实现不同分子结构的定向调控等。

习　题

1. 判断题（正确的打“√”，错误的打“×”）。

（1）理想气体状态方程中的 R 是一个与气体种类无关的常数。

（2）道尔顿分压定律适用于所有实际气体。

（3）理想气体状态方程适用于实际气体在高压条件下的行为。

（4）由气体扩散定律，气体的扩散速率 u 与其密度 ρ 关系为：$u(\mathrm{A})\sqrt{\rho(\mathrm{A})}=u(\mathrm{B})\sqrt{\rho(\mathrm{B})}$

（5）稀溶液的依数性与溶质的种类无关。

（6）非挥发性溶质的溶液沸点会升高，这是由溶液的蒸气压降低所致。

（7）溶液的依数性只适用于稀溶液。

（8）液体具有流动性，有确定的体积，有显著的膨胀性。

2. 若某理想气体的压力增加至原来的三倍、温度升高至原来的两倍，则其体积变化（　　）。

（A）体积不变　（B）体积减半　（C）为原来的 2/3　（D）为原来的 1/6

3. 在标准状况下（0 ℃，1.013×10^5 Pa），1 mol 理想气体的体积约为（　　）。

（A）22.4 dm^3　（B）24.8 dm^3　（C）20.0 dm^3　（D）25.0 dm^3

4. 在一个密闭容器中，含有甲烷和乙烷的混合气体，总压为 5×10^5 Pa。已知甲烷的物质的量分数为 0.6，那么乙烷的分压为（　　）。

（A）2×10^5 Pa　（B）4×10^5 Pa　（C）5×10^5 Pa　（D）6×10^5 Pa

5. 在压力、温度不变的活塞中有 A 和 B 两种气体，若加入 C 气体，则 A 气体变化为（　　）。

（A）分体积不变，分压减小　（B）分压不变，分体积减小

（C）分压和分体积都不变　（D）分压和分体积均减小

6. 在相同物质的量浓度的下列溶液中，渗透压最大的是（　　）。

（A）葡萄糖溶液　（B）KCl 溶液　（C）乙酸溶液　（D）蔗糖溶液

7. 两只均有 1 kg 水的烧杯，向甲烧杯中加入 0.1 mol 乙酸，向乙杯内溶入 0.1 mol NaOH，两只烧杯按同样速度冷却降温，则下列判断中正确的是（　　）。

（A）甲杯先结冰　（B）乙杯先结冰

（C）两杯同时结冰　（D）不能预测其结冰的先后次序

8. 下列晶体中，属于分子晶体的是（　　）。

（A）石英　（B）干冰　（C）铁　（D）氧化镁

9. 在一定温度下，溶液的饱和蒸气压 p 与纯溶剂的饱和蒸气压 p^* 的大小关系是（　　）。

（A）$p<p^*$　（B）$p>p^*$　（C）$p=p^*$　（D）无法确定

10. 在相同的温度和压力下，同时打开分别充有 NH_3 和气体 A 的长颈瓶瓶塞。一段时间后测得，盛有 NH_3 的气瓶减重 0.17 g，盛有气体 A 的气瓶减重 0.37 g。求气体 A 的摩尔质量。

11. 在 25 ℃时，将 C_2H_6 和过量 O_2 充入 2.00 dm^3 氧弹中，压力为 200 kPa。点燃并完全燃烧后将气体通入过量的 $Ca(OH)_2$ 饱和溶液中。过滤、洗涤、干燥，得 4.00 g 沉淀。求原混合气体的组成（$CaCO_3$ 的摩尔质量为 100 $g\cdot mol^{-1}$）。

12. 在密闭容器中放入 2 个容积为 1 dm^3 的烧杯，A 杯中装有 300 cm^3 水，B 杯中装有 500 cm^3 10％的 NaCl 溶液。最终达到平衡时将会呈现什么现象？为什么？

13. 将两团棉花做塞子，一个用氨水润湿，另一个用盐酸润湿，同时塞入一根长度为 97.1 cm 的玻璃管的两端。在氨气和 HCl 气体扩散后形成一个白色的 NH_4Cl 环。通过计算说明这一白色环在距离润湿的氨棉塞一端多远处出现？

14. 把一小块 0 ℃的冰放在 0 ℃的水中，另一小块 0 ℃的冰放在 0 ℃的盐水中，现象有什么不同？为什么？

第 2 章　化学热力学基础

化学热力学是用热力学的理论和方法研究化学反应，通过化学反应中能量变化讨论化学反应进行的方向问题。本章只介绍化学热力学中最基本的概念、理论、方法和应用。

2.1　热力学基本概念

2.1.1　体系和环境

热力学上将研究的对象称为体系（或称系统），体系以外的其他相关部分称为环境。

体系和环境可根据具体研究对象和条件人为进行划分。例如，在实验台上的密闭容器中盛有 O_2、N_2 和 H_2，点燃后 H_2 和 O_2 反应生成 H_2O，则容器中的反应物 O_2、H_2 及生成物 H_2O 为体系，而密闭容器、实验台及实验台周围的空气、与实验台相接触的地面等为环境。N_2 既可以看成体系，也可以看成环境。

体系与环境之间可以有界面，也可以无界面。在上例中，若将 N_2 看成体系，则体系与环境之间有界面；若将 N_2 看成环境，则体系与环境之间无界面，但可以设计一个假想的界面，从分体积的概念出发，认为 N_2 的分体积属于环境，于是相当于有了体系与环境的界面。

按照体系与环境之间的物质和能量的交换关系，通常将体系分为以下三类：

（1）敞开体系：体系与环境之间既有能量交换又有物质交换，如在烧杯中稀硫酸与锌粒发生的反应。

（2）封闭体系：体系与环境之间有能量交换但没有物质交换，如在密闭的金属容器中氧与甲烷反应。

（3）孤立体系：体系与环境之间既无能量交换又无物质交换，如在密闭、保温的金属容器中氧与甲烷反应。

2.1.2　状态和状态函数

由一系列表征体系性质的物理量所确定下来的体系的存在形式称为体系的状态，这些确定体系状态的物理量称为体系的状态函数。

显然，理想气体的标准状态就是理想气体的一种状态，而确定了这一状态的物理量诸如 $n=1$ mol、$T=273$ K、$p=1.013\times10^5$ Pa、$V=22.4$ dm^3 都为状态函数。

始态为体系变化前的状态，终态则为体系变化后的状态。体系的始态和终态确定，则状态函数的改变量有确定值。如，物质的量改变量 Δn，温度的改变量 ΔT，压力的改变量 Δp，体积的改变量 ΔV。若始态为状态 1，终态为状态 2，则

$$\Delta n = n_2 - n_1$$
$$\Delta T = T_2 - T_1$$
$$\Delta p = p_2 - p_1$$
$$\Delta V = V_2 - V_1$$

体系的状态一定，则状态函数一定（有确定值）；体系的一个或几个状态函数发生了变化，则体系的状态必然发生变化。

在描述体系状态的状态函数中，有些状态函数表示的体系的性质具有加和性，这些状态函数称为广度性质，如体积 V、物质的量 n 等物理量。有些状态函数表示的体系的性质无加和性，这些状态函数称为强度性质，如温度 T、压力 p、密度 ρ 等物理量。

2.1.3　过程和途径

体系的状态发生变化，从始态变到终态，则体系经历了一个热力学过程，简称过程。

体系在变化过程中若温度保持恒定，称为恒温过程；体系在变化过程中若压力保持恒定，称为恒压过程；体系在变化过程中若体积保持恒定，称为恒容过程；体系在变化过程中若与环境之间无热量交换，称为绝热过程。

状态函数只和体系的状态有关，热力学更关注过程的始态和终态的状态函数是否相同。据此，可以将体系的始态和终态的温度相同（$T_1 = T_2$）的过程称为等温过程；体系的始态和终态的压力（$p_1 = p_2$）相同的过程称为等压过程；体系的始态和终态的体积相同（$V_1 = V_2$）的过程称为等容过程。

完成一个热力学过程可以采取不同的方式，这些具体的方式称为途径。

以理想气体在恒温条件下从 $p_1 = 16\times10^5$ Pa、$V_1 = 1$ dm^3 膨胀至 $p_2 = 1\times10^5$ Pa、$V_2 = 16$ dm^3 的过程为例，完成这样一个热力学过程可以采取多种不同的途径，图 2-1 表示的是其中的三种途径。

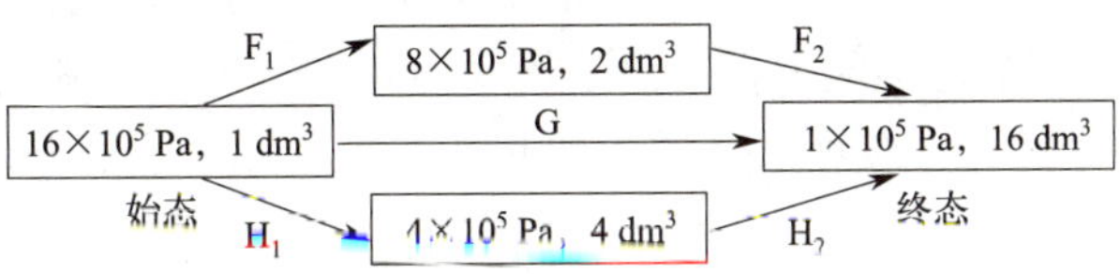

图 2-1　同一过程的三种不同途径

不难看出，过程关注体系的始态和终态，而途径关注的则是实现过程的具体方式。

2.1.4　体积功

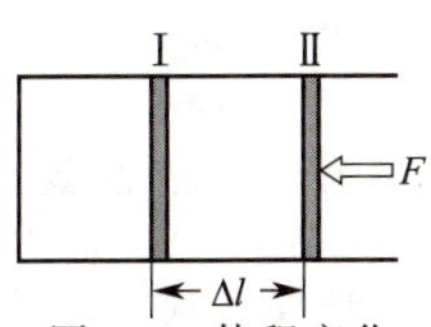

图 2-2　体积变化做功示意图

化学反应过程中，经常发生体积变化。由体积变化引起环境对体系做的功称为体积功，一般用 $W_体$ 表示。

如图 2-2 所示，用活塞将气体密封在圆柱形筒内，气体反抗外力 F 膨胀将活塞从位置Ⅰ推到位置Ⅱ，位移为 Δl。若忽略活塞自身的质量及其与筒壁间的摩擦力，则气体抵抗外力 F 做的功为 $W_体 = -F\Delta l$（体系对环境做功，功

为负值)。

设活塞的横截面积为 S，则体积功为

$$W_{体}=-\frac{F}{S}\times(S\Delta l)$$

式中，($\frac{F}{S}$) 恰好是体积膨胀时抵抗的外压 $p_{外}$，$S\Delta l$ 为气体体积改变量 ΔV。所以

$$W_{体}=-p_{外}\cdot\Delta V$$

从上述体积功的定义式可知，若外压 $p_{外}=0$ 或体积改变量 $\Delta V=0$ 时，体积功 $W=0$。在本章中所研究的体系及过程都是不做非体积功的，即体系变化过程所做的功全是体积功。

由 p 的单位 Pa、ΔV 的单位 m^3，可以导出体积功的单位：$Pa\cdot m^3=(N\cdot m^{-2})\cdot m^3=N\cdot m=J$。所以，体积功的单位为 J 或 kJ。

【例 2-1】 理想气体在恒温条件下从 $p_1=16\times10^5$ Pa、$V_1=1$ dm^3 膨胀至 $p_2=1\times10^5$ Pa、$V_2=16$ dm^3，过程按照图 2-1 的三种途径完成，求各途径的体积功。

解： 根据体积功的定义式 $W_{体}=-p_{外}\Delta V$，得

(1) 途径 F　先抵抗外压 8×10^5 Pa 膨胀，再抵抗外压 1×10^5 Pa 膨胀

$$W_F=[-8\times10^5\ \text{Pa}\times(2-1)\times10^{-3}\ \text{m}^3]+[-1\times10^5\ \text{Pa}\times(16-2)\times10^{-3}\ \text{m}^3]=-2200\ \text{J}$$

(2) 途径 G　抵抗外压 1×10^5 Pa 一次膨胀

$$W_G=-1\times10^5\ \text{Pa}\times(16-1)\times10^{-3}\ \text{m}^3=-1500\ \text{J}$$

(3) 途径 H　先抵抗外压 4×10^5 Pa 膨胀，再抵抗外压 1×10^5 Pa 膨胀

$$W_H=[-4\times10^5\ \text{Pa}\times(4-1)\times10^{-3}\ \text{m}^3]+[-1\times10^5\ \text{Pa}\times(16-4)\times10^{-3}\ \text{m}^3]=-2400\ \text{J}$$

可见，体积功是与途径有关的物理量，不是状态函数，途径不同功的数值可能不同。

2.1.5 热力学能

热力学能也称内能，是体系内所有能量之和，包括分子或原子的动能、势能、核能、电子能等，以及一些尚未研究的能量，常用 U 表示。热力学能是体系的量度性质，有加和性。

显然，体系的热力学能还不能求得，但是体系的状态一定时，其热力学能是一个定值。因此，热力学能 U 是体系的状态函数。体系的状态发生变化，始态和终态确定，则热力学能变化量 ΔU 为定值。

$$\Delta U=U_{终}-U_{始}$$

理想气体是最简单的体系，其热力学能只是温度的函数。若温度不变，则体系的热力学能不变，即体系热力学能改变量为零（$\Delta T=0$，则 $\Delta U=0$）。例如，理想气体恒温向真空膨胀，因为 $p_{外}=0$，所以 $W=0$；因为 $\Delta T=0$，所以 $\Delta U=0$。

2.1.6 反应进度

化学反应

$$\nu(A)A+\nu(B)B=\!=\!=\nu(G)G+\nu(H)H$$

式中，ν 为各物质的化学计量数，量纲为 1。反应未发生时（即 $t=0$），各物质的物质的量分别为 $n_0(A)$、$n_0(B)$、$n_0(G)$ 和 $n_0(H)$；反应进行到 t 时刻时，各物质的物质的量分

别为 $n(\mathrm{A})$、$n(\mathrm{B})$、$n(\mathrm{G})$ 和 $n(\mathrm{H})$。则 t 时刻的反应进度 ξ 定义式为：

$$\xi=\frac{n_0(\mathrm{A})-n(\mathrm{A})}{\nu(\mathrm{A})}=\frac{n_0(\mathrm{B})-n(\mathrm{B})}{\nu(\mathrm{B})}=\frac{n(\mathrm{G})-n_0(\mathrm{G})}{\nu(\mathrm{G})}=\frac{n(\mathrm{H})-n_0(\mathrm{H})}{\nu(\mathrm{H})}$$

由定义式，反应进度可以描述为：反应物减少的物质的量或生成物增加的物质的量与反应式中各物质的计量数之比。

反应进度 ξ 的单位为 mol。反应进度可以是零、正整数、正分数，但不能为负值。用反应体系中任一物质来表示反应进度，在同一时刻所得的 ξ 值完全一致。

$\xi=1$ mol 表示从 $\xi=0$ mol 时算起，已经有 $\nu(\mathrm{A})$mol 的 A 和 $\nu(\mathrm{B})$mol 的 B 消耗掉，生成了 $\nu(\mathrm{G})$mol 的 G 和 ν（H）mol 的 H。即按 $\nu(\mathrm{A})$个 A 粒子和 $\nu(\mathrm{B})$个 B 粒子为一个单元，已进行了 6.02×10^{23} 个单元反应。所以，当 $\xi=1$ mol 时，可以说进行了 1 mol 反应。可见，$\xi=1$ mol 的意义清楚了，其他任意时刻时的反应进度的意义也就清楚了。

2.1.7　可逆途径

理想气体在恒温条件下从 $p_1=16\times10^5$ Pa、$V_1=1$ dm^3 膨胀至 $p_2=1\times10^5$ Pa、$V_2=16$ dm^3，体系可以由一次膨胀途径（膨胀次数 $N=1$）、二次膨胀途径（$N=2$）来完成这一热力学过程，也可以经过四次膨胀途径（$N=4$）或更多次膨胀途径来完成这一热力学过程（图 2-3）。膨胀过程，体系对环境做功，功为负值；压缩过程环境对体系做功，功为正值。

[16×10^5 Pa, 1 dm^3] ⟺ [1×10^5 Pa, 16 dm^3]

(a) 一次膨胀途径（$N=1$），$W=-1500$ J

一次压缩途径（$N=1$），$W=24000$ J

[16×10^5 Pa, 1 dm^3] ⟺ [8×10^5 Pa, 2 dm^3] ⟺ [1×10^5 Pa, 16 dm^3]

(b) 二次膨胀途径（$N=2$），$W=-2200$ J

二次压缩途径（$N=2$），$W=12800$ J

[16×10^5 Pa, 1 dm^3] ⟺ [12×10^5 Pa, 1.33 dm^3] ⟺ [8×10^5 Pa, 2 dm^3] ⟺ [4×10^5 Pa, 4 dm^3] ⟺ [1×10^5 Pa, 16 dm^3]

(c) 四次膨胀途径（$N=4$），$W=-3132$ J

四次压缩途径（$N=4$），$W=7723$ J

图 2-3　理想气体恒温膨胀、压缩的不同途径

由图 2-3 可知，膨胀次数越多，体系对环境做功越多；压缩次数越多，环境对体系做功越少。人们已经证明，无限多次膨胀体系对环境做功与无限多次压缩环境对体系做功绝对值趋于相等，即两种功都为极限值。

这种无限多次膨胀、压缩的过程可以由图 2-4 所示的操作来描述：活塞下面为理想气体，该气体与活塞上面盛有的无穷小颗粒的砂粒处于平衡态。由于颗粒无穷小，故每次减少一个砂粒，气体膨胀的体积无限小，除去全部砂粒过程所需的时间无限长，需要的次数无限多（即 $N\to\infty$），故过程中体系无限多次达到平衡，即过程中体系每时每刻都无限接近平衡态。这种途径的逆过程：从过程的

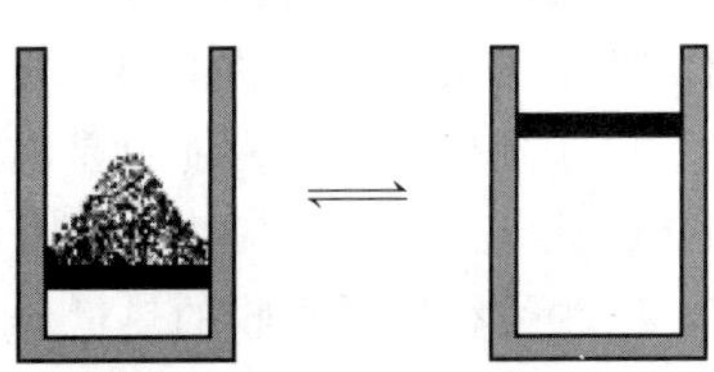

图 2-4　理想气体恒温膨胀、压缩的可逆途径

终态出发，将无穷小的砂粒一粒一粒放回到活塞上，需经无限长的时间后体系被压缩回到过程的始态。这种体系和环境都能够沿原路复原的途径称为可逆途径。其余 N 次有限数的途径（如 $N=1$，$N=2$，…，$N=1000$ 等）均为不可逆的。

可逆途径是一种特殊的途径，此时体积功达到极限值（用 W_r 表示）。可逆途径中的每一步都是可逆的，由可逆途径完成的过程自然也是可逆的，故也称可逆过程。可逆过程是一种理想过程，有些实际过程可以近似认为是可逆的，如相变点时的相变过程、氧化还原过程等。

2.2 热化学

2.2.1 热力学第一定律

1. 热力学第一定律

体系热力学能的改变量 ΔU 等于体系从环境吸收的热量 Q 与环境对体系所做的功 W 之和。这就是热力学第一定律。其数学表达式为

$$\Delta U=Q+W$$

【例 2-2】 某过程中体系从环境吸收热量 100 J，对环境做体积功 40 J。求该过程中体系热力学能的改变量和环境热力学能的改变量。

解： 由热力学第一定律，体系热力学能的改变量为

$$\Delta U=Q+W=100\ \text{J}+(-40\ \text{J})=60\ \text{J}$$

若将环境当作体系来考虑，则有

$$Q'=-100\ \text{J},\ W'=+40\ \text{J}$$

则环境热力学能改变量为

$$\Delta U'=Q'+W'=(-100\ \text{J})+40\ \text{J}=-60\ \text{J}$$

热力学中体系的热力学能增加 60J，环境的热力学能减少了 60 J，则两者的热力学能改变量为零。这一结果说明，热力学第一定律的实质是能量守恒。

2. 功和热与途径有关

热力学规定，体系从环境吸热，Q 为正；体系向环境放热，Q 为负。环境对体系做功，W 为正；体系对环境做功，W 为负。

热力学能是状态函数，若始、终态确定，其过程的改变量 ΔU 确定。但功和热不是状态函数，其改变量与具体的途径有关。例 2-1 的计算结果表明，理想气体恒温膨胀时途径不同，体系所做的体积功不同。

由于理想气体的内能只是温度的函数，温度不变，则不管途径如何，其内能的改变量为零。因此，例 2-1 中三种途径体系内能的改变量均为 0。由热力学第一定律可知，$Q=\Delta U-W$，三种途径体系吸收的热量分别为

$$Q_F=0-(-2200\ \text{J})=2200\ \text{J}$$

$$Q_G=0-(-1500\ \text{J})=1500\ \text{J}$$

$$Q_H=0-(-2400\ \text{J})=2400\ \text{J}$$

可见，三种不同途径体系所做的功不同，体系吸收的热量也不同。

对于理想气体恒温膨胀过程，可逆途径环境对体系所做的体积功的绝对值最大，体系吸收的热最多（这种可逆途径的热量用 Q_r 表示）。

对体系而言，由热力学第一定律可知，无论是理想气体恒温膨胀还是理想气体的恒温压缩，可逆途径的热的绝对值最大。

2.2.2　化学反应的热效应

1. 反应热的概念

在无非体积功的体系和反应中，化学反应的热效应（简称反应热或反应焓）可以定义为：当生成物与反应物的温度相同时，化学反应过程中吸收或放出的热量。强调生成物的温度和反应物的温度相同，以避免将化合物随温度升高或降低所引起的热量变化计入到反应热中。

对于化学反应，热力学能的改变量 $\Delta_r U$（下标 r 表示反应 reaction）为

$$\Delta_r U = U_{生} - U_{反}$$

热力学第一定律可表示为　$\Delta_r U = Q + W$

2. 恒容反应热

若反应在恒容条件下完成，$\Delta V = 0$，则 $W = -p_{外}\Delta V = 0$。若用 Q_V 表示恒容反应热，根据热力学第一定律 $\Delta_r U = Q_V + W$，得

$$\Delta_r U = Q_V$$

可见，在恒容反应中，体系的热效应全部用来改变体系的热力学能。

3. 恒压反应热

若反应在恒压条件下完成，$\Delta p = 0$，即 p 为常数。若用 Q_p 表示恒压反应热，根据热力学第一定律 $\Delta_r U = Q_p + W$，得

$$Q_p = \Delta_r U - W$$

由于 $W = -p_{外}\Delta V$，所以

$$\begin{aligned} Q_p &= \Delta_r U + p_{外}\Delta V \\ &= (U_2 - U_1) + p_{外}(V_2 - V_1) \end{aligned}$$

恒压条件下 $p_{外} = p_1 = p_2$，因此

$$\begin{aligned} Q_p &= (U_2 - U_1) + (p_2 V_2 - p_1 V_1) \\ &= (U_2 + p_2 V_2) - (U_1 + p_1 V_1) \end{aligned}$$

由于 U、p、V 都是状态函数，则（$U + pV$）也是状态函数。据此可定义一个新的状态函数。令

$$H = U + pV$$

所以，恒压反应时

$$Q_p = \Delta H$$

H 是具有加和性的状态函数，称为焓或热焓。可见，在恒压反应中，体系的热效应全部用来改变体系的热焓。

4. Q_p 和 Q_V 的关系

由焓的定义 $H = U + pV$，得

$$\Delta_r H = \Delta_r U + \Delta(pV)$$

$$Q_p = Q_V + \Delta(pV)$$

（1）若反应中没有气体参与，反应前后体积变化很小，体积功可以忽略，则

$$\Delta_r H \approx \Delta_r U，Q_p \approx Q_V$$

即，没有气体参与的反应，恒压反应热与恒容反应热基本相同。

（2）若反应中有气体参与，则同一个反应的 Q_p 和 Q_V 不一定相等。

对于理想气体体系，恒温条件下（R 和 T 为常数），即 $\Delta(pV)=\Delta nRT$，所以

$$Q_p = Q_V + \Delta nRT$$

$$\Delta_r H = \Delta_r U + \Delta nRT$$

式中，Δn 是反应前后气体的物质的量之差。

显然，当反应物与生成物气体的物质的量相等（$\Delta n=0$）时，体积功为 0，则

$$Q_p \approx Q_V$$

（3）同一反应，无论是以恒压过程还是以恒容过程完成，其反应的焓变有确定值，内能的改变量也有确定值。

5. 摩尔反应热

摩尔恒容反应热 $\Delta_r U_m$ 和摩尔恒压反应热 $\Delta_r H_m$ 可分别定义为

$$\Delta_r U_m = \frac{\Delta_r U}{\xi}，\Delta_r H_m = \frac{\Delta_r H}{\xi}$$

将式 $\Delta_r H = \Delta_r U + \Delta nRT$ 两边都除以反应进度 ξ，得

$$\frac{\Delta_r H}{\xi} = \frac{\Delta_r U}{\xi} + \frac{\Delta n}{\xi}RT$$

显然，$\Delta n/\xi = \Delta\nu$，所以有

$$\Delta_r H_m = \Delta_r U_m + \Delta\nu RT$$

式中，$\Delta\nu$ 为反应前后气相物质的化学计量数之差。等式两边各项的单位统一用 $kJ\cdot mol^{-1}$。

【例 2-3】 反应 $N_2(g)+3H_2(g)=\!=\!=2NH_3(g)$ 在恒容热量计内进行，生成 2 mol NH_3 时放热 82.7 kJ，求反应在 298 K 时的 $\Delta_r H_m$。

解： 反应在恒容条件下进行，则反应进度为

$$\xi = \frac{\Delta n(NH_3)}{\nu(NH_3)} = \frac{(2-0)\,mol}{2} = 1\ mol$$

$$\Delta_r U_m = \frac{\Delta_r U}{\xi} = \frac{Q_V}{\xi} = -82.7\ kJ\cdot mol^{-1}$$

$$\Delta_r H_m = \Delta_r U_m + \Delta\nu RT$$

$$= -82.7\ kJ\cdot mol^{-1} + (-2)\times 8.314\times 10^{-3}\ kJ\cdot mol^{-1}\cdot K^{-1}\times 298\ K = -87.66\ kJ\cdot mol^{-1}$$

2.2.3 赫斯定律

1. 热化学方程式

下面是几个热化学方程式的例子：

① $H_2(g)+\frac{1}{2}O_2(g)=\!=\!=H_2O(l)$　　$\Delta_r H_m = -285.8\ kJ\cdot mol^{-1}$

② $H_2(g)+\frac{1}{2}O_2(g)=H_2O(g)$ $\Delta_r H_m=-241.8\ kJ\cdot mol^{-1}$

③ $2H_2(g)+O_2(g)=2H_2O(g)$ $\Delta_r H_m=-483.6\ kJ\cdot mol^{-1}$

④ C(石墨)$+O_2(g)=CO_2(g)$ $\Delta_r H_m=-393.5\ kJ\cdot mol^{-1}$

⑤ C(金刚石)$+O_2(g)=CO_2(g)$ $\Delta_r H_m=-395.4\ kJ\cdot mol^{-1}$

⑥ $H_2O(l)=H_2(g)+\frac{1}{2}O_2(g)$ $\Delta_r H_m=285.8\ kJ\cdot mol^{-1}$

由以上实例，书写热化学方程式时要注意以下几点：

(1) 要注明反应的温度和压力。若反应是在常温（298 K）和常压（1.013×10^{-5} Pa）下进行，习惯上不需注明。

(2) 要注明物质的存在状态。气态物质用 g 表示，液态物质用 l 表示，固态物质用 s 表示。例如，反应①和②，只是产物的状态不同，反应的热效应却相差很大。

(3) 方程式要配平。方程式中的配平系数是表示各种物质的比例关系的化学计量数，也可用分数表示。显然，计量数不同，摩尔反应热不同。例如，反应②和③，③的计量数为②的 2 倍，则③的反应热效应也是②的 2 倍。反应的热效应与反应式及其特定的计量数有关。

(4) 有确定晶型的固体物质要注明晶型。例如，反应④和⑤，C 的晶型不同，反应的热效应不同。

(5) 反应方向改变，则热效应的符号改变，如反应①和⑥。

2. 赫斯定律

赫斯（Hess）指出，一个化学反应无论是一步完成还是分数步完成，其热效应相同。该定律称为赫斯定律。

因为热是与途径有关的物理量，所以，赫斯定律是有适用条件的。赫斯定律的适用条件是恒容无非体积功或恒压无非体积功。而且，这里重点强调的是反应不做非体积功，因为反应无论是在恒容条件还是在恒压条件下进行，只要反应不做非体积功，反应的热效应就等于一个状态函数的改变量，即

$$Q_V=\Delta U \quad 恒容无非体积功$$

$$Q_p=\Delta H \quad 恒压无非体积功$$

而状态函数的改变量 ΔU、ΔH 是与途径无关的物理量。

如果反应过程中做了非体积功，反应热将不再等于一个状态函数的改变量。如恒容有非体积功（$W_{非}$）的反应，根据热力学第一定律

$$\Delta U=Q+W_{体}+W_{非}$$

对于恒容反应 $W_{体}=0$，所以有

$$Q=\Delta U-W_{非}$$

可见，恒容有非体积功时，热效应等于热力学能的改变量与非体积功之差。

赫斯定律的意义在于：(1) 由易测反应的热效应求得难测反应的热效应；(2) 由已知的反应热效应数据求得某反应的未知热效应数据。

例如，由 C 与 O_2 反应生成 CO 的热效应很难测定（有生成 CO_2 的副反应），而 C 与 O_2 反应生成 CO_2 的热效应、CO 与 O_2 反应生成 CO_2 的热效应都很容易测定，可利用赫斯定律，由这 2 个易测定的反应热效应求得难测定的 C 与 O_2 反应生成 CO 的热效应。

2.2.4 标准摩尔生成热

1. 标准摩尔生成热概念

若能够知道反应物和生成物的焓值，反应的焓变就很容易求出。然而，物质的热力学能 U 的数值无法确定，导致物质的焓 H 的值也无法确定，于是人们采取定义各物质的相对焓值的方法来求算焓变。如何确定物质的相对焓值？每一种物质都可以认为由单质转化而得，如 NO_2(g) 可认为是由 N_2(g) 和 O_2(g) 反应而得。若选取单质的焓值为相对零点，则 NO_2(g) 的相对焓值即为 N_2(g) 和 O_2(g) 反应的反应热。

热力学规定，某温度时由处于标准状态的各种元素的指定单质生成标准状态的 1 mol 某物质的热效应，称为此温度下该物质的标准摩尔生成热，简称标准生成热或生成热，也称生成焓，用符号 $\Delta_f H_m^\ominus$ 表示，单位为 $kJ \cdot mol^{-1}$。

$\Delta_f H_m^\ominus$ 符号中，ΔH_m 表示摩尔焓变，下标“f”表示“生成”（英文 formation 的词头），上标“$\ominus$”表示“标准状态”。

热力学对标准状态有明确的规定：固态和液态，纯物质为其标准状态（$x_i = 1$）；溶液中物质 A，标准状态是质量摩尔浓度 $b(A) = 1\ mol \cdot kg^{-1}$（近似等于物质的量浓度 $1\ mol \cdot dm^{-3}$，标准状态的浓度符号为 $c^\ominus$）；气相物质，标准状态是其分压为标准大气压 100 kPa（标准状态的分压符号为 $p^\ominus$）。

标准状态下由指定单质生成 1 mol 某物质的反应称为该物质的生成反应，故生成热也可以定义为某物质生成反应的热效应。

指定单质多为常温下最稳定的单质，如气态的 F_2、Cl_2、O_2、N_2；液态的 Br_2、Hg；固态的 I_2、S（正交）、C（石墨）；指定单质有时不是最稳定的单质，如 P 的指定单质是白磷而不是稳定的黑磷，Sn 的指定单质是白锡而不是灰锡。

2. 由标准摩尔生成热求反应热

由反应式中各物质的标准生成热可求得化学反应的反应热。如图 2-5 所示，途径（1）为单质转化为反应物的过程，途径（2）为单质转化为生成物的过程，途径（3）为反应物转化为生成物的过程。

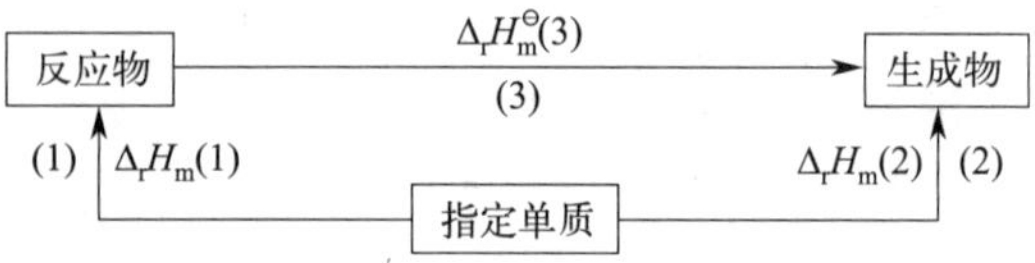

图 2-5 生成热与反应热的关系

由赫斯定律得 $$\Delta_r H_m(2) = \Delta_r H_m(1) + \Delta_r H_m(3)$$
即
$$\Delta_r H_m(3) = \Delta_r H_m(2) - \Delta_r H_m(1)$$
由于
$$\Delta_r H_m(1) = \sum_i \nu_i \Delta_f H_m^\ominus(\text{反应物})$$
$$\Delta_r H_m(2) = \sum_i \nu_i \Delta_f H_m^\ominus(\text{生成物})$$
因此，化学反应的热效应可由生成物的标准生成热与反应物的标准生成热求得。
$$\Delta_r H_m^\ominus = \sum_i \nu_i \Delta_f H_m^\ominus(\text{生成物}) - \sum_i \nu_i \Delta_f H_m^\ominus(\text{反应物})$$

$\Delta_r H_m^\ominus$ 与反应温度有关，但受温度影响较小，在工程化学课程中可以将 298K 时的 $\Delta_r H_m^\ominus$ 近似地看成与其他温度时的 $\Delta_r H_m^\ominus$ 相等。

2.2.5　标准摩尔燃烧热

1. 标准摩尔燃烧热的概念

生成热是以单质的焓为零点作为参比定义的。对于能够发生燃烧反应的物质，可以将燃烧产物的焓为零点作为参比。有些有机化合物的生成热难以测定，但其燃烧热却比较容易通过实验获得。

例如，甲烷的燃烧反应 $CH_4(g)+2O_2(g)\!=\!=\!=CO_2(g)+2H_2O(l)$，若指定甲烷的燃烧产物 $CO_2(g)$、$H_2O(l)$ 的焓值为 0，那么甲烷燃烧反应的热效应就是甲烷的相对焓值。

热力学规定，在标准大气压下，1 mol 物质完全燃烧时的热效应称为该物质的标准摩尔燃烧热，简称标准燃烧热或燃烧热（也称燃烧焓）。用符号 $\Delta_c H_m^{\ominus}$ 表示（其中下标 c 为 combustion，表示“燃烧”），单位为 $kJ\cdot mol^{-1}$。

热力学规定，完全燃烧是指：碳生成 $CO_2(g)$，氢生成 $H_2O(l)$，氮生成 $N_2(g)$，硫生成 $SO_2(g)$，氯生成 HCl(aq)。这些燃烧产物的燃烧热为 0。单质 O_2 不燃烧，燃烧热为 0。

2. 由标准摩尔燃烧热求反应热

如图 2-6 所示，途径（1）为反应物的燃烧过程，途径（2）为生成物的燃烧过程，途径（3）为反应物转化为生成物的过程。

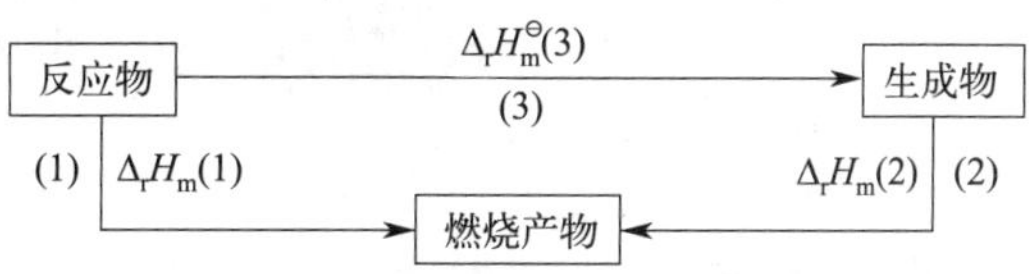

图 2-6　燃烧热与反应热的关系

由赫斯定律得

$\Delta_r H_m(1)=\Delta_r H_m(2)+\Delta_r H_m(3)$

整理，得

$$\Delta_r H_m^{\ominus}=\sum_i \nu_i \Delta_c H_m^{\ominus}(\text{反应物})-\sum_i \nu_i \Delta_c H_m^{\ominus}(\text{生成物})$$

据此，化学反应的热效应可由反应物的标准燃烧热与生成物的标准燃烧热求得。

【例 2-4】 由标准燃烧热求下面反应的热效应 $\Delta_r H_m^{\ominus}$。

$$2N_2(g)+3H_2(g)\!=\!=\!=2NH_3(g)$$

解： 查表得　$\Delta_c H_m^{\ominus}(NH_3,g)=-382.8\ kJ\cdot mol^{-1}$

$\Delta_c H_m^{\ominus}(H_2,g)=-285.8\ kJ\cdot mol^{-1}$

反应的焓变为

$$\begin{aligned}\Delta_r H_m^{\ominus}&=\sum_i \nu_i \Delta_c H_m^{\ominus}(\text{反应物})-\sum_i \nu_i \Delta_c H_m^{\ominus}(\text{生成物})\\&=3\Delta_c H_m^{\ominus}(H_2,g)-2\Delta_c H_m^{\ominus}(NH_3,g)\\&=[3\times(-285.8\ kJ\cdot mol^{-1})]-[2\times(-382.8\ kJ\cdot mol^{-1})]\\&=-91.8\ kJ\cdot mol^{-1}\end{aligned}$$

2025 年 6 月 28 日，全球首艘纯氨燃料内燃机动力示范船舶在我国安徽巢湖水域首航成功，标志着氨燃料在船舶领域的工业化应用取得重大突破，这对加快构建清洁低碳、安全高效的水上交通能源体系具有重大意义。纯氨燃料内燃机动力原理是氨气催化分解为氢气，氢气燃烧提供热量。

2.2.6 由键能估算反应热

由实验可以测得反应热（并可由 $\Delta_r H_m^\ominus = \Delta_r U_m^\ominus + \Delta\nu RT$ 进行恒容反应热与恒压反应热的换算），由赫斯定律可间接求算反应热，利用生成热、燃烧热可计算反应热。

化学反应的实质就是反应物中化学键的断裂和生成物中化学键的形成。断开化学键一般要吸热，形成化学键一般要放热。通过分析反应过程中化学键的断裂和形成，应用键能（E）数据，由下面关系式可以估算化学反应的反应热：

$$\Delta_r H_m^\ominus = \sum E(\text{断开}) - \sum E(\text{生成})$$

由键能计算反应热一般误差较大，这和两方面因素有关。一方面，同一类化学键在不同化合物中的键能未必相同，如乙烷中的 E(C—C)与氯代乙烷中的 E(C—C)就不相同。另一方面，反应物及生成物的状态也未必能满足定义键能时的反应条件。

在不能准确测得反应热时，由键能来估算反应热还是具有实用价值的。

2.3 熵与吉布斯自由能

2.3.1 化学反应进行的方向

1. 化学反应方向的判断

将 N_2O_4 置于密闭容器中加热，反应的方向是 N_2O_4 分解为 NO_2。若将 NO_2 置于密闭容器中冷却，反应的方向是 NO_2 聚合生成 N_2O_4。

$$N_2O_4(g) = 2NO_2(g)$$

$$2NO_2(g) = N_2O_4(g)$$

将 NaCl 溶液与 $AgNO_3$ 溶液混合，反应方向是 AgCl 沉淀的生成。将新生成的 AgCl 放入大量水中，反应方向是 AgCl 的溶解。

$$Ag^+ + Cl^- = AgCl\downarrow$$

$$AgCl = Ag^+ + Cl^-$$

从以上的例子可以得出结论：反应方向与反应条件有关，包括温度、压力、反应中物质的比例等，都可能影响反应的方向。

在本章学习中，化学反应方向是指各种物质均处于标准状态时化学反应自发进行的方向。显然，标准浓度的 Ag^+ 和 Cl^- 反应自发的方向肯定是生成 AgCl，而将 AgCl 置于水中溶解不可能使 Ag^+ 和 Cl^- 浓度达到标准状态。

对于非标准状态条件下化学反应进行的方向将在第 3 章中讨论。

2. 反应热对反应方向的影响

化学反应往往伴随着热效应。研究表明，放热反应一般都可以自发进行，如

$$2C(\text{石墨}) + O_2(g) = 2CO(g) \qquad \Delta_r H_m^\ominus = -221.0\ \text{kJ·mol}^{-1}$$

$$2H_2O_2(l) = 2H_2O(l) + O_2(g) \qquad \Delta_r H_m^\ominus = -196.0\ \text{kJ·mol}^{-1}$$

这两个放热反应常温下能够自发进行，升高温度仍然能够自发进行。

有的放热反应，在常温下能够自发进行，而在一定的高温下反应方向逆转，如

$NH_3(g)+HCl(g)=NH_4Cl(s)$　　$\Delta_r H_m^\ominus=-176.9\ kJ \cdot mol^{-1}$

$ZnO(s)+SO_3(g)=ZnSO_4(s)$　　$\Delta_r H_m^\ominus=-235.4\ kJ \cdot mol^{-1}$

在较高温度时，NH_4Cl 和 $ZnSO_4$ 将发生分解反应。这两个反应的逆反应为吸热反应，在常温下不能自发进行，在较高的温度下能够自发进行。

有的吸热反应，在常温下不能自发进行，在高温下也不能自发进行。如

$2H_2O(l)+O_2(g)=2H_2O_2(l)$　　$\Delta_r H_m^\ominus=+196.0\ kJ \cdot mol^{-1}$

$2N_2(g)+O_2(g)=2N_2O(g)$　　$\Delta_r H_m^\ominus=+163.2\ kJ \cdot mol^{-1}$

上述几个实例说明：(1) 在常温下放热反应一般能够自发进行，吸热反应一般不能自发进行，即反应热是影响反应方向的主要因素；(2) 有些常温下能够自发进行的放热反应，在温度较高时反应方向发生逆转，说明温度也影响反应的方向；(3) 有些常温下能够自发进行的放热反应在高温下仍然自发进行，有些常温下不能自发进行的吸热反应在高温下仍然不能自发进行，说明除热效应和温度外，还有其他因素影响反应方向。

2.3.2 状态函数 熵

1. 混乱度与微观状态数

下面两个吸热反应，常温下不能自发进行而在高温下能自发进行。

$NH_4Cl(s)=NH_3(g)+HCl(g)$　　固态⟶气态

$ZnSO_4(s)=ZnO(s)+SO_3(g)$　　固态⟶固态＋气态

下面两个放热反应，在常温自发进行，在高温更易自发进行。

$2H_2O_2(l)=2H_2O(l)+O_2(g)$　　液态⟶液态＋气态

$2N_2O(g)=2N_2(g)+O_2(g)$　　气体分子数少⟶气体分子数多

从以上反应的实例不难发现，加热有利于由固态或液态物质生成气态物质、由气态物质分子少向气态物质分子多的方向进行。或者说，加热有利于向生成物分子的活动范围大或者活动范围大的分子数增多的方向进行。

分子的活动范围大或者活动范围大的分子数增多，就是体系的混乱度变大了。体系的混乱度增加是化学反应自发进行的另一种趋势。

经常用微观状态数（Ω）定量描述体系的混乱度。不难理解，活动范围（体积）相同时，体系的粒子数越多，则微观状态数越多，体系越混乱；粒子数相同时，粒子活动范围（体积）越大，则微观状态数越多，体系越混乱。

2. 熵的概念

体系的状态一定时，微观状态数有确定值。在宏观上可以找到一个物理量与微观状态数相关联，能够描述体系的混乱度。热力学上把描述体系混乱度的状态函数称为熵，用 S 表示。熵是具有加和性的状态函数。

若体系的微观状态数为 Ω，则有

$$S=k\ln\Omega$$

式中，$k=1.38\times10^{-23}\ J \cdot K^{-1}$，称为玻尔兹曼（Boltzmann）常量；熵的单位为 $J \cdot K^{-1}$。一个过程的熵变 ΔS 一般不用关系式 $S=k\ln\Omega$ 求算，因为体系的微观状态数很难准确计算。

过程的始、终态一定，ΔS 数值一定。热力学理论证明，恒温可逆过程中，有

$$\Delta S=\frac{Q_r}{T}$$

恒温可逆过程的熵变可由上式计算，若为非恒温可逆过程，则熵变 ΔS 可由积分的方法计算。

在相变点的温度下，物质的相变可以看成可逆过程。例如，在 373 K、常压下，1 mol 气态 H_2O 凝聚成液态 H_2O，放热 44.0 kJ，则该过程的熵变

$$\Delta S=\frac{Q_r}{T}=\frac{-44.0\times1000\ \text{J}}{373\ \text{K}}=-118\ \text{J}\cdot\text{K}^{-1}$$

体系的混乱度增加是化学反应自发进行的一种趋势。即化学反应趋向于熵值的增加

$$\Delta_r S>0$$

和反应的焓变一样，熵变受温度变化的影响也较小，在一定温度范围内的熵变可以用 298 K 时的熵变数据替代。

3. 热力学第三定律

热力学第三定律：在 0 K 时，完美晶体的熵值为 0。

完美晶体中的质点只有一种排列形式，即 $\Omega=1$，所以 $S=0$。从熵值为 0 的状态出发，使体系变化到终态（标准大气压和温度 T），这一过程熵变的值就是该体系终态时的熵值。1 mol 物质在标准状态下的熵值称为标准摩尔熵，简称标准熵，用 $S_m^\ominus$ 表示，其单位为 $\text{J}\cdot\text{mol}^{-1}\cdot\text{K}^{-1}$。

由反应物和生成物的标准熵（$S_m^\ominus$），可求得反应熵变。对于反应

$$a\text{A}+b\text{B}=\!=\!=c\text{C}+d\text{D}$$

则反应的熵变 $\Delta_r S_m^\ominus$ 为

$$\Delta_r S_m^\ominus=[cS_m^\ominus(\text{C})+dS_m^\ominus(\text{D})]-[aS_m^\ominus(\text{A})+bS_m^\ominus(\text{B})]$$

即

$$\Delta_r S_m^\ominus=\sum_i v_i S_m^\ominus(\text{生成物})-\sum_i v_i S_m^\ominus(\text{反应物})$$

标准熵 $S_m^\ominus$ 是绝对值，而标准生成热 $\Delta_f H_m^\ominus$ 是相对值。

4. 熵变符号的定性判断

熵增加过程是混乱度小向混乱度大变化的过程。因此，固体生成液体、固体或液体生成气体、气体分子少生成气体分子多的反应一般是熵增加的，而其逆过程则是熵减小的。

$$2H_2O_2(l)=\!=\!=2H_2O(l)+O_2(g) \qquad \Delta_r S>0$$

$$NH_3(g)+HCl(g)=\!=\!=NH_4Cl(s) \qquad \Delta_r S<0$$

$$ZnO(s)+SO_3(g)=\!=\!=ZnSO_4(s) \qquad \Delta_r S<0$$

熵变符号的定性判断是非常有意义的。例如，$ZnSO_4$ 在常温下稳定，说明其分解反应是吸热的；但高温分解产物中有气相物质 SO_3，分解反应是熵增加的过程（$\Delta_r S>0$），加热有利于向熵增加的方向进行，所以在高温下 $ZnSO_4$ 一定会发生分解反应。

2.3.3 状态函数 吉布斯自由能

1. 吉布斯自由能判据

我们已经知道，常温下放热反应（$\Delta H<0$）一般能够自发进行，反应有向放热反应方向进行的趋势；吸热但熵增加（$\Delta H<0$、$\Delta S>0$）的反应在高温下能够自发进行，反应有向熵增加方向进行的趋势。人们并不满足于由 ΔH 和 ΔS 分别加以考虑去判断反应方向的方法，希望找出更好的判据，综合考虑 ΔH 和 ΔS 对反应方向的影响。

在恒温、恒压有非体积功条件下，热力学第一定律为

$$\Delta U = Q + W_{体} + W_{非}$$

所以

$$\begin{aligned} Q &= \Delta U - W_{体} - W_{非} \\ &= \Delta U - (-p_{外}\Delta V) - W_{非} \\ &= \Delta U + p\Delta V - W_{非} \\ &= \Delta H - W_{非} \end{aligned}$$

恒温恒压过程中，以可逆途径的 Q_r 最大，因此

$$Q_r \geqslant \Delta H - W_{非}$$

由于 $$\Delta S = Q_r / T$$

因此 $$T\Delta S \geqslant \Delta H - W_{非}$$

由于过程恒温，故

$$\Delta(TS) \geqslant \Delta H - W_{非}$$

$$-(T_2S_2 - T_1S_1) \geqslant (H_2 - H_1) - W_{非}$$

移项并整理得 $$-[(H_2 - T_2S_2) - (H_1 - T_1S_1)] \geqslant -W_{非}$$

由于 H、T 和 S 都是状态函数，所以（$H-TS$）也是状态函数，则可以定义一个新的状态函数 G。

$$G = H - TS$$

G 称为吉布斯自由能，简称自由能，是具有加和性的状态函数，单位与焓相同。所以

$$-\Delta G \geqslant -W_{非}$$

环境对体系做的非体积功为 $W_{非}$，则（$-W_{非}$）为体系对环境做的非体积功。

在恒温、恒压条件下，吉布斯自由能 G 的减少值是体系对环境所做的非体积功的最大限度，并且这个最大值只有在可逆途径中才能实现。

吉布斯自由能 G 是体系在恒温、恒压下做非体积功的能量，这就是吉布斯自由能的物理意义。

2. 热力学第二定律

利用吉布斯自由能判据可以判断在恒温、恒压有非体积功时反应的方向：

$-\Delta G > -W_{非}$　　反应自发进行

$-\Delta G = -W_{非}$　　反应可逆进行

$-\Delta G < -W_{非}$　　反应非自发进行

原电池反应就是有非体积功（电功）的过程，判断这一类反应是否自发进行将在第 7 章中学习。

在本章中涉及的反应都是无非体积功的反应，恒温、恒压无非体积功时，化学反应方向的判据为

$\Delta G < 0$　　反应自发进行

$\Delta G = 0$　　反应可逆进行

$\Delta G > 0$　　反应非自发进行

即吉布斯自由能减小的方向是恒温、恒压无非体积功反应自发进行的方向，这正是热力学第二定律的一种表述形式。

3. 标准摩尔生成吉布斯自由能

参照标准生成热概念，将处于标准状态下的各元素的指定单质的标准生成吉布斯自由能

规定为 0，则可以定义各种物质的标准生成吉布斯自由能。

化学热力学规定，某温度下由处于标准状态的各元素的指定单质生成 1 mol 某物质的吉布斯自由能改变量称为这种温度下该物质的标准摩尔生成吉布斯自由能，简称标准生成自由能或生成自由能。用符号 $\Delta_f G_m^\ominus$ 表示，单位为 kJ·mol^{-1}。

例如　C(石墨)+O_2(g)══CO_2(g) $\Delta_r G_m^\ominus = -394.4$ kJ·mol^{-1}，则气态 CO_2 的标准摩尔生成吉布斯自由能 $\Delta_f G_m^\ominus = -394.4$ kJ·mol^{-1}。

标准生成吉布斯自由能 $\Delta_f G_m^\ominus$ 也是相对值，即以指定单质的吉布斯自由能为 0 的相对值。查表可获得各种物质的标准摩尔生成吉布斯自由能数据，利用标准摩尔生成吉布斯自由能可求算反应的 $\Delta_r G_m^\ominus$

$$\Delta_r G_m^\ominus = \sum_i \nu_i \Delta_f G_m^\ominus(\text{生成物}) - \sum_i \nu_i \Delta_f G_m^\ominus(\text{反应物})$$

【例 2-5】 求反应 $CuSO_4$(s)══CuO(s)+SO_3(g) 在 298 K 时的 $\Delta_r G_m^\ominus$。

已知	$CuSO_4$(s)	CuO(s)	SO_3(g)
$\Delta_r G_m^\ominus$/(kJ·mol^{-1})	−662.2	−129.7	−371.1

解：

$$\begin{aligned}\Delta_r G_m^\ominus &= \sum_i \nu_i \Delta_f G_m^\ominus(\text{生成物}) - \sum_i \nu_i \Delta_f G_m^\ominus(\text{反应物}) \\ &= [\Delta_f G_m^\ominus(CuO,s) + \Delta_f G_m^\ominus(SO_3,g)] - \Delta_f G_m^\ominus(CuSO_4,s) \\ &= [(-129.7)+(-371.1)] - (-662.2) \\ &= 161.4(\text{kJ}\cdot\text{mol}^{-1})\end{aligned}$$

4. 吉布斯-亥姆霍兹公式

由吉布斯自由能的定义 $G=H-TS$，得吉布斯-亥姆霍兹公式：

$$\Delta_r G_m^\ominus = \Delta_r H_m^\ominus - T\Delta_r S_m^\ominus$$

由反应的焓变和熵变可求得反应的吉布斯自由能变 $\Delta_r G_m^\ominus$。由吉布斯-亥姆霍兹公式可知，温度对反应的吉布斯自由能变影响较大。298 K 时 $\Delta_r G_m^\ominus$ 一般不能用于其他温度。

吉布斯-亥姆霍兹公式综合考虑了 $\Delta_r H_m^\ominus$ 和 $\Delta_r S_m^\ominus$ 对反应方向的影响，根据 $\Delta_r H_m^\ominus$ 和 $\Delta_r S_m^\ominus$ 的符号，可以预测 $\Delta_r G_m^\ominus$ 的符号，可进一步预测反应的趋势。结果如表 2-1 所示。

表 2-1　根据吉布斯-亥姆霍兹公式预测反应的趋势

$\Delta_r H_m^\ominus$	$\Delta_r S_m^\ominus$	$\Delta_r G_m^\ominus$	反应方向
−	+	−	任何温度下，反应都能自发进行
+	−	+	任何温度下，反应都不能自发进行
−	−	−	温度较低时，反应自发进行
		+	温度较高时，反应不能自发进行
+	+	+	温度较低时，反应不能自发进行
		−	温度较高时，反应自发进行

上表说明，若 $\Delta_r H_m^\ominus$ 和 $\Delta_r S_m^\ominus$ 符号相同，反应方向与温度有关；若 $\Delta_r H_m^\ominus$ 和 $\Delta_r S_m^\ominus$ 符号不相同，反应方向与温度无关。

随着温度的改变，反应的方向可能发生逆转，即反应的吉布斯自由能的符号发生变化。根据吉布斯-亥姆霍兹公式（$\Delta_r G_m^\ominus = \Delta_r H_m^\ominus - T\Delta_r S_m^\ominus$）可以求得反应逆转温度，即反应的吉布斯自由能为 0 的温度：$T=\Delta_r H_m^\ominus/\Delta_r S_m^\ominus$。

习　题

1. 判断正误（正确的打“√”，错误的打“×”）

（1）Hg(l) 和 $Cl_2(g)$ 的 $\Delta_f G_m^\ominus$ 都为零。

（2）体系的焓变等于恒容反应热。

（3）NaCl 溶于水的过程中，$\Delta G=0$。

（4）体系与环境之间没有热量交换的过程称作绝热过程。

（5）$\Delta_r S_m>0$ 的反应都是自发反应。

（6）$\Delta_r S_m^\ominus$ 和 $\Delta_r H_m^\ominus$ 一样，受温度变化的影响较小。

（7）甲烷燃烧反应的反应热就是甲烷的燃烧热。

（8）$Q_V=\Delta U$，而 ΔU 是状态函数，因此 Q_V 也是状态函数

（9）恒压条件下，如果反应 $A(g)+B(s)=2C(g)$ 是放热反应，则有 $\Delta U<0$。

（10）化学反应随着产物的生成，体系的熵值一定增大。

2. 按照热力学规定，下列单质中标准摩尔生成热不等于零的是（　　）。

（A）C(石墨)　　（B）$Br_2(l)$　　（C）$I_2(s)$　　（D）P_4(黑磷)

3. 体系从状态 A 变到状态 B 时，对外做功 15 kJ，吸收 35 kJ 热量，则 ΔU 为（　　）。

（A）20 kJ　　（B）−20 kJ　　（C）50 kJ　　（D）−50 kJ

4. 关于反应自发情况，下列结论正确的是（　　）。

（A）当 $\Delta H>0$、$\Delta S<0$ 时，反应在任何温度下都能自发进行

（B）当 $\Delta H<0$、$\Delta S<0$ 时，反应低温不自发，高温自发

（C）当 $\Delta H<0$、$\Delta S>0$ 时，反应在任何温度下都不能自发进行

（D）当 $\Delta H<0$、$\Delta S<0$ 时，反应低温自发，高温不自发

5. 标准状态下，反应 $H_2(g)+Cl_2(g)=2HCl(g)$　$\Delta_r H_m^\ominus=-184.6\ kJ\cdot mol^{-1}$，则 HCl(g) 的 $\Delta_f H_m^\ominus$ 为（　　）。

（A）$92.3\ kJ\cdot mol^{-1}$　　（B）$-92.3\ kJ\cdot mol^{-1}$

（C）$-184.6\ kJ\cdot mol^{-1}$　　（D）$184.6\ kJ\cdot mol^{-1}$

6. 下列各组物理量中，都为状态函数的是（　　）。

（A）V，W，p　　（B）G，Q_p，T　　（C）U，S，G　　（D）S，H，Q_p

7. 下列反应中，熵变 $\Delta_r S_m^\ominus<0$ 的是（　　）。

（A）$2N_2O(g)=O_2(g)+2N_2(g)$　　（B）$CH_4(g)+2O_2(g)=CO_2(g)+2H_2O(l)$

（C）$CaCO_3(s)=CaO(s)+CO_2(g)$　　（D）$2SO_3(l)=2SO_2(g)+O_2(g)$

8. 下列气体中，标准摩尔熵最大的是（　　）。

（A）H_2　　（B）N_2　　（C）O_2　　（D）CO_2

9. 已知 $2C(s)+O_2(g)=2CO(g)$ 的 $\Delta_r H_m^\ominus<0$，$\Delta_r S_m^\ominus>0$，则此反应（　　）。

（A）任何温度下都不能自发进行　　（B）低温下自发，高温不自发

（C）任何温度下都能自发进行　　（D）低温下不自发，高温自发

10. 在标准状态下反应 $2A(g)+B(g)=2C(g)$ 的 $\Delta_r U_m^\ominus=184.5\ kJ\cdot mol^{-1}$，则该反应的 $\Delta_r H_m^\ominus$ 为（　　）。

（A）$128\ kJ\cdot mol^{-1}$　（B）$182\ kJ\cdot mol^{-1}$　（C）$187\ kJ\cdot mol^{-1}$　（D）$178\ kJ\cdot mol^{-1}$

11. 某化学反应的 $\Delta_r G_m^\ominus>0$，则对该反应在标准状态下判断正确的是（　　）。

(A) 不能自发进行 (B) 肯定吸热 (C) 达到平衡态 (D) 肯定放热

12. 已知某弹式热量计与其内容物的总热容为 4.521 $kJ \cdot K^{-1}$。0.223 g 萘 ($C_{10}H_8$) 和足量 O_2 在其中完全燃烧，所放热量使温度由 27.25 ℃升高到 29.23 ℃。求萘燃烧反应的 $\Delta_r U_m$ 和 $\Delta_r H_m^\ominus$。

13. 已知 $2MnO_2(s) = 2MnO(s) + O_2(g)$ $\quad \Delta_r H_m^\ominus(1) = 269.6\ kJ \cdot mol^{-1}$

$MnO_2(s) + Mn(s) = 2MnO(s)$ $\quad \Delta_r H_m^\ominus(2) = -250.18\ kJ \cdot mol^{-1}$

试求 $MnO_2(s)$ 的标准摩尔生成热。

14. 将下列两组物质按照标准生成热由大到小的顺序排列并简要说明理由。

(1) NaCl，KCl，$MgCl_2$，Na_2CO_3，Na_2SO_4

(2) CO_2，NO_2，O_3，SO_2，SO_3

15. 由标准燃烧热求下面反应的热效应 $\Delta_r H_m^\ominus$：

$$2HCHO(g) + 2H_2O(l) = 2CH_3OH(l) + O_2(g)$$

已知 $\Delta_c H_m^\ominus(HCHO,g) = -570.7\ kJ \cdot mol^{-1}$，$\Delta_c H_m^\ominus(CH_3OH,l) = -726.1\ kJ \cdot mol^{-1}$。

16. 蔗糖在人体内代谢过程中所发生的反应和相关物质的热力学数据如下：

	$C_{12}H_{22}O_{11}(s)$	$+12O_2(g)$	$=12CO_2(g)$	$+11H_2O(l)$
$\Delta_f H_m^\ominus/(kJ \cdot mol^{-1})$	−2226.1	0	−393.5	−285.8
$S_m^\ominus/(J \cdot mol^{-1} \cdot K^{-1})$	359.8	205.2	213.8	70.0

若在人体内只有 30%上述反应的标准自由能变可转变为有用功，则 5.0 g 蔗糖在体温 37 ℃时进行代谢，可做多少有用功?

第3章 化学反应速率与化学平衡

化学热力学虽然解决了反应的可能性问题，但没有解决反应的时效性问题。化学反应的时效性问题即反应的快慢，也就是化学反应的速率，需要用动力学来解决。化学反应的限度即反应进行得是否彻底，则需要用化学平衡来解决。

3.1 化学反应速率

许多热力学上能够发生的化学反应（$\Delta_r G_m^{\ominus}<0$），实际上却往往观测不到反应发生。例如

$$2H_2(g)+O_2(g)=\!=\!=2H_2O(l)\quad \Delta_r G_m^{\ominus}=-474.2\ kJ\cdot mol^{-1}$$

$$3H_2(g)+N_2(g)=\!=\!=2NH_3(g)\quad \Delta_r G_m^{\ominus}=-91.8\ kJ\cdot mol^{-1}$$

常温下，将 H_2 和 O_2 混合观测不到水的生成，H_2 和 N_2 混合也观测不到氨的生成。这主要是动力学的因素所致，即反应速率太慢。

3.1.1 反应速率的概念

单位时间内反应物浓度减少的量或生成物浓度增加的量可用来表示化学反应速率。常用的反应速率的单位是 $mol\cdot dm^{-3}\cdot s^{-1}$、$mol\cdot dm^{-3}\cdot min^{-1}$、$mol\cdot dm^{-3}\cdot h^{-1}$等。

1. 平均速率

对于反应 $aA=\!=\!=bB$，若 $t_1\rightarrow t_2$ 时间内用反应物 A 浓度的改变表示平均速率，则平均速率 $\overline{r}(A)$ 为

$$\overline{r}(A)=-\frac{c_2(A)-c_1(A)}{t_2-t_1}=-\frac{\Delta c(A)}{\Delta t}$$

式中，$c_1(A)$ 为物质 A 在时间 t_1 时的物质的量浓度；$c_2(A)$ 为物质 A 在时间 t_2 时的物质的量浓度。前面加“－”号以使反应速率为正值。

在同一时间间隔内，反应速率也可以用生成物 B 浓度的改变来表示：

$$\overline{r}(B)=\frac{\Delta c(B)}{\Delta t}$$

用反应式中不同物质表示的反应速率的数值可能不相等，但由于表示的是同一个反应的速率，彼此间必然存在着一定的数量关系，且这种关系与化学计量系数有关。

由于

$$-\frac{\Delta c(\mathrm{A})}{a}=\frac{\Delta c(\mathrm{B})}{b}$$

等式两侧同时除以 Δt，得

$$-\frac{1}{a}\frac{\Delta c(\mathrm{A})}{\Delta t}=\frac{1}{b}\frac{\Delta c(\mathrm{B})}{\Delta t}$$

$$\frac{1}{a}\bar{r}(\mathrm{A})=\frac{1}{b}\bar{r}(\mathrm{B})$$

所以，用不同物质表示的反应速率与该物质在反应式中的化学计量数成正比。

反应的平均速率是某一时间区间内反应速率的平均结果，时间的区间越大，平均速率与某一时刻的反应速率差别就越大。

2. 瞬时速率

通常把某一时刻的化学反应速率称为反应的瞬时速率。

利用实验数据，以反应时间 t 为横坐标，生成物的浓度为纵坐标，可得到生成物浓度对反应时间的曲线，如图 3-1(a) 所示。

通过曲线在 t_1 时刻和 t_2 时刻的两点作曲线的割线，则割线的斜率表示在 $t_1 \sim t_2$ 时间区间反应的平均速率，如图 3-1(b) 所示。显然，$t_1 \sim t_2$ 时间间隔越小，割线的斜率越逼近曲线的切线的斜率。如图 3-1(c) 所示，当时间间隔趋近于 0 时，割线 l 的斜率近似等于 t_0 时刻切线 l_0 的斜率，则该切线的斜率即为反应在 t_0 时刻的瞬时速率。

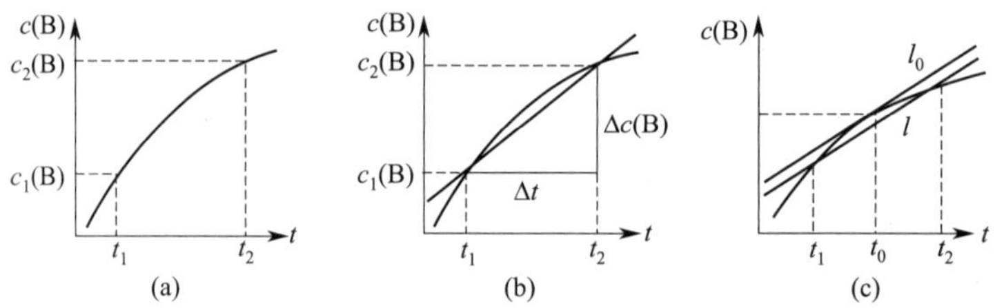

图 3-1 反应的平均速率与瞬时速率的关系

反应的瞬时速率是平均速率的极限，用数学方法表示为

$$r(\mathrm{B})=\lim_{\Delta t\to 0}\left[\frac{\Delta c(\mathrm{B})}{\Delta t}\right]$$

这种极限形式，可用微分式表示

$$r(\mathrm{B})=\frac{\mathrm{d}[c(\mathrm{B})]}{\mathrm{d}t}$$

也可用反应物浓度变化表示瞬时速率，其微分式为

$$r(\mathrm{A})=-\frac{\mathrm{d}[c(\mathrm{A})]}{\mathrm{d}t}$$

在同一时刻，用不同物质的浓度的改变量表示反应的瞬时速率，其数值不相同。同样，瞬时速率与物质在反应式中的化学计量系数成正比

$$\frac{1}{a}r(\mathrm{A})=\frac{1}{b}r(\mathrm{B})$$

在所有时刻的瞬时速率中，初速率（起始速率）r_0 最重要，在研究反应速率与浓度的关系时，经常用到初速率。

3.1.2　反应物浓度对反应的影响

实验事实表明，恒温下增加反应物的浓度则反应速率增大，但完成反应需要更长时间。由图 3-1 可知，将反应物按一定比例混合后发生反应，随着时间的延续反应速率减小。

1. 浓度对反应的影响

（1）速率方程

实验表明，对于反应

$$aA+bB = gG+hH$$

反应的瞬时速率 r 与反应物浓度之间的关系为

$$r=k[c(A)]^m[c(B)]^n$$

这就是反应的速率方程，或称为质量作用定律，可通过实验获得。k 为速率常数，在恒温下，k 不因反应物浓度的改变而变化；k、m 和 n 可由实验测得。

【例 3-1】 测得反应 $aA+bB = gG+hH$ 的反应物初始浓度和反应速率的数据如下所示，试根据实验数据给出反应的速率方程。

实验编号	1	2	3	4	5
A 的初始浓度 $[c_0(A)]/(mol \cdot dm^{-3})$	2.0	4.0	6.0	2.0	2.0
B 的初始浓度 $[c_0(B)]/(mol \cdot dm^{-3})$	2.0	2.0	2.0	4.0	6.0
反应速率 $r(B)/(mol \cdot dm^{-3} \cdot s^{-1})$	0.30	0.60	0.90	0.30	0.30

解：对比表中实验数据可发现：

反应物 B 的初始浓度不变时，A 的初始浓度增加 1 倍，反应速率也增加 1 倍，即 $r(B) \propto [c(A)]^1$。

反应物 A 的初始浓度不变时，B 的初始浓度增加 1 倍，反应速率不变，即 $r(B) \propto [c(B)]^0$。

所以，反应的速率方程是　　$r(B)=k(B)c(A)$

（2）反应级数

若反应的速率方程为

$$r=k[c(A)]^m[c(B)]^n$$

则 $(m+n)$ 称为该反应的反应级数，或者说反应为 $(m+n)$ 级反应。反应级数也可指对某一种反应物而言，上述反应对反应物 A 是 m 级反应，对反应物 B 是 n 级反应。

反应级数可以是整数。例如，H_2 和 I_2 反应的化学方程式和反应的速率方程为

$$H_2+I_2 = 2HI \qquad r=kc(H_2)c(I_2)$$

反应级数为 2，或者说对 H_2 和 I_2 均为一级反应。

反应级数可以是分数。例如，Cl_2 和 H_2 反应的化学方程式和反应的速率方程为

$$H_2+Cl_2 = 2HCl \qquad r=kc(H_2)[c(Cl_2)]^{1/2}$$

反应级数为 $\frac{3}{2}$，或者说对 H_2 为一级反应，对 Cl_2 为 $\frac{1}{2}$ 级反应。

有些反应没有确定的反应级数。例如，Br_2 和 H_2 反应的化学方程式和反应的速率方程为

$$H_2 + Br_2 \xlongequal{} 2HBr \qquad r = \frac{kc(H_2)[c(Br_2)]^{1/2}}{1 + k'\dfrac{c(HBr)}{c(Br_2)}}$$

反应的级数也可以是零。例如，Na 与 H_2O 反应的化学方程式和反应的速率方程为

$$2Na + 2H_2O \xlongequal{} 2NaOH + H_2 \qquad r = k$$

反应的速率与反应物浓度无关，故为零级反应。

（3）速率常数

若反应 $aA + bB \xlongequal{} gG + hH$ 的速率方程为 $r = k[c(A)]^m[c(B)]^n$，当各种反应物浓度皆为 $1mol \cdot dm^{-3}$时，$r = k$。

速率常数 k 是各种反应物浓度皆为 $1\ mol \cdot dm^{-3}$时的反应速率，或称为比速常数。在相同的浓度和反应级数条件下，可用速率常数的大小来比较化学反应的速率。

速率常数的单位与反应级数有关。反应速率常用单位是 $mol \cdot dm^{-3} \cdot s^{-1}$，若浓度单位为 $mol \cdot dm^{-3}$，对于 n 级反应，则速率常数 k 的单位是

$$\frac{mol \cdot dm^{-3} \cdot s^{-1}}{(mol \cdot dm^{-3})^n}$$

可见，n 级反应速率常数 k 的单位是 $mol^{(1-n)} \cdot dm^{-3(1-n)} \cdot s^{-1}$或$(mol \cdot dm^{-3})^{(1-n)} \cdot s^{-1}$。

零级反应的速率常数的单位是 $mol \cdot dm^{-3} \cdot s^{-1}$，与反应速率的单位一致；一级反应速率常数的单位是 s^{-1}；二级反应速率常数的单位是 $mol^{-1} \cdot dm^3 \cdot s^{-1}$。

用不同物质的浓度的变化来表示反应速率时，速率方程中速率常数的数值经常是不同的，这与反应式中物质的化学计量数有关。对于反应

$$aA + bB \xlongequal{} gG + hH$$

其速率方程的通式为

$$r_i = k_i[c(A)]^m[c(B)]^n$$

无论用哪种物质的浓度变化来表示反应速率，$[c(A)]^m[c(B)]^n$ 项是相同的，因此反应速率常数间的关系与反应速率间的关系一致。由于反应速率间的关系为

$$\frac{1}{a}r(A) = \frac{1}{b}r(B) = \frac{1}{g}r(G) = \frac{1}{h}r(H)$$

因此，速率常数间的关系为

$$\frac{1}{a}k(A) = \frac{1}{b}k(B) = \frac{1}{g}k(G) = \frac{1}{h}k(H)$$

2. 浓度与反应时间的关系

化学动力学同样关注反应物浓度随时间的变化情况。利用反应速率方程的微分表达式推导出相应的积分表达式，可得到反应物浓度与时间的关系式。

（1）零级反应

零级反应的特点是反应速率与反应物浓度无关。某零级反应

$$A \xlongequal{} B$$

若以反应物 A 的浓度改变表示反应速率，则该反应的速率方程微分表达式为

$$-\frac{d[c(A)]}{dt} = k$$

即

$$-d[c(A)] = k\,dt$$

若反应物 A 的初始浓度为 $c_0(\mathrm{A})$，t 时刻的浓度为 $c_t(\mathrm{A})$，对上式两侧同时积分

$$-\int_{c_0(\mathrm{A})}^{c_t(\mathrm{A})} \mathrm{d}[c(\mathrm{A})] = k\int_0^t \mathrm{d}t$$

得
$$c_t(\mathrm{A}) - c_0(\mathrm{A}) = -kt$$

即
$$c_t(\mathrm{A}) = c_0(\mathrm{A}) - kt$$

以上两式为零级反应的积分表达式。若已知反应物的初始浓度和速率常数 k，通过积分表达式就可求出反应物在任意时刻的浓度。零级反应的积分表达式也可以写成

$$c_0(\mathrm{A}) - c_t(\mathrm{A}) = kt$$

即反应物浓度的改变量与时间成正比。

【例 3-2】 反应 A ══ B 为零级反应，100 min 时反应物 A 消耗了 25%。求 200 min 时反应物 A 消耗了多少。

解： 设 $[c(\mathrm{A})]_{0\ \mathrm{min}} = 1.0\ \mathrm{mol \cdot dm^{-3}}$，则 $[c(\mathrm{A})]_{100\ \mathrm{min}} = 0.75\ \mathrm{mol \cdot dm^{-3}}$。代入下式

$$c_t(\mathrm{A}) = c_0(\mathrm{A}) - kt$$

得
$$0.75 = 1.0 - k \times 100$$

$$k = 2.5 \times 10^{-3}(\mathrm{mol \cdot dm^{-3} \cdot min^{-1}})$$

200 min 时
$$[c(\mathrm{A})]_{200\ \mathrm{min}} = 1.0 - 2.5 \times 10^{-3} \times 200 = 0.50(\mathrm{mol \cdot dm^{-3}})$$

即 A 消耗了 50 %

另一种解法：

由
$$c_0(\mathrm{A}) - c_t(\mathrm{A}) = kt$$

100 min 时
$$[c(\mathrm{A})]_{0\ \mathrm{min}} - [c(\mathrm{A})]_{100\ \mathrm{min}} = k \times 100$$

200 min 时
$$[c(\mathrm{A})]_{0\ \mathrm{min}} - [c(\mathrm{A})]_{200\ \mathrm{min}} = k \times 200$$

两式相除，得
$$[c(\mathrm{A})]_{200\ \mathrm{min}} = 0.50(\mathrm{mol \cdot dm^{-3}})$$

反应物消耗一半所需的时间称为半衰期，用 $t_{1/2}$ 表示。半衰期的大小也能体现反应的快慢，反应的 $t_{1/2}$ 越短，表明反应越快。

将反应达半衰期时的浓度 $c_t(\mathrm{A}) = \frac{1}{2}c_0(\mathrm{A})$ 代入零级反应积分表达式

$$\frac{1}{2}c_0(\mathrm{A}) = c_0(\mathrm{A}) - kt_{1/2}$$

整理，得

$$t_{1/2} = \frac{c_0(\mathrm{A})}{2k}$$

可见，零级反应的半衰期与反应物的初始浓度成正比，与反应的速率常数成反比。

（2）一级反应

某一级反应

$$\mathrm{A} = \!= \mathrm{B}$$

以反应物 A 的浓度改变表示反应的速率，则反应的速率方程微分表达式为

$$-\frac{\mathrm{d}[c(\mathrm{A})]}{\mathrm{d}t} = kc(\mathrm{A})$$

整理，得

$$-\frac{d[c(A)]}{c(A)}=k\,dt$$

反应物 A 的初始浓度为 $c_0(A)$，t 时刻的浓度为 $c_t(A)$，对上式两侧同时积分

$$-\int_{c_0(A)}^{c_t(A)}\frac{d[c(A)]}{c(A)}=k\int_0^t dt$$

得

$$\ln c_t(A)-\ln c_0(A)=-kt$$

转换成常用对数式

$$\lg c_t(A)=\lg c_0(A)-\frac{k}{2.303}t$$

由一级反应速率方程的积分表达式，可以求得一级反应反应物的瞬时浓度。

将 $c_t(A)=\frac{1}{2}c_0(A)$代入一级反应的速率方程的积分表达式，得一级反应的半衰期为

$$t_{1/2}=\frac{0.693}{k}$$

可见，一级反应的半衰期与速率常数成反比，与反应物的初始浓度无关。这是一级反应的一个突出特点。

【例 3-3】 反应物 A 的浓度随时间变化情况如下所示：

t/min	0	1	2	3	4	5
$c(A)/(mol\cdot dm^{-3})$	1.00	0.72	0.50	0.36	0.25	0.18

求　反应的速率常数和 3 min 时反应的瞬时速率。

解： 从表中数据可知，反应物的浓度从 1 $mol\cdot dm^{-3}$到 0.50 $mol\cdot dm^{-3}$所需要的时间是 2 min，从 0.5 $mol\cdot dm^{-3}$到 0.25 $mol\cdot dm^{-3}$所需要的时间也是 2 min。即反应物的浓度每消耗一半时所需要的时间是一个常数，因此该反应为一级反应，$t_{1/2}=2$ min。

对于一级反应　$t_{1/2}=\frac{0.693}{k}$

得　$k=0.347\ min^{-1}$

该反应的速率方程为　$r=kc(A)$

反应至 3 min 时，反应的瞬时速率

$$r_{3\ min}=k[c(A)]_{3\ min}=0.347\times0.36=0.125(mol\cdot dm^{-3}\cdot min^{-1})$$

(3) 二级反应和三级反应

利用二级反应和三级反应速率方程的微分表达式，通过积分处理可分别求得只有 1 种反应物的二级反应和三级反应的速率方程积分表达式和半衰期表达式。

二级反应速率方程的积分表达式

$$\frac{1}{c(A)}-\frac{1}{c_0(A)}=kt$$

半衰期

$$t_{1/2}=\frac{1}{kc_0(A)}$$

三级反应速率方程的积分表达式

$$\frac{1}{[c(\mathrm{A})]^2}-\frac{1}{[c_0(\mathrm{A})]^2}=2kt$$

半衰期为

$$t_{1/2}=\frac{3}{2k[c_0(\mathrm{A})]^2}$$

3. 基元反应

基元反应是指反应物分子经一步直接转化为产物的反应。例如

$$NO_2+CO=\!=\!=NO+CO_2$$

许多化学反应，尽管其反应方程式很简单，但却不是基元反应，而是经由两个或多个步骤完成的复杂反应。例如，反应 $2NO+O_2=\!=\!=2NO_2$ 可能经历了如下基元步骤

$$2NO=\!=\!=N_2O_2 \qquad (快) \qquad (1)$$

$$N_2O_2=\!=\!=2NO \qquad (快) \qquad (2)$$

$$N_2O_2+O_2=\!=\!=2NO_2 \qquad (慢) \qquad (3)$$

研究复杂反应的反应机理，就是要研究反应经历了哪些基元步骤。

基元反应或复杂反应的基元步骤中反应所需要的微粒数目称为反应的分子数。反应可以是单分子反应，也可以是由两个微粒碰撞所发生的双分子反应，三分子的反应非常少见，目前尚未发现四分子反应。只有基元反应才可用反应分子数描述，反应分子数是微观层次的概念，它只能是正整数，不能是分数。而反应级数是反应宏观层次的概念，可以是分数。

基元反应或复杂反应的基元步骤，可直接由反应式写出速率方程。如

$$NO_2+CO=\!=\!=NO+CO_2 \qquad r=kc(NO_2)c(CO)$$

即基元反应的反应速率与反应物浓度以其化学计量数为指数幂的连乘积成正比。

若反应 $a\mathrm{A}+b\mathrm{B}=\!=\!=g\mathrm{G}+h\mathrm{H}$ 是基元反应，则反应的速率方程式为 $r=k[c(\mathrm{A})]^a[c(\mathrm{B})]^b$

有些反应，由实验测得的反应级数与反应式中反应物化学计量数相等，但反应并不一定是基元反应。例如，以下两个反应都不是基元反应。

$$2NO+O_2=\!=\!=2NO_2 \qquad r=k[c(NO)]^2c(O_2)$$

$$H_2+I_2=\!=\!=2HI \qquad r=kc(H_2)c(I_2)$$

3.1.3 反应速率理论简介

1. 碰撞理论

碰撞理论认为，反应物分子间的相互碰撞是反应进行的先决条件。影响反应速率的因素主要有反应物分子碰撞的频率、反应物分子的能量以及分子碰撞时的取向。

反应物分子碰撞的频率（Z）越高，反应速率越大。显然，反应物的浓度越大，反应物分子碰撞的频率越高，因此增加反应物浓度能增大反应速率。

反应物分子相互碰撞时，只有极少数碰撞是有效的，即相互碰撞的分子不一定发生反应，只有有效碰撞的分子才有可能发生反应。研究表明，相互碰撞时能发生反应的分子必须具备足够的能量，足以克服分子相互接近时的排斥力。具有足够能量的分子组称为活化分子组，活化分子组具有的能量限制 E_a 称为活化能。若能量满足要求的碰撞次数占总碰撞次数的分数为 f，则有

$$f = e^{-\frac{E_a}{RT}}$$

式中，f 称为能量因子。活化能越高，满足能量要求的碰撞次数占总碰撞次数的分数 f 越小。

活化分子组中的分子采取合适的取向进行碰撞时，反应才能发生。例如

$$NO_2 + CO \longrightarrow NO + CO_2$$

只有 CO 中的 C 与 NO_2 中的 O 接近时，才是反应能够发生的合适的取向，如图 3-2(a) 所示；而其他取向不是合适的取向，故不能发生反应，如图 3-2(b)、(c)、(d)所示。

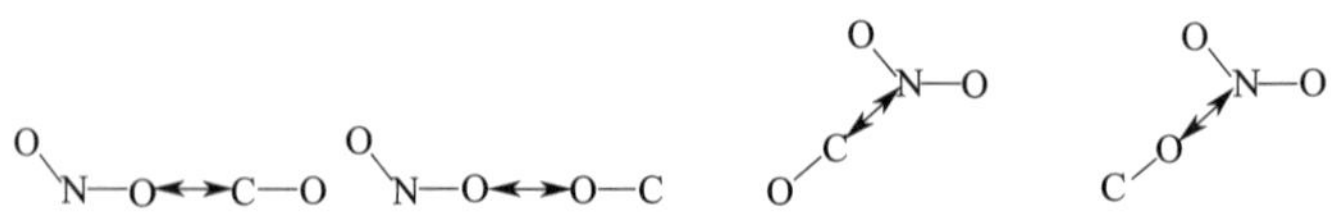

(a) (b) (c) (d)

图 3-2 分子碰撞的取向示意图

因此，真正的有效碰撞次数 Z^* 为

$$Z^* = ZfP = ZPe^{-\frac{E_a}{RT}}$$

式中，Z 为碰撞次数；f 为能量因子；P 为取向因子；E_a 为活化能；T 为热力学温度；R 为摩尔气体常量。

2. 过渡状态理论

过渡状态理论认为，当两个具有足够能量的反应物分子相互接近时，反应物分子先形成活化配合物作为反应的中间过渡状态。在活化配合物中，反应物分子的键部分地断裂，产物分子的键部分地形成。例如，具有足够能量的 NO_2 与 CO 沿合适的取向接近时，N—O 键部分断裂而新的 C—O 键部分形成，生成过渡状态的活化配合物。活化配合物能量很高，不稳定，它既可以分解为生成物，也可以分解为反应物。

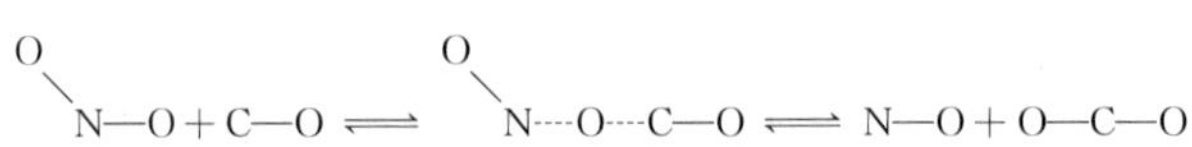

活化配合物的浓度、活化配合物分解为产物的概率以及活化配合物分解为产物的速率均影响化学反应的速率。

过渡状态理论中经常用反应历程-势能图讨论反应过程，如图 3-3 所示。反应历程-势能图非常直观地描述了反应过程中体系势能变化情况。

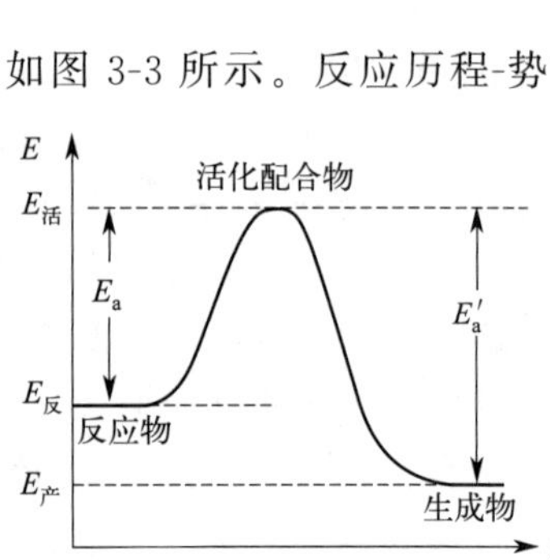

图 3-3 反应历程-势能图

在图 3-3 中，活化配合物的势能与反应物分子的平均势能之差为正反应的活化能 E_a；活化配合物的势能与生成物分子的平均势能之差为逆反应的活化能 E'_a。可见，在过渡状态理论中，活化能体现着一种能量差。由图 3-3 可以得到：

反应物⟶活化配合物 $\qquad \Delta_r H_m(1) = E_a$

活化配合物⟶生成物 $\qquad \Delta_r H_m(2) = -E'_a$

总反应为

$$\text{反应物}\longrightarrow\text{生成物}\qquad \Delta_r H_m$$

故摩尔反应热为

$$\Delta_r H_m=\Delta_r H_m(1)+\Delta_r H_m(2)=E_a-E'_a$$

因此，正反应的活化能与逆反应的活化能之差为化学反应的摩尔焓变。

无论是放热反应还是吸热反应，反应物分子必须先经过一个能垒（活化能）。由反应历程-势能图可知，正、逆两个反应经过同一个活化配合物中间体，这就是微观可逆性原理。

过渡状态理论将反应速率与物质的微观结构结合起来，这是比碰撞理论先进的一面。许多反应的活化配合物的结构尚无法从实验上加以确定，加上计算方法复杂，使这一理论的应用受到限制。

3.1.4　温度对反应速率的影响

夏日里的食品更容易变质，但保存在冰箱里可以延长食品的保质时间；温度高使食物煮熟需要的时间变短，说明温度对化学反应速率有很大影响。

按照碰撞理论，温度升高时分子运动速率加快，使分子碰撞的频率增加，同时活化分子组的分数增加使分子有效碰撞的分数增加，所以反应速率增大。

按照过渡状态理论，升高温度使反应物分子的平均能量提高，相当于减小了活化能值，所以反应速率加快。

1. 温度与反应速率常数的关系

1901 年，荷兰人范特霍夫（van' t Hoff，1901 年获首届诺贝尔化学奖）指出，温度每升高 10 K，反应速率增加 2～4 倍。两年后，阿仑尼乌斯（Arrhenius，1903 年获诺贝尔化学奖）给出了反应速率与温度的定量关系，温度对反应速率的影响表现在对反应速率常数的影响。

$$k=A\mathrm{e}^{-\frac{E_a}{RT}}$$

式中，k 为反应速率常数；A 为指前因子；E_a 为反应的活化能。

由于速率常数 k 与热力学温度 T 呈指数关系，温度的微小变化将导致 k 值的较大变化。阿仑尼乌斯公式的对数形式为

$$\ln k=-\frac{E_a}{RT}+\ln A$$

$$\lg k=-\frac{E_a}{2.303RT}+\lg A$$

用阿仑尼乌斯公式讨论速率与温度的关系时，近似地认为活化能 E_a 和指前因子 A 不随温度的改变而变化。若温度 T_1 时速率常数为 k_1，温度 T_2 时速率常数为 k_2，则

$$\lg k_1=-\frac{E_a}{2.303RT_1}+\lg A$$

$$\lg k_2=-\frac{E_a}{2.303RT_2}+\lg A$$

两式相减并整理，得

$$\lg\frac{k_2}{k_1}=\frac{E_a}{2.303R}\left(\frac{T_2-T_1}{T_1T_2}\right)$$

利用已知的活化能，则可以由某温度下的速率常数求得另一温度下的速率常数。

温度对反应速率的影响，还表现为在不同的温度区间升高温度时反应速率增加的倍数不同。例如，活化能 $E_a=150\ \mathrm{kJ\cdot mol^{-1}}$ 时，反应温度从 400 K 升高至 410 K，k_2 与 k_1 的比值为 3.0；反应温度从 600 K 升高至 610 K，k_2 与 k_1 的比值为 1.6。可见在较低温区间升高温度时速率常数增大的倍数较大，而在较高温区间升高温度时速率常数增大的倍数较小。

2. 活化能对应速率的影响

由阿仑尼乌斯公式

$$\lg k=-\frac{E_a}{2.303RT}+\lg A$$

如果以 $\lg k$ 对 $\frac{1}{T}$ 作图，在直角坐标系内将得到直线，直线的斜率为 $-\left(\frac{E_a}{2.303R}\right)$。因此，由直线的斜率可以求得反应的活化能 E_a。

由温度 T 与速率常数 k 的关系（图 3-4），直线Ⅰ斜率的绝对值大于直线Ⅱ，原因在于两个反应的活化能 E_a(Ⅰ) 大于 E_a(Ⅱ)。活化能 E_a 越大，温度 T 对反应速率常数 k 的影响越大。即活化能越大，反应速率受温度的影响越大。

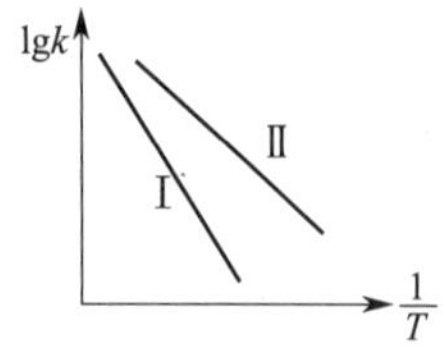

图 3-4 温度与速率常数的关系

例如，若活化能 $E_a=50\ \mathrm{kJ\cdot mol^{-1}}$，反应温度从 400 K 升高至 420 K，$k_2$ 与 k_1 的比值为 2.0；若活化能 $E_a=150\ \mathrm{kJ\cdot mol^{-1}}$，反应温度从 400 K 升高至 420 K，$k_2$ 与 k_1 的比值为 8.5。

由两个温度下的速率常数，可直接计算反应的活化能 E_a

$$E_a=\frac{2.303RT_1T_2}{T_2-T_1}\lg\frac{k_2}{k_1}$$

利用上式直接计算活化能，只涉及两个实验点，比作图法求得的活化能的误差大，因为作图法涉及多个实验点。

【例 3-4】 某反应 300 K 时速率常数为 $9.86\times10^{-2}\ \mathrm{dm^3\cdot mol^{-1}\cdot s^{-1}}$，320 K 时的速率常数为 $8.57\times10^{-1}\mathrm{dm^3\cdot mol^{-1}\cdot s^{-1}}$。求

（1）反应的活化能 E_a；

（2）310 K 和 330 K 时的速率常数；

（3）温度每升高 10 K，速率常数增加的倍数。

解：（1）

$$E_a=\frac{2.303RT_1T_2}{T_2-T_1}\lg\frac{k_2}{k_1}$$

$$=\frac{2.303\times8.314\times10^{-3}\times300\times320}{320-300}\lg\frac{8.57\times10^{-1}}{9.86\times10^{-2}}$$

$$=86.3(\mathrm{kJ\cdot mol^{-1}})$$

（2）将已知数据代入

$$\lg\frac{k_2}{k_1}=\frac{E_a}{2.303\mathrm{R}}\left(\frac{T_2-T_1}{T_1T_2}\right)$$

310 K 时 $k_{310\mathrm{K}}=2.98\times10^{-1}\mathrm{dm^3\cdot mol^{-1}\cdot s^{-1}}$

330 K 时 $k_{330K}=2.31dm^3\cdot mol^{-1}\cdot s^{-1}$

(3) $\frac{k_{310}}{k_{300}}=3.02$；$\frac{k_{320}}{k_{310}}=2.88$；$\frac{k_{330}}{k_{320}}=2.70$

上例的计算结果表明，温度每升高了 10 K，反应速率增加 2～4 倍，这表明范特霍夫定律是有实验基础的。

3.1.5 催化剂对反应速率的影响

从热力学角度分析，许多反应在常温下能够自发进行，但是由于反应速率过慢而得不到产物，甚至有的反应在高温下速率也极慢，例如

$$2N_2(g)+3H_2(g)=\!=\!=2NH_3(g) \qquad \Delta_r G_m^\ominus=-32.8\ kJ\cdot mol^{-1}$$

$$2SO_2(g)+O_2(g)=\!=\!=2SO_3(g) \qquad \Delta_r G_m^\ominus=-142\ kJ\cdot mol^{-1}$$

对于这种热力学上具有可能性且有重要应用价值的反应，通过动力学上的研究找到最佳催化剂以便更容易得到需要的产物，是化学工作者研究工作的重要课题。

1. 催化剂与催化反应

研究表明，将 N_2 和 H_2 混合气体加热、加压并加入铁粉，则生成 NH_3 的反应速率大大加快；将 SO_2 和 O_2 混合气体加热并加入 V_2O_5，则迅速生成 SO_3。

对于热力学上能自发进行的但速率过慢的反应，如果向反应体系中添加某种物质能使反应速率大大加快，这种物质被称作催化剂。

催化剂是一种能改变化学反应速率但其本身在反应前后质量和化学组成均不变的物质。

通常所说的催化剂指的是正催化剂，正催化剂能加快反应。如铁粉是合成氨反应的催化剂，V_2O_5 是 SO_2 与 O_2 反应的催化剂。有些物质能够使化学反应变慢，称为负催化剂。如为防止橡胶等产品的老化，就需要这种负催化剂。有些物质自身无催化作用，但可帮助催化剂提高催化性能，称助催化剂。如在合成氨反应中加入 Al_2O_3 使铁粉的表面积增大，提高了铁粉的催化性能。

有催化剂参加的反应称为催化反应，催化剂改变反应速率的作用称为催化作用。

2. 催化作用原理与反应特点

催化反应一般分为均相催化反应和多相催化反应。

均相催化反应是指在反应中催化剂与反应物同处一相的反应。例如，NO_2 催化 SO_2 氧化生成 SO_3 的反应，Mn^{2+} 催化 MnO_4^- 氧化 $H_2C_2O_4$ 的反应，均为均相催化反应。因为催化剂与反应物同处一相，催化效果更为明显。

多相催化反应是指催化剂与反应体系不在同一相的反应，也称非均相催化反应或复相催化反应。例如，Fe 催化合成氨的反应，V_2O_5 催化 SO_2 氧化成 SO_3 的反应，均为多相催化反应。多相催化在化工生产中最为常见，催化剂经常是固体，反应物为气体或液体，反应在催化剂表面进行。

若反应的某种产物对反应有催化作用而不需另加催化剂，这种反应称为自催化反应。自催化反应往往都是均相催化反应。例如，高锰酸钾溶液氧化草酸的反应中，还原产物 Mn^{2+} 对反应具有催化作用。

$$2MnO_4^-+6H^++5H_2C_2O_4=\!=\!=10CO_2+8H_2O+2Mn^{2+}$$

催化剂能使反应加快的原因是催化剂改变了反应的历程，使反应的活化能降低。例如，NO_2 催化氧化 SO_2 的机理为

$$SO_2+NO_2 \xlongequal{} SO_3+NO \qquad E_a(1)$$

$$NO+\frac{1}{2}O_2 \xlongequal{} NO_2 \qquad E_a(2)$$

总反应为

$$SO_2+\frac{1}{2}O_2 \xlongequal{} SO_3 \qquad E_a$$

由于活化能 $E_a(1)$ 和 $E_a(2)$ 都比总反应的活化能 E_a 小，所以 NO_2 可使 SO_2 氧化反应速率大大加快。

对于化学反应

$$A+B \xlongequal{} AB \qquad E_a$$

反应体系中加入催化剂（catalyst，缩写为 cat），则反应的历程可以表示为

$$A+B+cat \xlongequal{} A\text{-}cat+B \qquad E_a(1)$$

$$A\text{-}cat+B \xlongequal{} AB+cat \qquad E_a(2)$$

图 3-5 给出了同一反应无催化剂和有催化剂时的反应历程-势能图。曲线Ⅰ为无催化剂时的反应历程-势能图。可见，无催化剂时，反应只经历了一次中间过渡态，反应物需要克服相对较高的能量 E_a 才能到达中间过渡态。曲线Ⅱ为加入了催化剂后的反应历程-势能图，尽管反应经历了两个中间过渡态，但经历每一个中间过渡态所需要的能量 $E_a(1)$和 $E_a(2)$都要低于无催化剂时的 E_a。

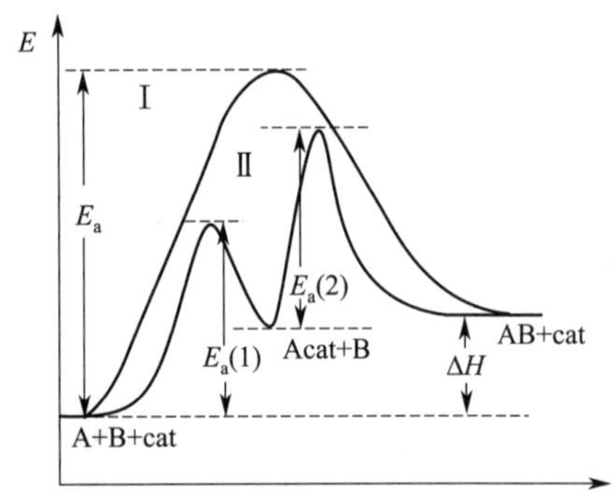

图 3-5 催化剂改变反应历程示意图

有催化剂参加的反应，反应的历程发生变化，从而改变了反应的活化能，使反应的活化能降低。根据阿仑尼乌斯公式，活化能减小使得反应速率大大加快。从反应历程-势能图上可知，催化剂的存在同时也降低了逆反应活化能，从而使逆反应速率也加快。

从图 3-5 可以看出，虽然催化剂同时降低了正反应和逆反应的活化能，使正逆反应的速率同时加快，但催化剂并没有改变反应的始态和终态。催化剂没有改变正、逆反应活化能之差，即反应热 $\Delta_r H_m^{\ominus}$ 没有变化。因此，催化剂只改变反应速率，不改变反应平衡转化率。

3.2 化学平衡

化学平衡要研究反应进行的程度，即在指定的条件下反应物可以转变成产物的最大限度。化学平衡属化学热力学的范畴。

3.2.1 化学平衡与平衡常数

在一定条件下，一个化学反应按照反应方程式既可以从左向右进行，又可以从右向左进

行，称为化学反应的可逆性。化学反应一般都具有可逆性，只不过可逆程度不同而已。

某温度下一个可逆的化学反应，随着反应的进行，反应物浓度不断降低，正反应速率逐渐减慢；与此同时，随着产物浓度的增加，其逆反应速率逐渐加快。当反应到某一时刻时，正反应速率与其逆反应速率相等，反应物浓度和生成物浓度不再随时间改变。此时，称这一可逆反应达到了平衡状态。

1. 经验平衡常数

对于任意一个可逆反应 $a\text{A}+b\text{B}\rightleftharpoons g\text{G}+h\text{H}$，在一定温度下达到平衡时，若各物质的平衡浓度分别为 $c(\text{A})$、$c(\text{B})$、$c(\text{G})$ 和 $c(\text{H})$，则体系中各物质的平衡浓度间存在如下关系

$$\frac{[c(\text{G})]^g[c(\text{H})]^h}{[c(\text{A})]^a[c(\text{B})]^b}=K$$

式中，K 为常数，即化学反应的平衡常数，称为经验平衡常数或实验平衡常数。

平衡常数表达式可以表述为：在一定温度下可逆反应达平衡时，反应方程式中生成物的浓度以化学计量数为指数幂的乘积与反应物的浓度以化学计量数为指数幂的乘积之比是一个常数。

由平衡浓度（物质的量浓度）表示的经验平衡常数称为浓度平衡常数，一般用 K_c 表示。如果化学反应是气相反应，平衡常数既可以用平衡时各物质的浓度表示，也可以用平衡时各物质的分压表示。例如，气相反应

$$a\text{A(g)}+b\text{B(g)}\rightleftharpoons g\text{G(g)}+h\text{H(g)}$$

达到平衡时，各种物质的浓度不再改变，其分压也不再改变。则经验平衡常数可以用分压表示为分压平衡常数：

$$K_p=\frac{[p(\text{G})]^g[p(\text{H})]^h}{[p(\text{A})]^a[p(\text{B})]^b}$$

由平衡常数表达式可知，K_c 的量纲与浓度的量纲相关，K_p 的量纲与压力的量纲相关。只有当反应物的化学计量数之和与生成物的化学计量数之和相等时，平衡常数才是量纲为 1 的量（以前曾称为无量纲的量）。

气相反应达到平衡时，可以由平衡浓度计算出 K_c，也可以由平衡分压计算出 K_p。虽然 K_p 和 K_c 一般来说不相等，但它们所表示的却是同一个平衡状态，因此二者之间应该有确定的数量关系。由理想气体状态方程可以得出

$$K_p=K_c(RT)^{\Delta\nu}$$

其中 $\Delta\nu=(g+h)-(a+b)$，若浓度单位为 $\text{mol}\cdot\text{dm}^{-3}$，则 $R=8.314\times10^3\ \text{Pa}\cdot\text{dm}^3\cdot\text{mol}^{-1}\cdot\text{K}^{-1}$。

平衡常数的表达式中，不应出现反应体系中的纯固体、纯液体以及稀溶液中的水，因为它们在反应过程中可以认为没有浓度变化。

对于同一个化学反应，如果化学反应方程式中的化学计量数不同，平衡常数的表达式及其数值要有相应的变化。例如

$$\text{N}_2\text{(g)}+3\text{H}_2\text{(g)}\rightleftharpoons 2\text{NH}_3\text{(g)}\qquad K_1=\frac{[c(\text{NH}_3)]^2}{c(\text{N}_2)[c(\text{H}_2)]^3}$$

$$\frac{1}{2}\text{N}_2\text{(g)}+\frac{3}{2}\text{H}_2\text{(g)}\rightleftharpoons \text{NH}_3\text{(g)}\qquad K_2=\frac{c(\text{NH}_3)}{[c(\text{N}_2)]^{1/2}[c(\text{H}_2)]^{3/2}}$$

显然，$K_1=(K_2)^2$，即反应方程式中化学计量数为 n 倍时，反应的平衡常数为 n 次幂。又如

$$2NH_3(g) \rightleftharpoons N_2(g) + 3H_2(g) \qquad K_3 = \frac{c(N_2)[c(H_2)]^3}{[c(NH_3)]^2}$$

显然，$K_1 = \frac{1}{K_3}$，即正反应的平衡常数与其逆反应的平衡常数互为倒数。

两个反应方程式相加（相减）时，所得的反应方程式的平衡常数可由原来的两个反应方程式的平衡常数相乘（相除）得到。例如

$$\begin{array}{lll} & 2NO(g) + O_2(g) \rightleftharpoons 2NO_2(g) & K_1 \\ + & 2NO_2(g) \rightleftharpoons N_2O_4(g) & K_2 \\ \hline & 2NO(g) + O_2(g) \rightleftharpoons N_2O_4(g) & K_3 = K_1 K_2 \end{array}$$

2. 标准平衡常数

定义标准平衡常数之前，需要定义相对浓度和相对分压。

物质的量浓度除以其标准浓度 $c^{\ominus}$（$1\ mol \cdot dm^{-3}$）得到相对浓度，可见相对浓度就是物质的浓度相对于其标准浓度的倍数。将气相物质的分压除以标准压力 $p^{\ominus}$（100 kPa，以前曾用 101.3 kPa），则得到相对分压，可见相对分压就是分压相对于标准压力的倍数。气相物质显然是没有相对浓度的，因为气相物质的标准态是 100 kPa，与浓度无关。

相对浓度和相对分压显然都是量纲为 1 的量。化学反应达到平衡时，各物质的相对浓度或相对分压也不再变化。

对于溶液中的可逆反应

$$aA(aq) + bB(aq) \rightleftharpoons gG(aq) + hH(aq)$$

平衡时各物质的相对浓度为

$$\frac{c(A)}{c^{\ominus}}, \frac{c(B)}{c^{\ominus}}, \frac{c(G)}{c^{\ominus}}, \frac{c(H)}{c^{\ominus}}$$

则标准平衡常数的定义式为

$$K^{\ominus} = \frac{\left[\frac{c(G)}{c^{\ominus}}\right]^g \left[\frac{c(H)}{c^{\ominus}}\right]^h}{\left[\frac{c(A)}{c^{\ominus}}\right]^a \left[\frac{c(B)}{c^{\ominus}}\right]^b}$$

显然，对于溶液中的反应，标准平衡常数 $K^{\ominus}$ 与经验平衡常数 K_c 存在着如下关系

$$K^{\ominus} = K_c \left(\frac{1}{c^{\ominus}}\right)^{\Delta\nu}$$

对于气相反应

$$aA(g) + bB(g) \rightleftharpoons gG(g) + hH(g)$$

平衡时各物质的相对分压为

$$\frac{p(A)}{p^{\ominus}}, \frac{p(B)}{p^{\ominus}}, \frac{p(G)}{p^{\ominus}}, \frac{p(H)}{p^{\ominus}}$$

气相反应的标准平衡常数只能用相对分压表示，则 $K^{\ominus}$ 的定义式为

$$K^{\ominus} = \frac{\left[\frac{p(G)}{p^{\ominus}}\right]^g \left[\frac{p(H)}{p^{\ominus}}\right]^h}{\left[\frac{p(A)}{p^{\ominus}}\right]^a \left[\frac{p(B)}{p^{\ominus}}\right]^b}$$

不难导出，气相反应的标准平衡常数 $K^{\ominus}$ 与经验平衡常数 K_p、K_c 间的关系为

$$K^{\ominus}=K_p\left(\frac{1}{p^{\ominus}}\right)^{\Delta\nu}=K_c\left(\frac{RT}{p^{\ominus}}\right)^{\Delta\nu}$$

【例 3-5】 在 100℃时，反应 $AB(g) \rightleftharpoons A(g)+B(g)$ 平衡常数 $K_c=0.21\ mol\cdot dm^{-3}$，计算反应的标准平衡常数 $K^{\ominus}$ 和经验平衡常数 K_p。

解： 化学计量数之差 $\Delta\nu=1$。根据 $K^{\ominus}$ 与 K_c 间的关系式

$$K^{\ominus}=K_c\left(\frac{RT}{p^{\ominus}}\right)^{\Delta\nu}$$

得　$K^{\ominus}=0.21mol\cdot dm^{-3}\times\left(\frac{8.314\times10^3 Pa\cdot dm^3\cdot mol^{-1}\cdot K^{-1}\times373K}{1.00\times10^5 Pa}\right)=6.51$

根据 K_c 与 K_p 间的关系式　　$K_p=K_c(RT)^{\Delta\nu}$

得 $K_p=0.21\ mol\cdot dm^{-3}\times(8.314\times10^3\ Pa\cdot dm^3\cdot mol^{-1}\cdot K^{-1}\times373\ K)=6.51\times10^5\ Pa$

对于纯固相、纯液相和稀溶液中大量存在的水，它们的摩尔分数 $x_i=1$，可以定义其类似于相对浓度和相对分压的相对物理量，即将其除以标准状态 $x^{\ominus}=1$，结果相对量为 1。因此，它们的浓度不写入平衡常数表达式。

溶液中的反应，其 K_c 与 $K^{\ominus}$ 在数值上相等，原因是标准浓度 $c^{\ominus}=1\ mol\cdot dm^{-3}$，但二者的量纲一般是不同的。对于气相反应，$K^{\ominus}$ 必须用相对分压来表示，$K^{\ominus}$ 与 K_p 无论是数值还是物理学单位一般都不相等。

3. 平衡常数的应用

（1）由平衡常数计算平衡转化率

化学反应达到平衡状态时，反应物的浓度和生成物的浓度不再随时间改变，反应物已最大限度地转化为生成物。此时，已转化为生成物的反应物占该反应物起始总量的分数或百分比称为平衡转化率。

在其他条件相同时，K 越大，平衡转化率越大。因此，体现各平衡浓度之间关系的平衡常数能够表示反应进行的程度。

【例 3-6】 在 523 K 时，反应 $PCl_5(g) \rightleftharpoons PCl_3(g)+Cl_2(g)$ 的平衡常数为 $0.625\ mol\cdot dm^{-3}$。若将 0.700 mol PCl_5 密封在 $2.00\ dm^3$ 容器中，求反应达平衡时 PCl_5 的转化率。

解： 设平衡时有 x mol PCl_5 参与反应。

	$PCl_5(g)$ ⇌	$PCl_3(g)$ +	$Cl_2(g)$
起始时各物质的量/mol	0.700	0	0
平衡时各物质的量/mol	$0.700-x$	x	x

平衡时　　$K_c=\frac{c(PCl_3)c(Cl_2)}{c(PCl_5)}$

即　　$0.625=\frac{\left(\frac{x}{2}\right)^2}{\frac{0.700-x}{2}}$

解得 $x=0.500$

PCl_5 的转化率为 $\frac{0.500}{0.700}=0.714=71.4\%$

（2）由平衡常数判断化学反应的方向

对于反应 $a\mathrm{A(aq)} \rightleftharpoons g\mathrm{G(aq)}$，某时刻的反应相对浓度商（简称相对商，反应商）$Q^\ominus$ 定义为

$$Q^\ominus=\frac{\left[\frac{c(\mathrm{G})}{c^\ominus}\right]^g}{\left[\frac{c(\mathrm{A})}{c^\ominus}\right]^a}$$

式中，$c(\mathrm{G})$ 和 $c(\mathrm{A})$ 均表示为反应进行到任意时刻的浓度。显然，反应达到平衡时反应的相对商 $Q^\ominus$ 和标准平衡常数 $K^\ominus$ 相等，即

$$K^\ominus=\frac{\left[\frac{c(\mathrm{G})_{平}}{c^\ominus}\right]^g}{\left[\frac{c(\mathrm{A})_{平}}{c^\ominus}\right]^a}=Q^\ominus_{平}$$

若反应进行到某一时刻时 $Q^\ominus<K^\ominus$，即

$$\frac{\left[\frac{c(\mathrm{G})}{c^\ominus}\right]^g}{\left[\frac{c(\mathrm{A})}{c^\ominus}\right]^a}<\frac{\left[\frac{c(\mathrm{G})_{平}}{c^\ominus}\right]^g}{\left[\frac{c(\mathrm{A})_{平}}{c^\ominus}\right]^a}$$

说明 $[c(\mathrm{G})]^g<[c(\mathrm{G})_{平}]^g$，同时 $[c(\mathrm{A})]^a>[c(\mathrm{A})_{平}]^a$。只有反应相对商中 G 的浓度增大，A 的浓度减小，才会实现 $Q^\ominus$ 与 $K^\ominus$ 相等，以达到反应的平衡。故该时刻反应向正反应方向进行。因此，比较平衡常数 $K^\ominus$ 和某一时刻的反应相对商 $Q^\ominus$ 的大小，能够判断该时刻反应进行的方向：

$Q^\ominus<K^\ominus$	反应向正向进行
$Q^\ominus>K^\ominus$	反应向逆向进行
$Q^\ominus=K^\ominus$	反应达到平衡态

利用 K_p 和 K_c 与相应的反应相对商 Q 相比较，也可以判断反应的方向，但必须注意平衡常数与反应浓度商的一致性（非标准平衡常数与反应浓度非相对商对应）。

3.2.2 $K^\ominus$ 与 $\Delta_r G_m^\ominus$ 的关系

恒温、恒压、无非体积功的化学反应，当各种物质均处于标准状态时，用反应的标准吉布斯自由能 $\Delta_r G_m^\ominus$ 可以判断反应进行的方向。

对于在非标准状态的反应（至少有一种物质处于非标准状态），就不能用 $\Delta_r G_m^\ominus$ 来判断反应方向。非标准状态的反应方向，可以由反应相对商与平衡常数大小的比较来判断，也可以通过反应的非标准吉布斯自由能变 $\Delta_r G_m$ 进行判断。

1. 化学反应等温式

反应 $a\mathrm{A(aq)}+b\mathrm{B(aq)} \rightleftharpoons g\mathrm{G(aq)}+h\mathrm{H(aq)}$

在任意时刻的反应吉布斯自由能为 $\Delta_r G_m$，反应相对商为 $Q^\ominus$，则有

$$\Delta_r G_m = \Delta_r G_m^\ominus + RT\ \ln Q^\ominus$$

这就是化学反应等温式。该关系式的由来、推导以及物理意义将在物理化学课程中学习。利用该式可以求算反应的非标准吉布斯自由能变 $\Delta_r G_m$。

2. $K^\ominus$ 与 $\Delta_r G_m^\ominus$ 的关系

当体系处于平衡状态时，$\Delta_r G_m = 0$，$Q^\ominus = K^\ominus$，代入化学反应等温式，得

$$\Delta_r G_m^\ominus = -RT\ln K^\ominus$$

该关系式建立了反应的标准吉布斯自由能 $\Delta_r G_m^\ominus$ 和标准平衡常数之间的联系，由热力学数据 $\Delta_r G_m^\ominus$ 可以计算化学反应的标准平衡常数 $K^\ominus$。

将式 $\Delta_r G_m^\ominus = -RT\ln K^\ominus$ 代入化学反应等温式 $\Delta_r G_m = \Delta_r G_m^\ominus + RT\ln Q^\ominus$，整理得

$$\Delta_r G_m^\ominus = RT\ln \frac{Q^\ominus}{K^\ominus}$$

该式将处于非标准态时反应的吉布斯自由能 $\Delta_r G_m$ 和反应相对商 $Q^\ominus$ 与标准平衡常数 $K^\ominus$ 之比联系起来，根据比值的大小可判断 $\Delta_r G_m$ 的符号，即可判断反应的方向：

当　$Q^\ominus < K^\ominus$ 时　　$\Delta_r G_m < 0$　　反应正向进行

当　$Q^\ominus = K^\ominus$ 时　　$\Delta_r G_m = 0$　　反应达到平衡

当　$Q^\ominus > K^\ominus$ 时　　$\Delta_r G_m > 0$　　反应逆向进行

【例 3-7】 将 1 mol SO_2、2 mol O_2 和 7 mol Ne 混合后，气体在常压下进行反应

$$SO_2(g) + 1/2O_2(g) \rightleftharpoons SO_3(g)$$

反应在 912 K 达到平衡，有 70 %的 SO_2 转化成 SO_3，求反应的 $\Delta_r G_m^\ominus$。

解： 由反应方程式，反应平衡后各气体的物质的量为

$$n(SO_3) = 1\ \text{mol} \times 70\% = 0.70\ \text{mol}$$

$$n(SO_2) = (1-0.70)\text{mol} = 0.30\ \text{mol}$$

$$n(O_2) = (2-0.70/2)\text{mol} = 1.65\ \text{mol}$$

$$n(\text{Ne}) = 7.0\ \text{mol}$$

反应后气体总的物质的量为

$$n = n(SO_3) + n(SO_2) + n(O_2) + n(\text{Ne}) = 9.65\ \text{mol}$$

反应后各气体的物质的量分数为

$$x(SO_3) = 0.0725, x(SO_2) = 0.0311, x(O_2) = 0.171$$

由气体分压定律，气体的分压等于其物质的量分数与总压之积，则反应后各气体的分压

$$p(SO_3) = 0.0725p^\ominus, p(SO_2) = 0.0311p^\ominus, p(O_2) = 0.171p^\ominus$$

反应的标准平衡常数为

$$K^\ominus = \frac{p(SO_3)/p^\ominus}{[p(SO_2)/p^\ominus][p(O_2)/p^\ominus]^{1/2}}$$

$$= \frac{0.0725}{0.0311 \times (0.171)^{1/2}} = 5.64$$

所以 $\Delta_r G_m^\ominus = -RT\ln K^\ominus = -8.314\ \text{J}\cdot\text{mol}^{-1}\cdot\text{K}^{-1} \times 912\ \text{K} \times \ln 5.64 = -13.1\ \text{kJ}\cdot\text{mol}^{-1}$

3.2.3 化学平衡的移动

对于化学平衡体系，条件发生变化时平衡状态可能遭到破坏，体系从平衡态变为不平衡。在已改变的条件下，可逆反应将向某一方向进行直至达到新的平衡态。可逆反应从一种平衡状态转变到另一种平衡状态的过程称为化学平衡的移动。

按照勒夏特列（Le Chatelier，法国化学家）原理，如果对平衡体系施加外力，平衡将向着减小其影响的方向移动。

1. 浓度对平衡的影响

溶液中的反应

$$aA(aq)+bB(aq)\rightleftharpoons gG(aq)+hH(aq)$$

若 $c(A)$、$c(B)$、$c(G)$、$c(H)$ 为各物质的平衡浓度，则反应的标准平衡常数为

$$K^{\ominus}=\frac{\left[\frac{c(G)}{c^{\ominus}}\right]^{g}\left[\frac{c(H)}{c^{\ominus}}\right]^{h}}{\left[\frac{c(A)}{c^{\ominus}}\right]^{a}\left[\frac{c(B)}{c^{\ominus}}\right]^{b}}$$

显然，在平衡体系中增大反应物的浓度，反应相对商 $Q^{\ominus}$ 的数值因其分母的增大而减小，于是 $Q^{\ominus}<K^{\ominus}$，反应向正反应方向进行，即平衡向正反应方向移动。同理，增大生成物的浓度，平衡向逆反应方向移动。

2. 压力对平衡的影响

气相反应

$$aA(g)+bB(g)\rightleftharpoons gG(g)+hH(g)$$

若用 $p(A)$、$p(B)$、$p(G)$、$p(H)$ 表示各物质的平衡分压，则反应的标准平衡常数为

$$K^{\ominus}=\frac{\left[\frac{p(G)}{p^{\ominus}}\right]^{g}\left[\frac{p(H)}{p^{\ominus}}\right]^{h}}{\left[\frac{p(A)}{p^{\ominus}}\right]^{a}\left[\frac{p(B)}{p^{\ominus}}\right]^{b}}$$

假设反应体系的总压增大为 n 倍（$n>1$），则各物质的瞬时分压为 $np(A)$、$np(B)$、$np(G)$、$np(H)$。那么，此时的反应相对商为

$$Q^{\ominus}=\frac{\left[\frac{np(G)}{p^{\ominus}}\right]^{g}\left[\frac{np(H)}{p^{\ominus}}\right]^{h}}{\left[\frac{np(A)}{p^{\ominus}}\right]^{a}\left[\frac{np(B)}{p^{\ominus}}\right]^{b}}=K^{\ominus}\times n^{(g+h)-(a+b)}$$

即

$$Q^{\ominus}=K^{\ominus}\times n^{\Delta\nu}$$

当 $\Delta\nu=0$ 时，$Q^{\ominus}=K^{\ominus}$。对于有气体参与且反应前后气态物质的化学计量数没有变化的化学反应，压力的变化对平衡没有影响。

当 $\Delta\nu\neq0$ 时，$Q^{\ominus}\neq K^{\ominus}$，平衡将发生移动。

（1）若 $\Delta\nu>0$（反应体系气态分子的化学计量数增加），则 $Q^{\ominus}>K^{\ominus}$。增大压力（$n>1$），平衡将向逆反应方向移动，即向气态分子数减少的方向移动。

（2）若 $\Delta\nu<0$（反应体系气态分子的化学计量数减少），则 $Q^{\ominus}<K^{\ominus}$。增大压力（$n>1$），平衡将向正反应方向移动，即向气态分子数减少的方向移动。

因此，对于有气相物质参与的化学反应，当体系的压力增大时，平衡向气态分子数目减少的方向移动；当体系的压力减小时，平衡向气态分子数目增多的方向移动。

【例 3-8】 某温度时，N_2O_4 分解反应为 $N_2O_4(g) \rightleftharpoons 2NO_2(g)$，在总压为 100 kPa 时 N_2O_4 的解离度为 20%，求在总压为 200 kPa 时 N_2O_4 的解离度。

解： 设 N_2O_4 的起始量为 1 mol，平衡解离度为 α

$$N_2O_4(g) \rightleftharpoons 2NO_2(g)$$

平衡时各物质的量/mol　　$1-\alpha$　　　2α

总的物质的量/mol　　$n=(1-\alpha)+2\alpha=1+\alpha$

则　　$p(N_2O_4)=\dfrac{1-\alpha}{1+\alpha}p_{总}, p(NO_2)=\dfrac{2\alpha}{1+\alpha}p_{总}, K^{\ominus}=\dfrac{[p(NO_2)]^2}{p(N_2O_4)}\cdot\dfrac{1}{p^{\ominus}}$

当 $p_{总}=100$ kPa，$\alpha=0.20$ 时

$$p(N_2O_4)=\frac{2}{3}\times 100\ \text{kPa}, p(NO_2)=\frac{1}{3}\times 100\ \text{kPa}$$

代入标准平衡常数表达式，得 $K^{\ominus}=\dfrac{1}{6}$

若温度不变，当 $p_{总}=200$ kPa 时

$$K^{\ominus}=\frac{[p(NO_2)]^2}{p(N_2O_4)}\times\frac{1}{p^{\ominus}}=\frac{\left(\dfrac{2\alpha}{1+\alpha}\times 200\text{kPa}\right)^2}{\dfrac{1-\alpha}{1+\alpha}\times 200\text{kPa}}\times\frac{1}{100\text{kPa}}$$

将　$K^{\ominus}=\dfrac{1}{6}$ 代入上式，得　$\alpha=0.14$

N_2O_4 的解离度减小了，表明增大压力，平衡向气体分子数减少的方向移动。

体积的变化对化学平衡也有影响，通常将体积的变化归结为浓度或压力的变化，即体积增大相当于浓度或压力减小；而体积减小则相当于浓度或压力增大。

3. 温度对平衡的影响

浓度和压力的变化改变了反应商 Q，而使化学平衡移动。而温度对平衡的影响，体现在改变了平衡常数 K 的大小。

将关系式 $\Delta_r G_m^{\ominus}=-RT\ln K^{\ominus}$ 和 $\Delta_r G_m^{\ominus}=\Delta_r H_m^{\ominus}-T\Delta_r S_m^{\ominus}$ 联立，得

$$\ln K^{\ominus}=\frac{\Delta_r S_m^{\ominus}}{R}-\frac{\Delta_r H_m^{\ominus}}{RT}$$

若温度 T_1 时的标准平衡常数为 $K_1^{\ominus}$，温度 T_2 时的标准平衡常数为 $K_2^{\ominus}$，则

$$\ln K_1^{\ominus}=\frac{\Delta_r S_m^{\ominus}}{R}-\frac{\Delta_r H_m^{\ominus}}{RT_1}$$

$$\ln K_2^{\ominus}=\frac{\Delta_r S_m^{\ominus}}{R}-\frac{\Delta_r H_m^{\ominus}}{RT_2}$$

两式相减并整理，得

$$\lg\frac{K_2^\ominus}{K_1^\ominus}=\frac{\Delta_r H_m^\ominus}{2.303R}\left(\frac{1}{T_1}-\frac{1}{T_2}\right)$$

$$\lg\frac{K_2^\ominus}{K_1^\ominus}=\frac{\Delta_r H_m^\ominus}{2.303R}\times\frac{T_2-T_1}{T_1T_2}$$

以上两式给出了温度 T 对标准平衡常数 $K^\ominus$ 的影响，即标准平衡常数 $K^\ominus$ 随温度 T 的变化而发生改变。

（1）对于吸热反应，$\Delta_r H_m^\ominus>0$，升高温度（$T_2>T_1$）时，$K_2^\ominus>K_1^\ominus$。吸热反应的标准平衡常数随温度升高而增大，升高温度时平衡向正反应方向移动。

（2）对于放热反应，$\Delta_r H_m^\ominus<0$，升高温度（$T_2>T_1$）时，$K_2^\ominus<K_1^\ominus$。放热反应的标准平衡常数随温度升高而减小，升高温度平衡向逆反应方向移动。

通过两种不同温度 T_1、T_2 时的标准平衡常数 $K_1^\ominus$、$K_2^\ominus$，可求出反应的热效应 $\Delta_r H_m^\ominus$。

$$\Delta_r H_m^\ominus=\frac{2.303RT_1T_2}{T_2-T_1}\lg\frac{K_2^\ominus}{K_1^\ominus}$$

【例 3-9】 合成氨反应 $N_2(g)+3H_2(g)\rightleftharpoons 2NH_3(g)$，473 K 时，$K^\ominus=0.61$；873 K 时，$K^\ominus=13\times10^{-5}$。求反应的 $\Delta_r H_m^\ominus$ 和 673 K 时的 $K^\ominus$。

解：（1）将 473 K 和 873 K 时的 $K^\ominus$ 值代入公式

$$\Delta_r H_m^\ominus=\frac{2.303RT_1T_2}{T_2-T_1}\lg\frac{K_2^\ominus}{K_1^\ominus}$$

$$=\frac{2.303\times8.314\times10^{-3}\times473\times873}{873-473}\lg\frac{13\times10^{-5}}{0.61}$$

$$=-72.54(\mathrm{kJ\cdot mol^{-1}})$$

（2）将反应的焓变和 473 K 时的 $K^\ominus$ 值代入公式

$$\lg\frac{K_2^\ominus}{K_1^\ominus}=\frac{\Delta_r H_m^\ominus}{2.303R}\left(\frac{1}{T_1}-\frac{1}{T_2}\right)$$

$$\lg\frac{K_2^\ominus}{0.61}=\frac{-72.54}{2.303\times8.314\times10^{-3}}\left(\frac{1}{473}-\frac{1}{673}\right)$$

得 673 K 时标准平衡常数　　$K_2^\ominus=2.54\times10^{-3}$

某液态物质 B 的气化过程

$$B(l)\rightleftharpoons B(g)$$

标准平衡常数为

$$K^\ominus=\frac{p^*(B)}{p^\ominus}$$

式中，$p^*(B)$ 为 B 的饱和蒸气压；$p^\ominus$ 为标准大气压。

在不同温度 T_1、T_2 时 B 的饱和蒸气压分别为 p_1^*、p_2^*，则 B 在不同温度 T_1、T_2 时气化反应的标准平衡常数分别为

$$K_1^{\ominus}=\frac{p_1^*}{p^{\ominus}}, K_2^{\ominus}=\frac{p_2^*}{p^{\ominus}}$$

代入式

$$\lg\frac{K_2^{\ominus}}{K_1^{\ominus}}=\frac{\Delta_r H_m^{\ominus}}{2.303R}\left(\frac{1}{T_1}-\frac{1}{T_2}\right)$$

得

$$\lg\frac{p_2^*}{p_1^*}=\frac{\Delta_r H_m^{\ominus}}{2.303R}\left(\frac{1}{T_1}-\frac{1}{T_2}\right)$$

上式为液态物质饱和蒸气压与温度的定量关系式。可见，液态物质的饱和蒸气压也只是温度的函数。式中 $\Delta_r H_m^{\ominus}$ 可用室温下的气化反应焓变代替。

习　题

1. 判断题（正确的打“√”，错误的打“×”）。

(1) 温度升高使反应加快，是因为降低了反应的活化能。

(2) 一级反应中，半衰期只与速率常数有关而与反应物的初始浓度无关。

(3) 对于一个可逆的化学反应，反应速率越快，平衡常数越大。

(4) 化学反应速率常数的大小就是反应速率的大小。

(5) 对于可逆反应，正、逆反应的平衡常数是相同的。

(6) 催化剂改变了反应的活化能，所以催化剂改变了反应速率和平衡转化率。

(7) 化学平衡发生移动时，平衡常数一定会发生改变。

(8) 某反应的 $\Delta_r H_m^{\ominus}>0$，则温度越低，反应物的转化率就越高。

(9) 对于有气体参加且反应前后气体分子数没有变化的反应，压力的改变不会影响化学平衡的移动。

(10) 相对浓度和相对分压都是量纲为 1 的量。

2. 反应 $X+Y═══2Z$，若 X 的浓度变为原来的 2 倍，反应速率也变为原来的 2 倍；若 Y 的浓度增大 1 倍，反应速率变为原来的 4 倍。则该反应的总反应级数为（　　）。

(A) 2　　(B) 3　　(C) 0　　(D) 1

3. 反应 $A+2B═══2C$ 的速率方程为 $r=kc(A)[c(B)]^2$，则对该反应判断正确的是（　　）。

(A) 一定是基元反应　　(B) 不能确定是否为基元反应

(C) 一级反应　　(D) 零级反应

4. 某反应为一级反应，则反应速率常数的单位是（　　）。

(A) s^{-1}　　(B) $dm^3\cdot mol^{-1}\cdot s^{-1}$　　(C) $dm^{-3}\cdot mol\cdot s^{-1}$　　(D) $dm^6\cdot mol^{-2}\cdot s^{-1}$

5. 化学反应 $2A+2B═══2C+D$，正反应的活化能为 $75kJ\cdot mol^{-1}$，则逆反应的活化能为（　　）。

(A) 0　　(B) $-75kJ\cdot mol^{-1}$　　(C) $75kJ\cdot mol^{-1}$　　(D) 无法确定

6. 某反应的活化能为 $90\ kJ\cdot mol^{-1}$，当反应温度由 27℃增加到 37℃时，反应速率是原来反应速率的（　　）倍。

(A) 1　　(B) 2　　(C) 3　　(D) 4

7. 某化学反应的平衡转化率为 27.4%，当加入催化剂时，此反应的转化率（　　）。

(A) >27.4%　　(B) <27.4%　　(C) ≈100%　　(D) =27.4%

8. 在一个密闭容器中，反应 $A(g)+2B(g)=2C(g)+D(g)$ 达到化学平衡；若在相同温度下体积变为原来的 2 倍，平衡常数 $K^\ominus$ 变为原来的（　　）倍。

(A) 不变　　(B) 4　　(C) 1　　(D) 2

9. 某反应的 $\Delta_r G_m^\ominus<0$，则此反应的平衡常数 $K^\ominus$ 为（　　）。

(A) $K^\ominus<1$　　(B) $K^\ominus>1$　　(C) $K^\ominus<0$　　(D) $K^\ominus>0$

10. 可逆反应在升高温度（$T_2>T_1$）时，$K_2^\ominus<K_1^\ominus$，则该反应的焓变（　　）。

(A) $\Delta_r H_m^\ominus>0$　　(B) $\Delta_r H_m^\ominus>1$　　(C) $\Delta_r H_m^\ominus<0$　　(D) $\Delta_r H_m^\ominus<1$

11. 在 473K 时，反应 $N_2(g)+3H_2(g)=2NH_3(g)$ 的 $K^\ominus=0.61$；在相同温度下，反应 $NH_3(g)=1/2N_2(g)+3/2H_2(g)$ 的 $K^\ominus$ 为（　　）。

(A) 1.64　　(B) 1.28　　(C) −0.31　　(D) 0.61

12. 下列反应中，平衡常数 $K^\ominus=K_p$ 的是（　　）。

(A) $NH_3(g)+HCl(g)=NH_4Cl(s)$　　(B) $2H_2(g)+O_2(g)=2H_2O(g)$

(C) $CaCO_3(s)=CaO(s)+CO_2(g)$　　(D) $C(s)+O_2(g)=CO_2(g)$

13. 某一级反应 $2A=4B+C$，初始速率为 $5.0\times10^{-5}\ mol\cdot dm^{-3}\cdot s^{-1}$，4000 s 时的速率为 $2.0\times10^{-5}\ mol\cdot dm^{-3}\cdot s^{-1}$，求反应的速率常数、反应的半衰期和反应物的初始浓度。

14. 某植物化石中 ^{14}C 的含量是活植物中 ^{14}C 的 70%，已知 ^{14}C 的半衰期为 5720 年。同位素衰变为一级反应，计算此植物化石的年龄。

15. 某一级反应 300 K 时的半衰期是 400 K 时的 50 倍。求反应的活化能 E_a。

16. 在一定温度下一定量 N_2O_4 气体分解生成 NO_2 气体，达到平衡时总压为 $p^\ominus$，测得 N_2O_4 转化率为 50%。求 N_2O_4 分解反应的标准平衡常数。

17. 高温下 HgO 按下式分解：$2HgO(s)\rightleftharpoons 2Hg(g)+O_2(g)$。在 723K 时，气体的总压为 108 kPa；而在 693 K 时，气体的总压为 51.6 kPa。计算该分解反应的 $\Delta_r H_m^\ominus$ 和 $\Delta_r S_m^\ominus$。

18. 五氯化磷分解反应 $PCl_5(g)\rightleftharpoons PCl_3(g)+Cl_2(g)$ 在 250℃、100 kPa 达到平衡，测得混合物的密度为 $2.695\ g\cdot dm^{-3}$。计算 PCl_5 的解离度 α 和反应的 $K^\ominus$ 和 $\Delta_r G_m^\ominus$。

第 4 章　解离平衡与沉淀溶解平衡

溶解在水中的化合物有些能够全部解离，称为强电解质，如 NaCl；有些只是部分解离，称为弱电解质，如 HF。大多数反应是在水溶液中进行的，有的反应有沉淀参与其中，有的反应涉及配位化合物的解离平衡。

4.1　电解质的解离

4.1.1　离子氛

瑞典化学家阿仑尼乌斯依据实验结果提出：电解质在水溶液中发生解离，但这种解离是不完全的，存在解离平衡。实验证明，对于乙酸、氨水等电解质，阿仑尼乌斯理论是适用的，它们在水中的确是部分解离的；但 KCl、NaCl 这样的盐类，在水溶液中完全解离。

1923 年，德拜（Debey，获 1936 年诺贝尔化学奖）和休克尔（Hückel）提出了强电解质溶液理论，认为强电解质在水溶液中完全解离，不存在分子。由于离子间的静电作用，正离子的周围围绕着负离子，负离子的周围围绕着正离子，即存在离子氛。离子氛的存在，使电解质溶液的依数性实验中每个单独的离子不能发挥出其全部作用。

通常用离子强度的概念来衡量溶液对存在于其中的离子的影响的大小，即

$$I=\frac{1}{2}\sum b_i z_i^2$$

式中，I 为溶液的离子强度；z_i 为溶液中 i 离子的电荷数；b_i 为 i 离子的质量摩尔浓度。

4.1.2　活度和活度系数

在强电解质溶液中，由于离子氛的作用，溶液中的离子不能发挥出其全部作用。通常将溶液中实际发挥作用的离子的浓度称为离子的有效浓度，也称为活度，用 a 表示。若强电解质溶液中离子的实际浓度为 c，则活度与浓度的关系为

$$a=fc$$

式中，f 称为活度系数，是小于 1 的值。显然，发挥作用的离子的活度 a 小于离子的实际浓度 c。所以，活度 a 能够更真实地体现溶液的行为。

影响活度系数 f 大小的主要因素是溶液的浓度和溶液中离子的电荷数。溶液的浓度越大，溶液中离子氛的作用越强，离子就越不能够发挥出其全部作用，活度系数 f 越小，活度 a 偏离其实际浓度 c 越远；相反，溶液的浓度越小，活度系数 f 越接近于1，a 和 c 越接近。同理，离子的电荷越多，离子氛作用大，活度系数 f 就越小，活度 a 与实际浓度 c 偏离越大；离子电荷越少，离子氛作用小，活度系数 f 就越接近于1，a 与 c 越接近。

当溶液的浓度较高时，就要考虑活度系数 f，使用活度进行计算，否则就会使计算的结果与实际情况产生较大的偏差。

在多数情况下，溶液的浓度较低，离子氛的作用较小，故活度 a 与实际浓度 c 比较接近。因此，在不加特殊说明时则不考虑离子氛的影响，近似地认为 $f=1$，$a=c$，用浓度代替活度。但必须明确的是，在后续涉及各种平衡的计算时，平衡常数的表达式中的浓度实际应为活度 a，正因为有上面的近似才用浓度 c 来表示。

4.2 弱电解质的解离平衡

4.2.1 水的解离平衡

水是最重要的溶剂，是一种很弱的电解质。水中极少部分的分子发生解离生成 H^+（在水中以水合氢离子 H_3O^+ 的形式存在）和 OH^-，与未解离的水分子间维持解离平衡。

$$H_2O \rightleftharpoons H^+ + OH^-$$

解离达到平衡时，H_2O、H^+ 和 OH^- 满足关系式：

$$K_w^\ominus = c(H^+)c(OH^-)$$

由于 $K_w^\ominus$ 是离子浓度的乘积形式，故称其为水的离子积常数（简称离子积）。水的解离度很小，$c(H^+)$ 和 $c(OH^-)$ 均非常小。实验测得，22℃时 $K_w^\ominus$ 为 1.0×10^{-14}。

水的解离反应是吸热反应，$K_w^\ominus$ 随温度的升高而变大，但这种变化并不很明显，因此一般温度范围内均认为 $K_w^\ominus=1.0\times10^{-14}$。$K_w^\ominus$ 是标准平衡常数，因此其表达式中的 $c(H^+)$ 和 $c(OH^-)$ 是相对浓度，即 $K_w^\ominus$ 的表达式应为：

$$K_w^\ominus = \frac{c(H^+)}{c^\ominus} \times \frac{c(OH^-)}{c^\ominus}$$

为了书写简便，经常将浓度的标准态省略，用浓度代替相对浓度。在本章及后面的一些章节中，均采用了这种以浓度替代相对浓度的形式，但一定要注意标准平衡常数的表达式中的浓度为相对浓度。

对于任何水溶液体系，H_2O、H^+ 和 OH^- 三者总是处于平衡状态，无论体系是酸性、碱性还是中性，总满足关系式 $K_w^\ominus=c(H^+)c(OH^-)$。酸性溶液中，$c(H^+)>c(OH^-)$；碱性溶液中，$c(H^+)<c(OH^-)$；中性溶液中，$c(H^+)=c(OH^-)$。常温下，$K_w^\ominus=1.0\times10^{-14}$，故 $c(H^+)=1.0\times10^{-7}$ 时溶液为中性。非常温时由于 $K_w^\ominus$ 发生变化，不能把 $c(H^+)=1.0\times10^{-7}$ 作为体系中性的标志。

在水溶液中，溶液的酸碱性可以用溶液中 H^+ 和 OH^- 的浓度大小来表示。若温度不变，$K_w^\ominus$ 不变，若已知 H^+ 和 OH^- 中任一种离子的浓度，就可以判断溶液的酸碱性及强弱。

通常用 pH 表示溶液酸碱性的强弱。这里 p 代表一种运算，即对量纲为 1 的数值取负对数。因此，pH 是溶液中 H^+ 相对浓度的负对数，pOH 为 OH^- 相对浓度的负对数，即

$$pH = -\lg[c(H^+)]$$
$$pOH = -\lg[c(OH^-)]$$

常温时，$K_w^\ominus = c(H^+)c(OH^-) = 1.0\times10^{-14}$，所以有

$$pK_w^\ominus = pH + pOH = 14$$

常温下，当溶液为中性时，$c(H^+) = c(OH^-)$，pH＝7。由于 $K_w^\ominus$ 受温度影响不大，因此一般情况下，pH＝7 时，溶液为中性；pH＞7 时，溶液为碱性；pH＜7 时，溶液为酸性。

4.2.2　弱酸、弱碱的解离平衡

弱酸和弱碱在溶液中只部分发生解离，解离产生的离子与未解离的分子或离子间保持平衡关系。根据弱酸弱碱在解离时产生的 H^+（质子）或 OH^- 个数可以把弱酸和弱碱分为一元弱酸弱碱和多元弱酸弱碱。

1. 一元弱酸、弱碱的解离

乙酸（CH_3COOH，俗称醋酸）为一元弱酸，常简写为 HAc，在水溶液中部分解离

$$HAc + H_2O \rightleftharpoons H_3O^+ + Ac^-$$

常简写为

$$HAc \rightleftharpoons H^+ + Ac^-$$

解离反应达到平衡时，HAc、H^+ 和 Ac^- 的浓度（准确说为活度）满足关系式

$$K_a^\ominus = \frac{c(H^+)c(Ac^-)}{c(HAc)}$$

$K_a^\ominus$ 是弱酸的解离平衡常数，也称酸式解离平衡常数。实验测得乙酸的 $K_a^\ominus = 1.8\times10^{-5}$。

氨水（$NH_3\cdot H_2O$，可写成 NH_3）是典型的一元弱碱，在水溶液中存在解离平衡

$$NH_3\cdot H_2O \rightleftharpoons NH_4^+ + OH^-$$

解离反应达到平衡时，$NH_3\cdot H_2O$、NH_4^+ 和 OH^- 的浓度（准确说为活度）满足关系式

$$K_b^\ominus = \frac{c(NH_4^+)c(OH^-)}{c(NH_3)}$$

$K_b^\ominus$ 称为碱式解离平衡常数，氨水的 $K_b^\ominus = 1.8\times10^{-5}$。

在水溶液中，当乙酸的解离达到平衡时，由解离反应式可知生成等物质的量的 H^+ 和 Ac^-，因此已知乙酸溶液的初始浓度，就可以根据解离反应式及平衡常数来求算体系中的 H^+ 或 Ac^- 的浓度，进一步求得溶液的 pH。

【例 4-1】 计算 0.10 $mol\cdot dm^{-3}$ HAc 溶液中 $c(H^+)$、$c(Ac^-)$ 和 $c(HAc)$。已知 HAc 的 $K_a^\ominus = 1.8\times10^{-5}$。

解： 设解离达到平衡时，溶液中 $c(H^+)$ 为 x $mol\cdot dm^{-3}$。

$$HAc \rightleftharpoons Ac^- + H^+$$

初始浓度/（$mol \cdot dm^{-3}$）	0.10	0	0
平衡浓度/（$mol \cdot dm^{-3}$）	$0.10-x$	x	x

各物质的浓度代入平衡常数表达式

$$K_a^{\ominus}=\frac{c(H^+)c(Ac^-)}{c(HAc)}=\frac{x^2}{0.10-x}=1.8\times10^{-5}$$

解方程得
$$x=1.34\times10^{-3}$$

故
$$c(H^+)=c(Ac^-)=1.34\times10^{-3}\ mol \cdot dm^{-3}$$

$$c(HAc)=0.10-1.34\times10^{-3}=0.09866\approx0.10(mol \cdot dm^{-3})$$

计算结果表明，体系中 HAc 分子发生解离的很少，生成的 $c(H^+)$ 很小，体系中未解离的 HAc 浓度与初始浓度 c_0 基本相同。所以，在解方程求 $c(H^+)$ 时，可以采用近似的方法来计算。

由于 $c_0 \gg c(H^+)$，则 $c(HAc)\approx c_0$，故

$$K_a^{\ominus}=\frac{c(H^+)c(Ac^-)}{c(HAc)}=\frac{[c(H^+)]^2}{c_0-c(H^+)}\approx\frac{[c(H^+)]^2}{c_0}$$

$$c(H^+)=\sqrt{K_a^{\ominus}c_0}$$

利用近似的方法求算 $c(H^+)$ 则无需使用公式法解方程。但这种近似的条件是弱酸的 $K_a^{\ominus}$ 值很小且初始浓度 c_0 较大，否则计算的结果会产生较大的误差。一般来说，当 $c_0\geqslant 400K_a^{\ominus}$ 时，可由最简式 $c(H^+)=\sqrt{K_a^{\ominus}c_0}$ 近似计算溶液的 $c(H^+)$。

同样，对于一元弱碱，当 $c_0\geqslant 400K_b^{\ominus}$ 时，也可以采用相同的近似方法计算：

$$c(OH^-)=\sqrt{K_b^{\ominus}c_0}$$

解离度是指某物质已解离的量占其初始量的百分数，用 α 表示。与化学平衡的转化率相似，一元弱酸的解离度为

$$\alpha=\frac{c(H^+)}{c_0}\times100\%$$

将 $c(H^+)=\sqrt{K_a^{\ominus}c_0}$ 代入解离度计算式，有

$$\alpha=\frac{c(H^+)}{c_0}\times100\%=\frac{\sqrt{K_a^{\ominus}c_0}}{c_0}\times100\%=\sqrt{\frac{K_a^{\ominus}}{c_0}}\times100\%$$

若不考虑近似计算，弱电解质解离度 α 与解离常数的关系为

$$K^{\ominus}=\frac{c_0\alpha^2}{1-\alpha}$$

$K_a^{\ominus}$ 和 $K_b^{\ominus}$ 都是平衡常数，平衡常数的大小能表示弱酸、弱碱解离的程度，故 $K_a^{\ominus}$ 和 $K_b^{\ominus}$ 的大小可以表示弱酸和弱碱的相对强弱。一般将 $K_a^{\ominus}$ 大于 10^{-1} 的酸称为强酸，$K_a^{\ominus}$ 在 $10^{-1}\sim10^{-3}$ 的酸称为中强酸，$K_a^{\ominus}$ 小于 10^{-3} 的酸称为弱酸。同样，碱也可以按 $K_b^{\ominus}$ 值大小进行分类。

2. 多元弱酸的解离

H_2S、H_2CO_3 和 H_3PO_4 等能解离出两个或多个 H^+ 的弱酸称为多元弱酸。多元弱酸的

解离是分步完成的，且每一步解离都存在解离平衡。例如，H_2S 为二元弱酸，分两步解离：

第一步　$H_2S \rightleftharpoons H^+ + HS^-$　$K_{a1}^\ominus = \dfrac{c(H^+)c(HS^-)}{c(H_2S)} = 1.1\times10^{-7}$

第二步　$HS^- \rightleftharpoons H^+ + S^{2-}$　$K_{a2}^\ominus = \dfrac{c(H^+)c(S^{2-})}{c(HS^-)} = 1.3\times10^{-13}$

H_2S 总的解离反应式为

$$H_2S \rightleftharpoons 2H^+ + S^{2-}$$

总解离反应的平衡常数为

$$K^\ominus = K_{a1}^\ominus K_{a2}^\ominus = \frac{[c(H^+)]^2 c(S^{2-})}{c(H_2S)} = 1.4\times10^{-20}$$

应当注意的是，总解离平衡关系式表示平衡体系中 $c(H^+)$、$c(S^{2-})$、$c(H_2S)$ 三者浓度间的关系，只要三者共存于平衡体系中，则各物质的平衡浓度之间一定满足上述平衡常数表达式所代表的关系。S^{2-} 是第二步解离产物，因而 $c(H^+) \neq 2c(S^{2-})$。当解离达到平衡时，$c(S^{2-})$ 与 $c(H^+)$ 的关系为：

$$c(S^{2-}) = \frac{K_{a1}^\ominus K_{a2}^\ominus c(H_2S)}{[c(H^+)]^2}$$

在常温常压下，饱和 H_2S 水溶液浓度约为 0.1 $mol\cdot dm^{-3}$，可通过调节酸度来控制溶液中 S^{2-} 和 HS^- 的浓度。

对于多元弱酸，一般有

$$K_{a1}^\ominus \gg K_{a2}^\ominus \gg K_{a3}^\ominus$$

由于 $K_{a1}^\ominus \gg K_{a2}^\ominus$，故在多元弱酸解离中，溶液中的 $c(H^+)$ 一般由第一步解离平衡决定；−1 价酸根离子浓度近似等于溶液中的 $c(H^+)$；−2 价酸根离子浓度近似等于 $K_{a2}^\ominus$。但是，对于混合酸溶液，以上结论一般不适用。

【例 4-2】 求 0.010 $mol\cdot dm^{-3}$ 的 H_2S 溶液中 H^+、HS^-、S^{2-} 及 H_2S 的浓度。已知 H_2S 的 $K_{a1}^\ominus = 1.1\times10^{-7}$，$K_{a2}^\ominus = 1.3\times10^{-13}$。

解： 因为 H_2S 的 $K_{a1}^\ominus \gg K_{a2}^\ominus$，故体系中 H^+ 的浓度主要由第一步解离决定

	$H_2S \rightleftharpoons$	$H^+ +$	HS^-
初始浓度/（$mol\cdot dm^{-3}$）	0.010	0	0
平衡浓度/（$mol\cdot dm^{-3}$）	$0.010-x$	x	x

由于 $c_0 > 400K_{a1}^\ominus$，故可以近似计算

$$K_{a1}^\ominus = \frac{c(H^+)c(HS^-)}{c(H_2S)} = \frac{x^2}{0.010} = 1.1\times10^{-7}$$

解得　$x = 3.32\times10^{-5}$

$$c(H^+) = c(HS^-) = 3.32\times10^{-5}\ mol\cdot dm^{-3}$$

第二步解离平衡

$$HS^- \rightleftharpoons H^+ + S^{2-}$$

$$K_{a2}^\ominus = \frac{c(H^+)c(S^{2-})}{c(HS^-)} = c(S^{2-})$$

$$c(S^{2-})=1.3\times10^{-13}\ mol\cdot dm^{-3}$$

$$c(H_2S)=0.010-3.32\times10^{-5}-1.3\times10^{-13}\approx0.010(mol\cdot dm^{-3})$$

对三元弱酸如 H_3PO_4 溶液，离子浓度的计算与二元弱酸相似，即溶液中 $c(H^+)$ 由第一步解离决定；−1 价酸根的浓度等于体系中的 $c(H^+)$；−2 价酸根的浓度等于第二级解离常数 $K_{a2}^{\ominus}$。再由三元酸体系的 $c(H^+)$ 和三元酸初始浓度 c_0，利用各级平衡常数、$c(H^+)$ 和 c_0 的关系可求出各种酸根的浓度。

4.2.3 酸碱指示剂

能通过颜色变化指示溶液的酸碱性的物质称为酸碱指示剂。如石蕊、酚酞和甲基橙等，在酸中和碱中显示出不同的颜色，因而能指示溶液的酸碱性。

1. 指示剂的变色原理

酸碱指示剂一般是弱的有机酸，溶液的酸碱性不同使指示剂分子的解离平衡发生移动，未解离的分子和解离产物具有不同的颜色，从而使溶液因指示剂解离程度不同而具有不同的颜色。

若用 HIn 表示有机弱酸指示剂分子，其解离平衡为

$$HIn \rightleftharpoons H^+ + In^-$$

分子 HIn 和酸根 In^- 显示不同的颜色。当体系中 H^+ 的浓度大时，以 HIn 形态居多，这时呈现分子的颜色，例如甲基橙分子显红色；当体系中 OH^- 的浓度大时，指示剂以 In^- 形态居多，这时呈现酸根的颜色，例如甲基橙的酸根显黄色。

2. 指示剂变色点和变色范围

不同的指示剂变色的 pH 范围不同。例如，甲基橙的变色范围是 pH 3.2～4.4，酚酞的变色范围是 pH 8.2～10。指示剂的变色范围是由指示剂的解离平衡常数决定的。例如

$$HIn \rightleftharpoons H^+ + In^- \qquad K_a^{\ominus}=\frac{c(H^+)c(In^-)}{c(HIn)}$$

若溶液中分子和酸根的浓度相等，$c(HIn)=c(In^-)$，溶液呈现二者的混合颜色。此时溶液中 $K_a^{\ominus}=c(H^+)$，指示剂的理论变色点为 $pH=pK_a^{\ominus}$。

当 $\frac{c(In^-)}{c(HIn)}\geqslant10$ 时，指示剂主要以酸根 In^- 的形式存在，溶液呈现酸根的颜色；

当 $\frac{c(In^-)}{c(HIn)}\leqslant\frac{1}{10}$ 时，指示剂主要以分子 HIn 的形式存在，溶液呈现分子的颜色。

因此，指示剂的理论变色范围为

$$pH=pK_a^{\ominus}\pm1$$

由于颜色的掩盖能力和人眼对不同颜色的敏感程度不同，实际的变色范围要有一点偏差。例如，甲基橙的理论变色范围为 pH 2.4 ～ 4.4，由于红色掩盖能力远强于黄色，故实际变色范围是 pH 3.2 ～ 4.4。使用时应根据实际情况，仔细查找手册选用变色范围合适的指示剂。

4.2.4 同离子效应和盐效应

1. 同离子效应

解离平衡也属于化学平衡，因此当平衡体系中的某种物质的浓度发生改变时，平衡就要

发生移动，并在新的条件下重新建立平衡。

例如，弱电解质氨水的解离平衡 $NH_3 \cdot H_2O \rightleftharpoons NH_4^+ + OH^-$，若加入少量的强电解质 NH_4Cl，NH_4^+ 的引入使平衡向生成 $NH_3 \cdot H_2O$ 的方向移动，会降低 $NH_3 \cdot H_2O$ 的解离度。同样，在弱酸 HAc 溶液中加入强电解质 NaAc，也会有类似的结果。

在弱电解质溶液中，加入与其解离反应具有相同离子的强电解质，使弱电解质的解离度降低，这种影响称为同离子效应。

【例 4-3】 向 0.10 $mol \cdot dm^{-3}$ 的 $NH_3 \cdot H_2O$ 溶液中加入固体 NH_4Cl，使 NH_4Cl 的浓度达 0.10 $mol \cdot dm^{-3}$，求溶液中加入 NH_4Cl 前后 OH^- 浓度和 $NH_3 \cdot H_2O$ 的解离度。

解：

解离反应	$NH_3 \cdot H_2O$	$\rightleftharpoons NH_4^+$	$+OH^-$
初始浓度/($mol \cdot dm^{-3}$)	0.10	0	0
平衡浓度（加 NH_4Cl 前）/($mol \cdot dm^{-3}$)	$0.10-x$	x	x
平衡浓度（加 NH_4Cl 后）/($mol \cdot dm^{-3}$)	$0.10-y$	$0.10+y$	y

将各物质的平衡浓度代入平衡常数表达式

$$K_b^{\ominus} = \frac{c(NH_4^+)c(OH^-)}{c(NH_3)}$$

由于 $c_0 \gg 400K_b^{\ominus}$，用最简式计算，得

$$x = 1.34 \times 10^{-3}, c_1(OH^-) = 1.34 \times 10^{-3}(mol \cdot dm^{-3})$$
$$y = 1.80 \times 10^{-5}, c_2(OH^-) = 1.80 \times 10^{-5}(mol \cdot dm^{-3})$$

氨的解离度 $\alpha_1 = \dfrac{c_1(OH^-)}{c_0} = \dfrac{1.34 \times 10^{-3}}{0.1} = 1.34\%$（加 NH_4Cl 前）

$$\alpha_2 = \frac{c_2(OH^-)}{c_0} = \frac{1.80 \times 10^{-5}}{0.1} = 1.8 \times 10^{-2}\%（加\ NH_4Cl\ 后）$$

计算结果表明，0.10 $mol \cdot dm^{-3}$ 的 $NH_3 \cdot H_2O$ 加入 NH_4Cl 后的解离度相比明显减小。可见，同离子效应影响较大。

2. 盐效应

向氨水中加入 NaCl，Na^+ 和 Cl^- 对氨解离产生的离子有离子氛作用，因而对弱电解质的解离平衡有一定的影响。

前面弱酸弱碱的例题中，计算过程中均是使用体系中各物质的浓度来求算的，近似地认为 $f=1$，$a \approx c$。但这种计算是近似的，严格来讲应该使用溶液中各物质的活度 a，即

$$K_b^{\ominus} = \frac{a(NH_4^+)a(OH^-)}{a(NH_3)}$$
$$= \frac{f(NH_4^+)c(NH_4^{\ +})f(OH^-)c(OH^-)}{c(NH_3 \cdot H_2O)}$$

若向氨水中加入较多 NaCl，使离子氛作用不能忽略，此时 f 值较小，活度 a 与浓度 c 相差较大，则应考虑 f 的影响。故在氨水中，有

$$c(OH^-) = \sqrt{\frac{K_b^{\ominus} c_0}{f(NH_3 \cdot H_2O)\ f\ (OH^-)}}$$

溶液中离子浓度较大时，由于 f 值小于 1，$c(OH^-)$ 将增大，即氨的解离度增大；而且 f 值越小，弱电解质解离度增大得越多。

根据以上分析，在弱电解质溶液中加入不与弱电解质解离反应具有相同离子的强电解质，从而使弱电解质解离度增大，这种现象称为盐效应。

盐效应的实质是溶液中离子浓度的增加使离子氛作用增大，弱电解质解离出的离子的活度系数 f 减小，活度 a 明显小于浓度 c，使弱电解质在溶液中向解离的方向移动。

盐效应一般影响较小。产生同离子效应的同时也伴随盐效应，但同离子效应远大于盐效应。同样，对稀溶液可不考虑盐效应，因此在后续的解离平衡中，仍直接使用浓度而不是活度进行计算。

4.2.5 缓冲溶液

1. 缓冲溶液的概念

许多在水溶液中进行的化学反应，需要在一定的 pH 范围内才能顺利进行，例如 $[Fe(C_2O_4)_3]^{3-}$ 的生成反应，pH 过小，则 $C_2O_4^{2-}$ 易与 H^+ 结合使其配位能力降低而不利于配离子的生成；pH 过大，则 Fe^{3+} 生成溶解度很小的 $Fe(OH)_3$ 也不利于配离子的生成。因此，许多反应需要使用能够控制体系 pH 的溶液，使反应顺利进行。

加入少量强酸、强碱或用大量水稀释仍保持体系 pH 变化不大的溶液称为缓冲溶液。

【例 4-4】 计算 $0.1\ mol\cdot dm^{-3}$ HAc-NaAc 混合溶液中 $c(H^+)$ 和 pH。向 $1\ dm^3$ 此混合溶液中分别加入 0.01 mol HCl 和 0.01 mol NaOH 时，pH 各变成多少？已知 HAc 的 $K_a^\ominus = 1.8\times10^{-5}$。

解： HAc 解离反应 $HAc \rightleftharpoons H^+ + Ac^-$

	HAc	H^+	Ac^-
初始浓度/$(mol\cdot dm^{-3})$	0.1	0	0.1
平衡浓度/$(mol\cdot dm^{-3})$	$0.1-c(H^+)$	$c(H^+)$	$0.1+c(H^+)$

$K_a^\ominus$ 值较小，且有 Ac^- 的同离子效应，故 HAc 解离度降低，可以近似计算

$$K_a^\ominus=\frac{c(H^+)c(Ac^-)}{c(HAc)}\approx\frac{0.1\times c(H^+)}{0.1}=c(H^+)$$

$$c(H^+)=1.8\times10^{-5}\ mol\cdot dm^{-3},\ pH=4.74$$

向体系中加入 0.01 mol HCl 时，HCl 与 Ac^- 反应生成 HAc

	HAc	H^+	Ac^-
平衡浓度/$(mol\cdot dm^{-3})$	$0.1+0.01$	$c(H^+)$	$0.1-0.01$

$$K_a^\ominus=\frac{c(H^+)c(Ac^-)}{c(HAc)}=\frac{0.09\times c(H^+)}{0.11}$$

$$c(H^+)=2.2\times10^{-5}\ mol\cdot dm^{-3},\ pH=4.66$$

同理可计算，向体系中加入 0.01 mol NaOH 时

$$c(H^+)=1.5\times10^{-5}\ mol\cdot dm^{-3},\ pH=4.82$$

然而，向 $1\ dm^{-3}$ 纯水中加入 0.01 mol HCl，体系的 pH 值由 7 变为 2，明显减小；向纯水中加入 0.01 mol NaOH 后体系的 pH 由 7 变为 12，明显增大。而在 HAc-NaAc 溶液中加入少量强酸或强碱其 pH 变化并不明显。所以，HAc-NaAc 混合溶液就是一种缓冲溶液。

缓冲溶液之所以具有缓冲作用，能保持体系的 pH 基本不变，其实质是同离子效应。

在 HAc-NaAc 溶液中存在着 HAc 的解离平衡

$$HAc \rightleftharpoons H^+ + Ac^-$$

由平衡常数表达式，得

$$c(H^+) = K_a^{\ominus} \frac{c(HAc)}{c(Ac^-)} = K_a^{\ominus} \frac{c_{酸}}{c_{盐}}$$

故

$$pH = pK_a^{\ominus} - \lg \frac{c_{酸}}{c_{盐}}$$

体系 pH 值的变化主要取决于体系中 $c(HAc)$ 与 $c(Ac^-)$ 的比。由于 HAc 的 $K_a^{\ominus}$ 很小，$c(HAc)$ 与 $c(Ac^-)$ 近似等于溶液中 HAc 和 NaAc 的初始浓度。向溶液中加入少量强碱时，OH^- 与 HAc 作用生成少量的 Ac^-，由于加入的 OH^- 量较少，因此 HAc 和 Ac^- 浓度比变化不大，体系的 pH 基本保持不变；同样，向体系中加入少量强酸，H^+ 与 Ac^- 作用生成少量的 HAc，而 HAc 和 Ac^- 浓度比基本不变，pH 基本保持不变。当向体系中加入大量水稀释时，$c(HAc)$ 与 $c(Ac^-)$ 均成倍变化，而浓度比仍保持不变，故体系的 pH 不变。

2. 缓冲溶液的组成

缓冲溶液是由弱酸及其盐组成的。除了 HAc-NaAc 外，其他弱酸与其盐也可以组成缓冲溶液，例如 HCN-NaCN。缓冲溶液中的弱酸和弱酸盐称为缓冲对。

同样，弱碱及其盐也可以组成缓冲溶液，例如 NH_3-NH_4Cl 溶液。向该溶液中加入少量的强酸，NH_3 与 H^+ 作用生成 NH_4^+；而向溶液中加入少量的强碱，OH^- 与 NH_4^+ 作用生成 NH_3。由于 NH_4^+ 和 NH_3 浓度比变化不大，溶液的 pH 基本不变。

$$NH_3 \cdot H_2O \rightleftharpoons NH_4^+ + OH^-$$

由 $NH_3 \cdot H_2O$ 平衡常数，得

$$c(OH^-) = K_b^{\ominus} \frac{c(NH_3)}{c(NH_4^+)}$$

$$pOH = pK_b^{\ominus} - \lg \frac{c_{碱}}{c_{盐}}$$

利用缓冲对的浓度可以求出弱碱与弱碱盐构成的缓冲溶液的 pOH，进而求出 pH。

除了弱酸和弱碱与它们相应的盐可以组成缓冲溶液外，酸式盐与其次一级盐也可构成缓冲溶液，如 NaH_2PO_4-Na_2HPO_4、$NaHCO_3$-Na_2CO_3 等。体系的 pH 可以通过下式计算

$$pH = pK_a^{\ominus} - \lg \frac{c_{酸式盐}}{c_{次一级盐}}$$

同时，弱酸的酸式盐溶液也是缓冲溶液，例如 $NaHCO_3$、Na_2HPO_4、NaH_2PO_4 等，它们既能与强酸作用，也可以与强碱作用，而保持体系的 pH 基本不变。硼砂溶于水生成等物质的量的 H_3BO_3 和 $[B(OH)_4]^-$，其溶液也是很好的缓冲溶液。

3. 缓冲范围

由

$$pH = pK_a^{\ominus} - \lg \frac{c_{酸}}{c_{盐}} \qquad pOH = pK_b^{\ominus} - \lg \frac{c_{碱}}{c_{盐}}$$

可知，弱酸或弱碱与其盐的浓度比决定了缓冲溶液的 pH。缓冲对的浓度越大，弱酸或弱碱

与其盐的浓度比变化越小，缓冲溶液的 pH 变化越小，即溶液的缓冲容量越大。缓冲容量大，则可以抵抗较多的酸、碱的影响及水的稀释的影响。

缓冲对的两种物质的浓度相同时，抵抗强酸、强碱的能力较为均衡，缓冲溶液的缓冲效果最好。一般认为，缓冲对的浓度比应控制在 10 以内。由此，溶液的缓冲范围为

弱酸-弱酸盐　　$pH = pK_a^{\ominus} \pm 1$

弱碱-弱碱盐　　$pOH = pK_b^{\ominus} \pm 1$

根据各种缓冲溶液的缓冲范围和需要配制溶液的 pH，就可选择相应的弱酸或弱碱并适当调节浓度比来配制所需的缓冲溶液。

【例 4-5】 现有甲酸（HCOOH，$K_a^{\ominus} = 1.8 \times 10^{-4}$）和乙酸（$CH_3COOH$，$K_a^{\ominus} = 1.8 \times 10^{-5}$）。欲配制 pH=3.00 的缓冲溶液，选用哪一缓冲对最好？缓冲对的浓度比为多少？

解： 两种酸的 $pK_a^{\ominus}$ 的值为：HCOOH，$pK_a^{\ominus} = 3.74$；CH_3COOH，$pK_a^{\ominus} = 4.74$

按照缓冲范围 $pH = pK_a^{\ominus} \pm 1$，应选用 HCOOH-HCOONa 配制 pH=3.00 的缓冲溶液

由 $pH = pK_a^{\ominus} - \lg \frac{c_{酸}}{c_{盐}}$，得缓冲对的浓度比为

$$\frac{c_{酸}}{c_{盐}} = \frac{c(H^+)}{K_a^{\ominus}} = \frac{1.0 \times 10^{-3}}{1.8 \times 10^{-4}} = 5.56$$

4.3 酸碱理论简介

4.3.1 酸碱解离理论

1884 年，瑞典人阿仑尼乌斯在解离学说的基础上定义了酸碱并定量地讨论酸和碱的强度，称为阿仑尼乌斯理论。阿仑尼乌斯提出，在水溶液中解离产生的正离子全部是 H^+ 的物质为酸，如 H_2SO_4；在水溶液中解离产生的负离子全部是 OH^- 的物质为碱，如 $Ca(OH)_2$。

酸碱的强弱可由解离常数的大小进行衡量，$K_a^{\ominus}$、$K_b^{\ominus}$ 越大，则相应的酸或碱越强。酸碱反应的实质是 H^+ 和 OH^- 反应生成水。

4.3.2 酸碱质子理论

1923 年，丹麦人布朗斯特（Brönsted）和英国人劳莱（Lowry）分别独立提出了酸碱质子理论，称为布朗斯特-劳莱酸碱理论。

按照酸碱质子理论，反应中给出质子（H^+）的物质称为酸，如 NH_4^+、HCl 均可以给出质子，都是质子酸；在反应中接受质子的物质称为碱，如 NH_3、NO_3^- 均可以与质子结合，均为质子碱；而 HCO_3^- 和 H_2O 等在反应中既能给出质子又能接受质子，称为两性物质。

按照酸碱质子理论，当酸失去质子后就生成具有接受质子能力的质子碱，而碱结合质子后就变成了酸，即：酸══碱＋质子。满足这种关系式的一对酸碱称为共轭酸碱对，如

$$HNO_3 \rightleftharpoons NO_3^- + H^+$$

即 NO_3^- 是 HNO_3 的共轭碱，HNO_3 是 NO_3^- 的共轭酸。H_2O 的共轭酸是 H_3O^+，共轭碱为 OH^-。酸碱反应的实质是共轭酸碱对之间的质子转移过程。

酸碱质子理论中，酸碱的强弱可由物质给出或接受质子的能力来判断。酸给出质子的能力越强，酸性越强；而碱接受质子的能力越强，碱性越强。在水体系中，HCl 完全解离出 H^+，HCl 为强酸；而 HAc 部分解离出 H^+，HAc 为弱酸。酸碱的强度可以由解离反应的平衡常数 $K_a^\ominus$、$K_b^\ominus$ 的大小表示。

在水溶液中，HCl、HNO_3、H_2SO_4、$HClO_4$ 均完全解离，都是强酸，无法区分四种酸的强弱，将水的这种作用称为拉平效应，H_2O 是几种强酸的拉平试剂。而将它们溶于酸性比水更强的 HAc 中，它们给出质子的能力则不同，在 HAc 中的酸性 $HClO_4 > HCl > H_2SO_4 > HNO_3$。乙酸的这种作用称为区分效应，HAc 是几种强酸的区分试剂。

4.3.3　酸碱电子理论

1923 年，美国的路易斯（Lewis）提出了酸碱电子理论，也称为路易斯酸碱理论。

酸碱电子理论认为，在反应中能接受电子对的物质称为酸，如 H^+、Na^+、BF_3 等都是路易斯酸；在反应中能给出电子对的物质称为碱，如 OH^-、CN^-、NH_3 等都是路易斯碱。酸是电子对的接受体，接受电子对的能力越强，酸性越强。碱是电子对的给予体，给出电子对的能力越强，碱性越强。

酸碱电子理论可以把反应分成两种类型，一种是酸和碱生成酸碱配合物的反应，如

$$BF_3 + NH_3 = F_3B:NH_3$$

$$Cu^{2+} + 4NH_3 = [Cu(NH_3)_4]^{2+}$$

另一种是取代反应，包括酸取代反应，碱取代反应和双取代反应。例如

$$[Cu(NH_3)_4]^{2+} + 4H^+ = 4NH_4^+ + Cu^{2+} \qquad \text{酸取代反应}$$

$$Cu(OH)_2 + 4NH_3 = [Cu(NH_3)_4]^{2+} + 2OH^- \qquad \text{碱取代反应}$$

$$NaOH + HCl = NaCl + H_2O \qquad \text{双取代反应}$$

4.4　盐的水解

4.4.1　水解的概念

盐是强电解质，在水中完全解离。盐的水溶液有些显中性，有些却显酸性或碱性，这种现象与盐的水解有关。盐解离出的离子与水解离出的离子结合成弱电解质使溶液的 pH 发生变化的现象称为盐的水解。

NaAc 在水中完全解离生成 Na^+ 和 Ac^-，Ac^- 与溶液中的 H^+ 结合生成弱电解质 HAc，溶液中 H^+、Ac^- 和 HAc 的浓度维持着平衡：

$$K_a^\ominus = \frac{c(H^+)c(Ac^-)}{c(HAc)} = 1.8\times10^{-5}$$

在 NaAc 溶液中，H^+ 来源于 H_2O 的解离平衡（$H_2O \rightleftharpoons H^+ + OH^-$），溶液中 H^+ 的浓度因生成 HAc 而减小，H_2O 的平衡向解离的方向移动，使体系中 OH^- 的浓度增大。因此，溶液中 OH^- 浓度高于 H^+ 浓度，显碱性。

NaAc 是由弱酸和强碱生成的盐，这类盐称为弱酸强碱盐，其水溶液显碱性；由弱碱和强酸作用得到的盐称为弱碱强酸盐，如 NH_4Cl，由于 NH_4^+ 水解生成弱电解质 NH_3 和 H^+，其水溶液显酸性；NH_4Ac 和 NH_4HCO_3 为弱酸弱碱盐，水溶液中盐解离出的正离子和负离子均发生水解（即双水解），溶液的酸碱性由盐解离出的两种离子与 OH^- 和 H^+ 的结合的能力和程度来决定。强酸强碱盐解离的离子不与 H^+ 和 OH^- 作用，故水溶液显中性。

4.4.2 水解的计算

1. 弱酸强碱盐

NaAc 在水中完全解离，生成的 Ac^- 与 H_2O 解离产生的 H^+ 结合生成弱电解质 HAc，使体系中的 OH^- 浓度大于 H^+ 浓度，溶液显碱性。

$$H_2O \rightleftharpoons H^+ + OH^-$$

$$H^+ + Ac^- \rightleftharpoons HAc$$

两式相加得 Ac^- 的水解反应：

$$H_2O + Ac^- \rightleftharpoons HAc + OH^-$$

水解反应的平衡常数为

$$K_h^\ominus = \frac{c(HAc)c(OH^-)}{c(Ac^-)} = \frac{c(HAc)c(OH^-)}{c(Ac^-)} \times \frac{c(H^+)}{c(H^+)} = \frac{K_w^\ominus}{K_a^\ominus}$$

若 NaAc 的初始浓度为 c_0，当水解达到平衡时，有

$$H_2O + Ac^- \rightleftharpoons HAc \quad + \quad OH^-$$

平衡浓度 $\qquad c_0 - c(OH^-) \qquad c(OH^-) \qquad c(OH^-)$

$$K_h^\ominus = \frac{c(HAc)c(OH^-)}{c(Ac^-)} = \frac{[c(OH^-)]^2}{c_0 - c(OH^-)} = \frac{K_w^\ominus}{K_a^\ominus}$$

$K_h^\ominus$ 一般都很小。当 $c_0 \geqslant 400K_h^\ominus$ 时，可近似计算，即 $c_0 - c(OH^-) \approx c_0$，则有

$$K_h^\ominus = \frac{[c(OH^-)]^2}{c_0}$$

$$c(OH^-) = \sqrt{K_h^\ominus c_0} = \sqrt{\frac{K_w^\ominus c_0}{K_a}}$$

和解离度相似，水解度是指已水解的 Ac^- 占 NaAc 初始浓度的分数，常用 h 表示。

$$h = \frac{c(OH^-)}{c_0} = \sqrt{\frac{K_w^\ominus}{K_a^\ominus c_0}}$$

多元弱酸的盐，如 Na_2S、Na_2CO_3、Na_3PO_4 等发生水解反应，溶液显碱性。多元弱酸的酸根水解是分步进行的，$K_{h1}^\ominus \gg K_{h2}^\ominus$，故体系中的 OH^- 浓度主要由第一步水解平衡决定。

【例 4-6】计算 0.10 $mol\cdot dm^{-3}$ Na_2S 溶液中的 OH^-、HS^- 和 H_2S 浓度。已知：H_2S 的 $K_{a1}^{\ominus}=1.07\times10^{-7}$，$K_{a2}^{\ominus}=1.26\times10^{-13}$。

解　Na_2S 在溶液中的水解分两步进行：

$$S^{2-}+H_2O \rightleftharpoons HS^-+OH^-$$

$$K_{h1}^{\ominus}=\frac{c(HS^-)c(OH^-)}{c(S^{2-})}=\frac{K_w^{\ominus}}{K_{a2}^{\ominus}}=\frac{1.0\times10^{-14}}{1.26\times10^{-13}}=7.94\times10^{-2}$$

$$HS^-+H_2O \rightleftharpoons H_2S+OH^-$$

$$K_{h2}^{\ominus}=\frac{c(H_2S)c(OH^-)}{c(HS^-)}=\frac{K_w^{\ominus}}{K_{a1}^{\ominus}}=\frac{1.0\times10^{-14}}{1.07\times10^{-7}}=9.35\times10^{-8}$$

由于 $K_{h1}^{\ominus}\gg K_{h2}^{\ominus}$，故溶液中 $c(OH^-)$ 可由第一步水解计算。

$$K_{h1}^{\ominus}=\frac{c(HS^-)c(OH^-)}{c(S^{2-})}$$

$$\frac{c(HS^-)c(OH^-)}{c(S^{2-})}=\frac{[c(OH^-)]^2}{0.1-c(OH^-)}=7.94\times10^{-2}$$

由于 $K_{h1}^{\ominus}$ 较大，不能近似计算。解方程得

$$c(OH^-)=5.78\times10^{-2}(mol\cdot dm^{-3})$$

由于 $K_{h2}^{\ominus}$ 很小，故 HS^- 的第二步水解程度极小而可以忽略，即 $c(HS^-)\approx c(OH^-)$。

$$HS^-+H_2O \rightleftharpoons H_2S+OH^-$$

$$K_{h2}^{\ominus}=\frac{c(H_2S)c(OH^-)}{c(HS^-)}=c(H_2S)$$

则　$$c(H_2S)=K_{h2}^{\ominus}=9.35\times10^{-8}(mol\cdot dm^{-3})$$

2. 弱碱强酸盐

NH_4Cl 为弱碱强酸盐，在水中完全解离生成 NH_4^+ 和 Cl^-。NH_4^+ 发生水解反应，水溶液显酸性。

$$NH_4^+ + H_2O \rightleftharpoons NH_3\cdot H_2O + H^+$$

平衡浓度　　$c_0-c(H^+)$　　　$c(H^+)$　$c(H^+)$

水解常数 $K_h^{\ominus}=\dfrac{c(NH_3\cdot H_2O)c(H^+)}{c(NH_4^+)}=\dfrac{c(NH_3\cdot H_2O)c(H^+)\cdot c(OH^-)}{c(NH_4^+)\cdot c(OH^-)}=\dfrac{K_w^{\ominus}}{K_b^{\ominus}}$

当 $c_0\geqslant 400K_h^{\ominus}$ 时，可近似求解，得

$$c(H^+)=\sqrt{K_h^{\ominus}c_0}=\sqrt{\frac{K_w^{\ominus}c_0}{K_b^{\ominus}}}$$

$$h=\frac{c(H^+)}{c_0}=\sqrt{\frac{K_w^{\ominus}}{K_b^{\ominus}c_0}}$$

3. 酸式盐的水解

多元弱酸的酸式盐水解过程一般较为复杂，在此以 $NaHCO_3$ 为例进行讨论。溶液中

$NaHCO_3$ 完全解离生成 Na^+ 和 HCO_3^-，而 HCO_3^- 的水解反应和解离反应同时存在。

$$HCO_3^- + H_2O \rightleftharpoons H_2CO_3 + OH^-$$

$$HCO_3^- \rightleftharpoons H^+ + CO_3^{2-}$$

由于 $K_{a2}^\ominus$ 和 $K_{h2}^\ominus$ 均很小，$c(HCO_3^-) \approx c_0$，当 $K_{a2}^\ominus c_0 \gg K_w^\ominus$ 时，可推导出

$$c(H^+) = \sqrt{K_{a1}^\ominus K_{a2}^\ominus}$$

$$h = \frac{c(H_2CO_3)}{c_0}$$

在 $0.10\ mol \cdot dm^{-3}\ NaHCO_3$ 溶液中：

$$c(H^+) = \sqrt{4.5 \times 10^{-7} \times 4.7 \times 10^{-11}} = 4.6 \times 10^{-9} (mol \cdot dm^{-3}), pH = 8.34$$

4. 弱酸弱碱盐的水解

弱酸弱碱盐水解的特点是正离子和负离子在水中同时水解并相互促进使水解度增大。例如 NH_4Ac 解离的 NH_4^+ 和 Ac^- 在水溶液中都发生水解反应。

$$NH_4^+ + H_2O \rightleftharpoons NH_3 \cdot H_2O + H^+$$

$$H_2O + Ac^- \rightleftharpoons HAc + OH^-$$

$$H^+ + OH^- \rightleftharpoons H_2O$$

以上三式相加得 NH_4Ac 的水解反应式

$$NH_4^+ + Ac^- + H_2O \rightleftharpoons NH_3 \cdot H_2O + HAc$$

NH_4Ac 水解平衡常数为三个反应的平衡常数的乘积，即

$$K_h^\ominus = \frac{K_w^\ominus}{K_a^\ominus K_b^\ominus}$$

由 $K_h^\ominus$ 的表达式可以看出，双水解进行的趋势比单水解的趋势大，水解度增大。

当 $c_0 \gg K_h^\ominus$、$c_0 \gg K_a^\ominus$ 时，近似有

$$c(H^+) = \sqrt{\frac{K_a^\ominus K_w^\ominus}{K_b^\ominus}}$$

若 $K_a^\ominus > K_b^\ominus$，弱酸弱碱盐正离子水解度比负离子大，水解后溶液显酸性，$pH < 7$。

若 $K_a^\ominus < K_b^\ominus$，弱酸弱碱盐正离子水解度比负离子小，水解后溶液显碱性，$pH > 7$。

若 $K_a^\ominus \approx K_b^\ominus$，弱酸弱碱盐的两种离子水解度接近，水解后溶液显中性，$pH \approx 7$。

表达式中 $c(H^+)$ 与盐溶液的浓度 c_0 无直接关系，但要注意 $c(H^+)$ 的表达式是在与 c_0 有关的近似条件下得到的，即 c_0 不能太小。

4.4.3 影响水解的因素

盐的水解平衡也是化学平衡的一种，故影响水解平衡的因素可以从平衡常数 $K_h^\ominus$ 和改变反应商两个方面讨论。

① 弱酸弱碱解离常数的影响。解离常数 $K_a^\ominus$ 或 $K_b^\ominus$ 大小决定盐的水解平衡常数 $K_h^\ominus$ 的大小，解离常数 $K_a^\ominus$ 或 $K_b^\ominus$ 越大，则 $K_h^\ominus$ 越小，水解进行得越不彻底。

② 温度的影响。盐的水解一般是吸热过程，$\Delta H > 0$，由公式

$$\ln\frac{K_{h2}^{\ominus}}{K_{h1}^{\ominus}}=\frac{\Delta H}{R}\left(\frac{1}{T_1}-\frac{1}{T_2}\right)$$

当温度升高时，平衡常数 $K_h^{\ominus}$ 增大。因此，升高温度可以促进水解的进行。

改变反应商可以体现在浓度和酸度上。按照平衡移动原理，稀释有利于水解进行，所以溶液越稀，水解越彻底。加酸可抑制阳离子水解，如实验室用盐酸来配制 $SnCl_2$ 溶液以抑制 Sn^{2+} 的水解；加碱可抑制阴离子水解，如 S^{2-} 和 CN^- 等离子只能在碱性介质中存在。

4.5 配位解离平衡

4.5.1 配位化合物的基本概念

由中心原子（或离子）和几个配体分子（或离子）以配位键结合而形成的复杂分子或离子，通常称为配位单元（或配合单元），配位单元经常放在方括号“[] ”内。含有配位单元的化合物称为配位化合物，简称配合物。如 $[Cu(NH_3)_4]SO_4$。

1. 配位化合物的组成

配位化合物一般由内界和外界两部分构成。内界为配位单元，外界为带有与内界异号电荷的离子，如 $[Co(NH_3)_6]Cl_3$ 的内界为 $[Co(NH_3)_6]^{3+}$，外界为 Cl^-；而中性配位单元作为配位化合物则无外界，如 $[Ni(CO)_4]$。

在水溶液中，配位化合物的内外界之间全部解离，而配位单元（内界）较稳定，解离程度较小，在水溶液中存在着配位单元与中心、配体之间的配位解离平衡。

配位化合物的内界由中心和配体构成。中心又称配位化合物的形成体，多为金属。中心可以是阳离子（多为金属离子），如 $[FeF_6]^{3-}$ 中的 Fe^{3+}；也可以是原子，如 $[Ni(CO)_4]$ 中的 Ni。配体可以是分子，如 NH_3、H_2O、CO、有机胺等；也可以是阴离子，如 F^-、OH^-、CN^-、SCN^-、$C_2O_4^{2-}$、CH_3COO^- 等；阳离子的配体则很少，如 NO^+。

2. 简单配位化合物与螯合物

中心与单基（齿）配体形成的配位化合物称为简单配位化合物。单基配体是指只有一个配位原子的配体。

中心与多基配体形成的配位化合物含有封闭的多元环，这种含有多元环的配位化合物称为螯合物，如 Cu^{2+} 与乙二胺（en）形成的配离子 $[Cu(en)_2]^{2+}$，如图 4 1(a)。多基配体是指有两个或两个以上配位原子的配体，如 en、乙二胺四乙酸（EDTA）。阴离子多基配体和阳离子中心形成的中性配位单元称为内盐，如 Cu^{2+} 与氨基乙酸根（$NH_2CH_2COO^-$）形成内盐，图 4-1(b)。

3. 配位化合物的构型

配位化合物的构型是指配位单元的构型。在配位单元中，由于配体之间的排斥作用，配体之间尽可能远离，保持能量最低。

按价键理论，中心原子（或离子）能量相近的价层空轨道经杂化后，形成特征空间分布的杂化轨道，配体的孤电子对向中心杂化的空轨道配位，形成具有特定构型的配位单元。由此可见，配位单元的构型由中心价层空轨道的杂化方式决定。常见配位单元的构型与中心轨

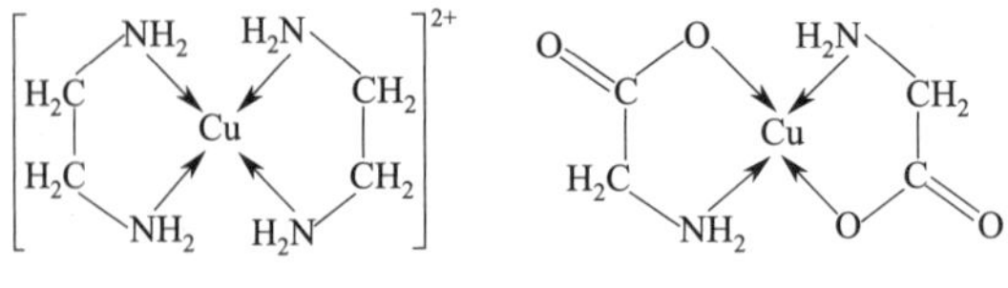

图 4-1 $[Cu(en)_2]^{2+}$ 和 $[Cu(NH_2CH_2COO)_2]$ 的结构

道杂化方式之间的关系如表 4-1 所示。

表 4-1 配位单元的几何构型与中心轨道杂化的关系

配位数	中心杂化方式	构型	实例	配位数	中心杂化方式	构型	实例
2	sp	直线形	$[Ag(NH_3)_2]^+$	5	sp^3d	三角双锥	$[Fe(SCN)_5]^{2-}$
3	sp^2	三角形	$[Cu(CN)_3]^{2-}$		dsp^3	三角双锥	$Fe(CO)_5$
4	sp^3	四面体	$[Zn(NH_3)_4]^{2+}$	6	sp^3d^2	正八面体	$[FeF_6]^{3-}$
	dsp^2	正方形	$[Ni(CN)_4]^{2-}$		d^2sp^3	正八面体	$[Fe(CN)_6]^{3-}$

若中心原子或离子参与杂化的价层轨道属于同一主层，即 $ns\ np\ nd$ 杂化，d 轨道在 s 和 p 轨道的外侧，形成外轨型配位单元，配位化合物称为外轨型配位化合物；若中心参与杂化的价层轨道不属于同一主层，即 $(n-1)d\ ns\ np$ 杂化，d 轨道在 s 和 p 轨道的内层，形成内轨型配位单元，这种配位化合物称为内轨型配位化合物。

(1) $ns\ np\ nd$ 杂化

【例 4-7】 讨论 $[FeF_6]^{3-}$ 的成键与构型情况。

解：Fe^{3+} 价电子构型为 $3d^5$，在形成 $[FeF_6]^{3-}$ 过程中进行如下所示的杂化

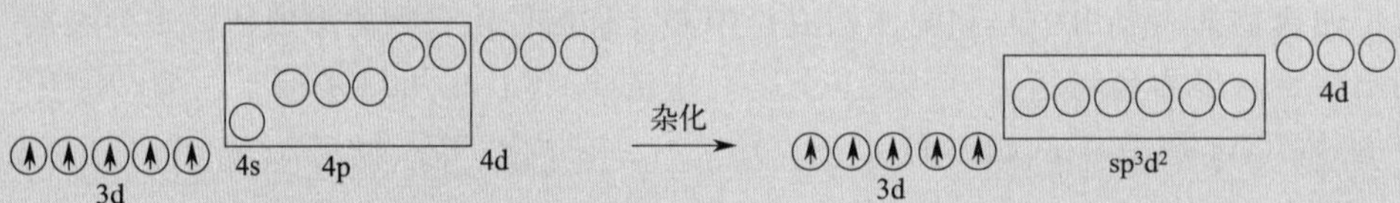

中心采取 sp^3d^2 杂化，6 个杂化轨道在空间呈正八面体分布。6 个 F^- 各用一个 p 轨道的孤电子对向中心空的杂化轨道配位成配位键，故 $[FeF_6]^{3-}$ 为正八面体构型的配位单元。

$[FeF_6]^{3-}$ 的中心用外侧 d 轨道参与杂化，形成外轨型配位化合物，所成的配位键称为电价配键，电价配键较弱。

(2) $(n-1)d\ ns\ np$ 杂化

【例 4-8】 讨论 $[Ni(CN)_4]^{2-}$ 中心离子的杂化方式与配位单元的构型。

解：Ni^{2+} 价电子构型为 $3d^8$。强配体 CN^- 能使 Ni^{2+} 的 d 电子重排，空出的 1 个 3d 轨道参与杂化，中心采取如下所示的 dsp^2 杂化，杂化轨道在空间呈正方形分布，4 个 CN^- 用 C 的孤电子对向中心杂化的空轨道配位形成 4 个配位键，$[Ni(CN)_4]^{2-}$ 为正方形构型。

$[Ni(CN)_4]^{2-}$的中心有$(n-1)$d 内层空轨道参与杂化，杂化轨道能量低，形成内轨型配位化合物。所成的配位键称为共价配键，共价配键较强。

$[FeF_6]^{3-}$和$[Ni(CN)_4]^{2-}$的不同点是，配体 CN^- 能使中心的价电子发生重排，这样的配体称为强配体。常见的强配体有：CO、CN^-、NO_2^- 等。

F^- 等配体不能使中心的价电子重排，称为弱配体。大多数配体都为弱配体，如 Cl^-、H_2O、$C_2O_4^{2-}$ 等。

NH_3、en 等为中强配体。配体的强度是相对的，对于不同的中心，相同配体的强度可能是不同的。

内轨型配位化合物较外轨型配位化合物稳定，共价配键比电价配键强。

形成外轨型配位化合物还是内轨型配位化合物，与配体的强弱、中心原子或离子的价层电子构型和电荷数有关。强配体（CN^-、CO、NO_2^- 等）易形成内轨型配位化合物；弱配体（H_2O、X^-等）易形成外轨型配位化合物。NH_3 和 en 对于 Co^{3+} 为强配体，而对于 Co^{2+} 和其他金属离子一般为弱配体。

具有$(n-1)d^{10}$ 电子构型的中心原子或离子，只能用外侧 d 轨道形成外轨型配位化合物；$(n-1)d^{1\sim3}$ 电子构型的中心通常形成内轨型配位化合物；$(n-1)d^{4\sim7}$ 电子构型的中心可形成内轨或外轨型配位化合物；$(n-1)d^8$ 电子构型的中心离子 Au^{3+}、Pt^{2+}、Pd^{2+} 形成内轨型配位化合物，Ni^{2+} 与强配体形成内轨型配位化合物。

中心离子的电荷越高，对配位原子的吸引力越强，越容易形成内轨型配位化合物；而电负性较大的配位原子容易形成外轨型配位化合物。

4. 配位化合物的磁性

化合物的轨道中单电子数和宏观实验现象中的磁性有关。在磁天平上可以测出物质的磁矩 μ，磁矩 μ 和单电子数 n 有如下关系

$$\mu=\sqrt{n(n+2)}\,\mu_B$$

式中，μ_B 为磁矩单位，称为玻尔磁子。测出磁矩 μ，可推算出单电子数 n，对于分析和讨论配位化合物的成键情况有重要意义。

实验测得$[Co(NH_3)_6]^{3+}$的磁矩 $\mu=0$、$[FeF_6]^{3-}$的磁矩 $\mu=5.88\mu_B$。得出$[Co(NH_3)_6]^{3+}$中心的单电子数 $n=0$，说明 Co^{3+} 的 $3d^6$ 电子发生重排，NH_3 对 Co^{3+} 是强配体，形成内轨型配位化合物；$[FeF_6]^{3-}$中心的单电子数 $n=5$，因此，F^- 是弱配体。

5. 配位化合物中的 d-p π 配键

过渡金属与羰、氰、烯烃等含有 π 电子的配体形成的配位化合物往往含有 d-p π 配键，或称反馈键、反馈 π 键。

羰基配位化合物$[Ni(CO)_4]$的中心采取 sp^3 杂化，CO 中 C 的孤电子对向中心的 sp^3 杂化空轨道配位形成 σ 配键，配位单元为正四面体构型。但进一步实验和理论计算都证明，$[Ni(CO)_4]$较稳定，配体与中心之间除有 σ 配键外肯定还有其他成键作用。

Ni 的 d_{xy} 轨道与 CO 的 π^* 反键轨道能量相近，对称性一致，可以成键。按重叠后的轨道的对称性，金属的 d 轨道与 CO 的 π^* 轨道重叠形成的是 π 键；成键时由金属的 d 轨道提供电子而 CO 的 π^* 轨道接受电子，所以形成的是配位键，即 Ni 与 CO 间有 d-p π 配键，如图 4-2 所示。

配体 CN^- 与 CO 相似，既有可配位的孤电子对，又有与中心 d 轨道对称性一致的 π^* 轨道可接受 d 电子的配位。CN^- 中 C 上的孤电子对向金属的杂化空轨道配位，形成 σ 配键；金属的 d 电子向 CN^- 的 π^* 轨道配位，形成 d-p π 配键。

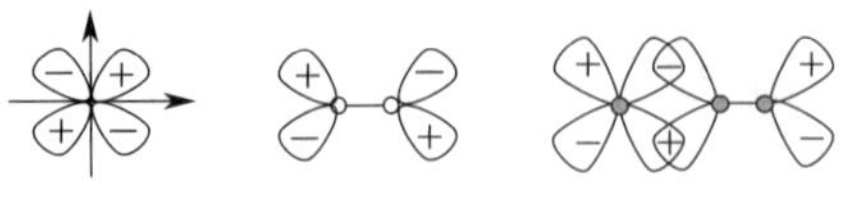

图 4-2　$Ni(CO)_4$ 中 d-p π 配键示意图

4.5.2　配位化合物的稳定性

1. 配位化合物的稳定常数

在水溶液中，配位化合物的内、外界之间全部解离；而内界只部分解离，存在配位解离平衡。配位单元的生成反应达到平衡时，溶液中各物质的浓度关系表示的平衡常数称为配位化合物的稳定常数，用 $K^{\ominus}_{稳}$ 表示，有时简写成 $K_{稳}$。

例如，向硝酸银溶液中加入过量的氨水，则有下列平衡

$$Ag^+ + 2NH_3 \rightleftharpoons [Ag(NH_3)_2]^+ \qquad K^{\ominus}_{稳} = 1.1\times10^7$$

$$K^{\ominus}_{稳} = \frac{c\{[Ag(NH_3)_2]^+\}}{c(Ag^+)[c(NH_3)]^2}$$

$K^{\ominus}_{稳}$ 越大表示配位单元越稳定。$[Ag(CN)_2]^-$ 的稳定常数为 1.3×10^{21}，说明 $[Ag(CN)_2]^-$ 比 $[Ag(NH_3)_2]^+$ 稳定得多。

2. 酸碱的软硬分类

（1）酸碱的软硬分类

在酸碱电子理论的基础上，对酸碱进行软硬分类。

硬酸：电子云的变形性小的酸。一般半径小，正电荷高，如 H^+、Na^+、Mg^{2+}、Al^{3+}、Si^{4+}、Cr^{3+}、Mn^{2+}、Fe^{3+} 等。

软酸：电子云的变形性大的酸。一般半径大，电荷低，如 Cu^+、Ag^+、Cd^{2+}、Hg^{2+}、Hg_2^{2+}、Tl^+，Pt^{2+} 等。

交界酸：电子云的变形性介于硬酸和软酸之间，如 Cr^{2+}、Fe^{2+}、Co^{2+}、Ni^{2+}、Cu^{2+}、Zn^{2+}、Sn^{2+}、Pb^{2+}、Sb^{3+}、Bi^{3+} 等。

硬碱：电子云的变形性小的碱。给电子原子的电负性大，不易失去电子，如 F^-、Cl^-、H_2O、OH^-、O^{2-}、SO_4^{2-}、NO_3^-、ClO_4^-、CH_3COO^-、NH_3 等。

软碱：电子云的变形性大的碱。给电原子的电负性小，易失去电子，如 I^-、S^{2-}、CN^-、SCN^-、CO、$S_2O_3^{2-}$ 等。

交界碱：其变形性介于硬碱和软碱之间。如 Br^-、SO_3^{2-}、N_2、NO_2^- 等。

（2）软硬酸碱结合原则

软硬酸碱结合的原则是：软亲软，硬亲硬；软和硬，不稳定。

软硬酸碱结合原则在解释某些配位化合物的稳定性和元素在自然界的存在状态等方面很成功。例如，配位化合物的稳定性顺序为

$$[HgI_4]^{2-} > [HgBr_4]^{2-} > [HgCl_4]^{2-} > [HgF_4]^{2-}$$

$$[AlF_6]^{3-} > [AlCl_6]^{3-} > [AlBr_6]^{3-} > [AlI_6]^{3-}$$

原因是 Hg^{2+} 为软酸，与软碱 I^- 结合的配位化合物更稳定；而 Al^{3+} 为硬酸，与硬碱 F^- 结

合的配位化合物更稳定。

用 NH_3 溶液可以溶解 AgCl，用 $Na_2S_2O_3$ 溶液可以溶解 AgBr，用 NaCN 溶液可以溶解 AgI，这些都可以用软硬酸碱关系解释。因此，稳定性的顺序为

$$Ag_2S > AgI > AgBr > AgCl > AgF$$

$$[Ag(CN)_2]^- > [Ag(S_2O_3)_2]^{3-} > [Ag(NH_3)_2]^+$$

4.5.3 配位解离平衡

1. 配位平衡与酸碱解离平衡

向 $FeCl_3$ 溶液中加入 $K_2C_2O_4$ 溶液，生成绿色的 $K_3[Fe(C_2O_4)_3]$，若再加入盐酸，溶液变黄，说明 $K_3[Fe(C_2O_4)_3]$ 被破坏，生成了 $[FeCl_4]^-$。

$$FeCl_3 + 3K_2C_2O_4 = K_3[Fe(C_2O_4)_3] + 3KCl$$

$$K_3[Fe(C_2O_4)_3] + 4HCl = K[FeCl_4] + 2KHC_2O_4 + H_2C_2O_4$$

配位化合物 $K_3[Fe(C_2O_4)_3]$ 在酸中被破坏，原因在于 $H_2C_2O_4$ 不是强酸，$C_2O_4^{2-}$ 遇强酸则与 H^+ 结合而降低了配位能力。所以，溶液的酸度即介质的 pH 可能影响配位化合物的稳定性，即酸碱解离平衡影响配位平衡。

2. 配位平衡和沉淀溶解平衡

若配体、沉淀剂都可以和 M^{n+} 结合，生成配位化合物和沉淀物，故两种平衡的关系实质是配体与沉淀剂争夺 M^{n+}，平衡和 $K_{sp}^{\ominus}$、$K_{稳}^{\ominus}$ 的值有关。

3. 配位平衡和氧化还原平衡

配位平衡和氧化还原平衡的关系，主要体现在配位化合物的生成对于电极反应的电极电势 E 的影响上。

$$氧化型 + ze^- = 还原型$$

根据能斯特方程（详见第 7 章）

$$E = E^{\ominus} + \frac{0.059V}{z}\lg\frac{c(氧化型)}{c(还原型)}$$

若氧化型生成配位化合物，E 值减小；还原型生成配位化合物，E 值增大；若氧化型和还原型都生成配位化合物，则要比较氧化型配位化合物与还原型配位化合物的 $K_{稳}^{\ominus}$ 的大小：$K_{稳}^{\ominus}$（氧化型）$> K_{稳}^{\ominus}$（还原型），则 E 值减小；$K_{稳}^{\ominus}$（氧化型）$< K_{稳}^{\ominus}$（还原型），则 E 值增大。

4. 配位平衡与配位化合物的取代反应

向红色的 $[Fe(SCN)_n]^{3-n}$ $(n=1\sim6)$ 溶液中滴加 NH_4F 溶液，红色逐渐褪去，最终溶液变为无色。以上过程说明发生了配位化合物取代反应。

$$[Fe(SCN)_n]^{3-n} + mF^- = [FeF_m]^{3-m} + nSCN^- \quad (m=1\sim6)$$

以上反应能够发生，说明 Fe^{3+} 与 F^- 生成的配位化合物稳定性远大于 Fe^{3+} 与 SCN^- 生成的配位化合物稳定性。

向蓝色的 $[Co(SCN)_4]^{2-}$ 溶液中加入 $FeCl_3$ 溶液后，溶液变为红色，说明 Fe^{3+} 与 SCN^- 生成的配位化合物稳定性远大于 Co^{2+} 与 SCN^- 生成的配位化合物稳定性。

4.6 沉淀溶解平衡

4.6.1 溶度积常数

难溶性物质通常是指在 100 g 水中溶解的质量少于 0.01 g 的物质。沉淀溶解平衡主要讨论的是难溶性强电解质的饱和溶液与其解离产生的离子间的平衡。例如，向 $AgNO_3$ 溶液中加入 NaCl 溶液会产生 AgCl 沉淀，难溶电解质 AgCl 与其离子间的平衡关系为：

$$AgCl \rightleftharpoons Ag^+ + Cl^- \qquad K = c(Ag^+)c(Cl^-)$$

溶解反应的平衡常数表达式是离子相对浓度（准确地说是相对活度）乘积的形式，故称为溶度积常数，用 $K_{sp}^{\ominus}$ 表示。对任意难溶性强电解质 A_aB_b，有

$$A_aB_b(s) \rightleftharpoons aA^{b+} + bB^{a-}$$

$$K_{sp}^{\ominus} = [c(A^{b+})]^a[c(B^{a-})]^b$$

沉淀溶解平衡是化学平衡的一种，故平衡常数的规则均适用于沉淀溶解平衡。溶解度是指物质饱和溶液的浓度，它和溶度积常数都可以用来表示难溶物的溶解性。因为表示的是同一种物质的同一性质，故两者之间有一定的关系，可以进行换算。

【例 4-9】 分别计算 AgCl、Ag_2CrO_4 在水溶液中溶解度。已知：$K_{sp}^{\ominus}(AgCl) = 1.8 \times 10^{-10}$，$K_{sp}^{\ominus}(Ag_2CrO_4) = 1.1 \times 10^{-12}$。

解：设 AgCl 在纯水中的溶解度为 s_1，则

$$AgCl \rightleftharpoons Ag + Cl^-$$

平衡浓度 $\qquad s_1 \quad s_1$

$$K_{sp}^{\ominus}(AgCl) = c(Ag^+)c(Cl^-) = (s_1)^2$$

$$s_1 = s(AgCl) = \sqrt{K_{sp}^{\ominus}(AgCl)} = \sqrt{1.8 \times 10^{-10}} = 1.3 \times 10^{-5}(mol \cdot dm^{-3})$$

设 Ag_2CrO_4 在纯水中的溶解度 s_2，有

$$Ag_2CrO_4 \rightleftharpoons 2Ag^+ + CrO_4^{2-}$$

平衡浓度 $\qquad 2s_2 \quad s_2$

$$K_{sp}^{\ominus}(Ag_2CrO_4) = [c(Ag^+)]^2 c(CrO_4^{2-}) = (2s_2)^2 \times s_2 = 4(s_2)^3$$

$$s_2 = \sqrt[3]{\frac{K_{sp}^{\ominus}(Ag_2CrO_4)}{4}} = \sqrt[3]{\frac{1.1 \times 10^{-12}}{4}} = 6.5 \times 10^{-5}(mol \cdot dm^{-3})$$

对于同类型难溶盐（正、负离子数比值相同），可以由 $K_{sp}^{\ominus}$ 大小直接比较溶解度大小，即 $K_{sp}^{\ominus}$ 值大的物质其溶解度也大，如 AgCl 与 $BaSO_4$。但对于不同类型难溶盐，不能由 $K_{sp}^{\ominus}$ 大小直接比较溶解度大小，而必须通过计算结果比较溶解度大小，如 AgCl 与 Ag_2CrO_4。

4.6.2 溶度积规则

可通过比较反应商 $Q^{\ominus}$ 和溶度积常数 $K_{sp}^{\ominus}$ 的大小判断难溶性强电解质在溶液中反应进行的方向。对于某溶液中的沉淀溶解平衡

$$A_aB_b(s) \rightleftharpoons aA^{b+} + bB^{a-}$$

某时刻沉淀溶解反应的反应商 $Q^{\ominus}$ 为

$$Q^{\ominus} = [c(A^{b+})]^a[c(B^{a-})]^b$$

当 $Q^{\ominus} > K_{sp}^{\ominus}$ 时，过饱和溶液，反应方向为沉淀从溶液中析出；

当 $Q^{\ominus} = K_{sp}^{\ominus}$ 时，饱和溶液，反应处于平衡状态；

当 $Q^{\ominus} < K_{sp}^{\ominus}$ 时，不饱和溶液，反应方向为沉淀物的溶解。

这就是溶度积规则，常用它来判断沉淀的生成和溶解。

【例 4-10】 在 0.50 $mol \cdot dm^{-3}$ $MgCl_2$ 溶液中，加入等体积 0.10 $mol \cdot dm^{-3}$ 氨水，此氨水中同时含有 0.020 $mol \cdot dm^{-3}$ 的 NH_4Cl，是否有 $Mg(OH)_2$ 沉淀？已知：$K_{sp}^{\ominus}[Mg(OH)_2] = 5.6 \times 10^{-12}$，$K_b^{\ominus}(NH_3 \cdot H_2O) = 1.8 \times 10^{-5}$。

解： 两种溶液等体积混合后各物质的浓度为

$c(Mg^{2+}) = 0.25\ mol \cdot dm^{-3}$，$c(NH_3) = 0.050\ mol \cdot dm^{-3}$，$c(NH_4Cl) = 0.010\ mol \cdot dm^{-3}$

在 $NH_3 \cdot H_2O$-NH_4^+ 混合溶液中

$$c(OH^-) = K_b^{\ominus}(NH_3 \cdot H_2O)\frac{c_{碱}}{c_{盐}} = 1.8 \times 10^{-5} \times \frac{0.050}{0.010} = 9.0 \times 10^{-5}(mol \cdot dm^{-3})$$

$$Q^{\ominus} = c(Mg^{2+})[c(OH^-)]^2 = 0.25 \times (9.0 \times 10^{-5})^2 = 2.0 \times 10^{-10}$$

由于 $Q^{\ominus} > K_{sp}^{\ominus}$，因此有 $Mg(OH)_2$ 沉淀生成。

影响沉淀溶解平衡的因素很多，其中同离子效应的影响十分明显，即向平衡体系中加入与体系具有相同离子的易溶强电解质，使平衡向生成沉淀的方向移动，难溶性强电解质的溶解度降低。盐效应对沉淀溶解平衡也有影响，但影响一般较小。

4.6.3 分步沉淀

当溶液中有几种离子都能与同一沉淀剂生成沉淀时，由于沉淀的溶解度不同，析出沉淀的先后顺序也不同。沉淀生成的先后顺序遵循 $Q^{\ominus} > K_{sp}^{\ominus}$ 的原则，$Q^{\ominus}$ 先达到溶度积的物质先沉淀，这就是分步沉淀。利用分步沉淀可对离子进行分离。一般认为，溶液中被沉淀离子的浓度低于 $10^{-5} mol \cdot dm^{-3}$ 时，该离子沉淀完全。

【例 4-11】 混合溶液中含有 $2.5 \times 10^{-2} mol \cdot dm^{-3}$ Pb^{2+} 和 $1.0 \times 10^{-2} mol \cdot dm^{-3}$ Fe^{3+}，若向其中逐滴加入浓 NaOH 溶液（忽略体积的变化），能否将 Pb^{2+} 和 Fe^{3+} 分离？若能分离，试求分离的 pH 范围。已知：$K_{sp}^{\ominus}[Pb(OH)_2] = 1.43 \times 10^{-15}$，$K_{sp}^{\ominus}[Fe(OH)_3] = 2.79 \times 10^{-39}$。

解： 首先确定 Pb^{2+} 和 Fe^{3+} 在逐渐加入 NaOH 溶液时产生沉淀的先后顺序。

Pb^{2+} 开始沉淀时

$$c(OH^-)=\sqrt{\frac{K_{sp}^{\ominus}[Pb(OH)_2]}{c(Pb^{2+})}}=\sqrt{\frac{1.43\times10^{-15}}{2.5\times10^{-2}}}=2.39\times10^{-7}(mol\cdot dm^{-3})$$

Fe^{3+} 开始沉淀时

$$c(OH^-)=\sqrt[3]{\frac{K_{sp}^{\ominus}[Fe(OH)_3]}{c(Fe^{3+})}}=\sqrt[3]{\frac{2.79\times10^{-39}}{1.0\times10^{-2}}}=6.53\times10^{-13}(mol\cdot dm^{-3})$$

所以，加入 NaOH 溶液时，Fe^{3+} 先沉淀，Pb^{2+} 后沉淀。

当 Fe^{3+} 沉淀完全时，$c(Fe^{3+})$ 为 $10^{-5}mol\cdot dm^{-3}$，则溶液中 $c(OH^-)$ 为

$$c(OH^-)=\sqrt[3]{\frac{K_{sp}^{\ominus}[Fe(OH)_3]}{c(Fe^{3+})}}=\sqrt[3]{\frac{2.79\times10^{-39}}{1.0^{-5}}}=6.53\times10^{-12}(mol\cdot dm^{-3})$$

而此时，对于 $Pb(OH)_2$ 的平衡

$$Q^{\ominus}=c(Pb^{2+})[c(OH^-)]^2=2.5\times10^{-2}\times(6.53\times10^{-12})^2=1.1\times10^{-24}$$

$Q^{\ominus}<K_{sp}^{\ominus}[Pb(OH)_2]$，则不生成 $Pb(OH)_2$ 沉淀。

即当 Fe^{3+} 沉淀完全时 Pb^{2+} 还未产生沉淀，可以用 NaOH 溶液分离 Fe^{3+} 和 Pb^{2+}。

Fe^{3+} 沉淀完全时　　$c(OH^-)=6.53\times10^{-12}$, pH=2.81

Pb^{2+} 开始沉淀时　　$c(OH^-)=2.39\times10^{-7}$, pH=7.38

所以，使题设条件下 Pb^{2+} 和 Fe^{3+} 分离的 pH 范围是 2.81～7.38。

4.6.4 沉淀的溶解和转化

根据溶度积规则，当溶液中 $Q^{\ominus}<K_{sp}^{\ominus}$ 时，沉淀将会溶解。故要使沉淀溶解，就要设法使溶液中的 $Q^{\ominus}<K_{sp}^{\ominus}$，一般采取的方法有：使相关离子被氧化或还原，使有关离子生成配位化合物，使有关离子生成弱电解质等。

ZnS 难溶于水，要使其溶解可以加入强酸，H^+ 和 S^{2-} 结合形成弱电解质 H_2S，S^{2-} 浓度降低使平衡向 ZnS 溶解的方向移动。AgCl 溶于氨水，就是利用 Ag^+ 能够与 NH_3 形成稳定的配位化合物而使反应向沉淀溶解的方向移动。

$$ZnS+2H^+ = Zn^{2+}+H_2S$$

$$AgCl+2NH_3 = [Ag(NH_3)_2]^+ + Cl^-$$

CuS 不溶于水也不溶于浓盐酸，但可溶于 HNO_3 中，就是利用 HNO_3 的氧化性将 S^{2-} 氧化使 CuS 溶解。

$$3CuS+2NO_3^-+8H^+ = 3Cu^{2+}+2NO+3S+4H_2O$$

由一种沉淀转化为另一种沉淀的过程称为沉淀的转化。例如，向白色的 AgCl 沉淀和其饱和溶液共存的试管中加入 NaI 溶液并搅拌，最终得到黄色的 AgI 沉淀。这就是沉淀的转化过程。通常情况下，由溶解度大的沉淀转化为溶解度小的沉淀较为容易；相反由溶解度较小的沉淀转化为溶解度较大的沉淀比较困难。也可以利用沉淀中的一种离子转化为弱电解质或发生氧化还原反应等来实现沉淀的转化。

$$AgCl+I^- \rightleftharpoons AgI+Cl^-$$

$$BaCO_3+H_2SO_4 = BaSO_4+CO_2+H_2O$$

$$PbS+4O_3 = PbSO_4+4O_2$$

【例 4-12】 用 KBr 溶液将 AgCl 沉淀转化为 AgBr。试求 KBr 的最低浓度。已知 AgCl 的 $K_{sp}^{\ominus}=1.8\times10^{-10}$，AgBr 的 $K_{sp}^{\ominus}=5.4\times10^{-13}$。

解： 转化反应 $$AgCl+Br^- \rightleftharpoons AgBr+Cl^-$$

$$K^{\ominus}=\frac{K_{sp}^{\ominus}(AgCl)}{K_{sp}^{\ominus}(AgBr)}=\frac{1.8\times10^{-10}}{5.4\times10^{-13}}=3.3\times10^{2}$$

即 $$K^{\ominus}=\frac{c(Cl^-)}{c(Br^-)}=3.3\times10^{2}$$

$$c(Br^-)=\frac{1}{K^{\ominus}}c(Cl^-)=\frac{1}{3.3\times10^{2}}c(Cl^-)=3.0\times10^{-3}c(Cl^-)$$

故溶液中 KBr 的最低浓度满足 $c(Br^-)\geqslant3.0\times10^{-3}c(Cl^-)$，可使 AgCl 沉淀转化为 AgBr。

习　题

1. 判断题（正确的打“√”，错误的打“×”）。

(1) 弱碱的碱性主要与它在水溶液中的解离常数大小有关。

(2) 对于难溶电解质，溶度积大的一定比溶度积小的溶解度要大。

(3) 按照酸碱质子理论，水（H_2O）是两性物质。

(4) 缓冲溶液的 pH 由共轭酸碱对双方浓度之和决定。

(5) NaAc 水溶液发生水解，溶液的 pH 小于 7。

(6) 在一定温度下向含有 $Mg(OH)_2$ 的饱和溶液中加水，则 $Mg(OH)_2$ 的溶度积常数不变。

(7) 向少量 $0.1\ mol\cdot dm^{-3}$ 氨水中加入一些 NH_4Cl 晶体，氨水的解离常数变大。

(8) AgCl 在纯水或者 $NaNO_3$ 溶液中的溶解度相同。

(9) 难溶电解质 A_3B 的溶解度 s 与溶度积常数 $K_{sp}^{\ominus}$ 的定量关系为 $K_{sp}^{\ominus}=27s^4$。

(10) 中心离子的配位数为四的配离子，其结构也可以是正方形。

2. 在 $2\ mol\cdot dm^{-3}$ HAc 中加入等体积水，则溶液 pH 值将（　　）。

(A) 减小　　(B) 增大　　(C) 不变　　(D) 不确定

3. 某指示剂为一弱酸，在 pH=6.5 的溶液中呈纯碱色，则该指示剂的 $pK(HIn)$ 约为（　　）。

(A) 7.5　　(B) 4.5　　(C) 5.5　　(D) 3.5

4. AgCl 在下列溶液中溶解度最大的是（　　）。

(A) $0.1\ mol\cdot dm^{-3}$ NaCl　　(B) $1\ mol\cdot dm^{-3}$ NaCl

(C) $4\ mol\cdot dm^{-3}$ $AgNO_3$　　(D) $1\ mol\cdot dm^{-3}$ HCl

5. 在 $2\ dm^3$ $Ca(OH)_2$ 的饱和溶液中，加入少量的 $CaCl_2$ 固体，会使溶液的 pH（　　）。

(A) 增大　　(B) 减小　　(C) 不变　　(D) 不确定

6. 已知 CaF_2 的溶度积常数为 3.2×10^{-11}，则 CaF_2 在水中的溶解度为（　　）。

(A) 2.0×10^{-4}　　(B) 3.0×10^{-5}　　(C) 2.5×10^{-5}　　(D) 2.0×10^{-5}

7. 按照酸碱质子理论，$HC_2O_4^-$ 的共轭碱为（　　）。

(A) $H_2C_2O_4$　　(B) $C_2O_4^{2-}$　　(C) CO_3^{2-}　　(D) H^+

8. 下列溶液中，可以作为缓冲溶液的是（　　）。

（A）Na_2CO_3　　（B）$NaHSO_4$　　（C）NaH_2PO_4　　（D）NaCl

9. 关于 MgF_2 在 0.3 $mol \cdot dm^{-3}$ 的 NaCl 溶液中的溶解度，下列判断正确的是（　　）。

（A）比在水中的小　　（B）比在水中的大

（C）与在水中的相同　　（D）以上判断都不正确

10. 某一弱酸及其盐 HA-NaA 组成的缓冲溶液中，若 $c(HA) < c(A^-)$，则该缓冲溶液抵抗酸或碱的能力为（　　）。

（A）抗酸能力大于抗碱能力　　（B）抗酸碱能力相同

（C）抗酸能力小于抗碱能力　　（D）无法判断

11. 在 $[Co(NH_3)_6]^{3+}$ 离子中，中心离子的氧化数和配位数分别是（　　）。

（A）+3，4　　（B）+2，6　　（C）+3，1　　（D）+3，6

12. 下列离子中，磁矩约等于 0 的是（　　）。

（A）$[FeF_6]^{3-}$　　（B）$[CuCl_4]^{2-}$　　（C）$[Co(NH_3)_6]^{2+}$　　（D）$[Ni(CN)_4]^{2-}$

13. 计算下列溶液的 pH。

（1）0.1 $mol \cdot dm^{-3}$ $KHSO_4$ 溶液，已知 $K_{a2}^{\ominus}(H_2SO_4)=1.0\times10^{-2}$；

（2）将 pH=5.00 和 pH=8.20 的两种强电解质溶液等体积混合。

14. 计算下列混合溶液的 pH。

（1）30 cm^3 0.25 $mol \cdot dm^{-3}$ 的 HNO_2 溶液和 20 cm^3 0.50 $mol \cdot dm^{-3}$ 的 HAc 溶液混合；

（2）0.20 $mol \cdot dm^{-3}$ H_2SO_4 溶液与等体积 0.40 $mol \cdot dm^{-3}$ Na_2SO_4 溶液混合；

（3）0.20 $mol \cdot dm^{-3}$ HAc 溶液与等体积 0.20 $mol \cdot dm^{-3}$ NaOH 溶液混合。

已知：$K_a^{\ominus}(HAc)=1.8\times10^{-5}$，$K_a^{\ominus}(HNO_2)=7.2\times10^{-4}$，$K_{a2}^{\ominus}(H_2SO_4)=1.0\times10^{-2}$。

15. 已知有 NaOH、HCl、HAc、NaAc 四种浓度相同的溶液，现欲选用其中任意两个溶液配制 pH 值为 5.06 的缓冲溶液，试分析可有几种配法。已知 $K_a^{\ominus}(HAc)=1.75\times10^{-5}$。

16. 试指出溶液中的下列物质哪些属于质子酸、哪些属于质子碱、哪些既是质子酸又是质子碱。请写出各自的共轭酸碱形式。

$HOCN, HClO_3, ClNH_2, OBr^-, CH_3NH_3^+, HSO_4^-, HONH_2, H_2PO_4^-$

17. 已知室温下各盐的溶解度，求各盐的溶度积常数 $K_{sp}^{\ominus}$。

（1）AgCl：1.92×10^{-3} $g \cdot dm^{-3}$　　（2）$Mg(NH_4)PO_4$：6.3×10^{-5} $mol \cdot dm^{-3}$

18. 若使用 Na_2S 溶液来处理 AgI 沉淀使之转化为 Ag_2S 沉淀，计算该反应的平衡常数为多少？欲使用 1.0 dm^3 的 Na_2S 溶液将 0.010 mol AgI 完全转化为 Ag_2S，则 Na_2S 溶液的起始浓度为多少？［忽略 Na_2S 的水解，$K_{sp}^{\ominus}(AgI)=8.3\times10^{-17}$，$K_{sp}^{\ominus}(Ag_2S)=6.3\times10^{-50}$］。

第 5 章 原子结构与元素周期律

19 世纪末到 20 世纪初，科学发展史上的一系列重大成就，为原子结构理论的确立奠定了基础。1879 年，英国人克鲁克斯（Crookes）发现阴极射线；1896 年，法国人贝克勒尔（Becquerel，与居里夫妇共享 1903 年诺贝尔物理学奖）发现铀的放射性；1897 年，英国人汤姆孙（Thomson，1906 年获诺贝尔物理学奖）测得电子的荷质比，发现电子；1898 年，波兰人居里夫人（Marie Curie，1903 年共享诺贝尔物理学奖，1911 年获诺贝尔化学奖）发现钋和镭的放射性；1900 年，德国人普朗克（Planck，1918 年获诺贝尔物理学奖）提出量子论；1904 年，英国人汤姆孙提出正电荷均匀分布的原子模型；1905 年，美籍德裔犹太人爱因斯坦（Einstein，1921 年获诺贝尔物理学奖）提出光子论，解释光电效应；1909 年，美国人密立根（Millikan，1923 年获诺贝尔物理学奖）用油滴实验测定了电子的荷电量；1911 年，英籍新西兰人卢瑟福（Rutherford，1908 年获诺贝尔化学奖）进行 α 粒子散射实验，提出原子的有核模型；1913 年，丹麦人玻尔（Bohr，1922 年获诺贝尔物理学奖）解释了氢原子光谱，提出了原子轨道的概念。

5.1 微观粒子运动的特点

5.1.1 波粒二象性

到 20 世纪初，光既具有波动性又具有粒子性的性质得到人们的普遍承认。光子所具有的能量 E 与频率 ν 的关系为

$$E=h\nu$$

式中，h 为普朗克常量。

由爱因斯坦质能方程，光子的能量 E 与质量 m 和速度 c 的关系为

$$E=mc^2$$

将两个表示光子能量的公式联立，用 p 表示光子的动量 mc，λ 为光波的波长。得

$$p=h\frac{\nu}{c}=\frac{h}{\lambda}$$

根据光的波粒二象性，法国物理学家德布罗意（de Broglie，1929 年获诺贝尔物理学奖）于 1924 年预言，微观粒子也具有波粒二象性，微观粒子运动的波长为

$$\lambda=\frac{h}{p}=\frac{h}{mv}$$

式中，v 为微观粒子运动的速度。

1927 年，美国人戴维孙（Davisson）和革末（Germer）、英国人小汤姆孙（Thomson）分别通过电子衍射实验证实了德布罗意的预言（戴维孙和小汤姆孙共享了 1937 年诺贝尔物理学奖）。微观粒子的这种性质决定了描述其运动状态不能用经典的牛顿力学，而要用量子力学。

5.1.2 不确定性原理

1927 年，德国人海森堡（Heisenberg，1932 年获诺贝尔物理学奖）指出：由于微观粒子具有波粒二象性，不可能同时测准其空间位置和动量。微观粒子位置的测量偏差（测不准量）为Δx，动量的测量偏差为Δp，则不确定性原理可以表示为

$$\Delta x \cdot \Delta p \geqslant \frac{h}{4\pi}$$

或

$$\Delta x \cdot \Delta v \geqslant \frac{h}{4\pi m}$$

不确定性原理（亦称测不准原理）表明，微观粒子的位置和动量中若有一个量的测量偏差很小，则另一个量的测量偏差必然很大。

5.1.3 微观粒子的运动符合统计性规律

对于微观粒子而言，不可能同时测准其空间位置和动量。因此，不能用研究宏观物体运动的方法去研究微观粒子的运动。

电子衍射实验证明，若电子逐个地射向荧光屏，电子击中荧光屏的位置是无规律的，更难以预测电子打在荧光屏的位置，这是由电子的粒子性特点决定的，如图 5-1(a) 所示。随着打在荧光屏的电子的增多，其分布的规律性就会表现出来，荧光屏上逐渐显示出明暗相间的环纹，体现了电子的波动性特征，图 5-1(b) 所示。

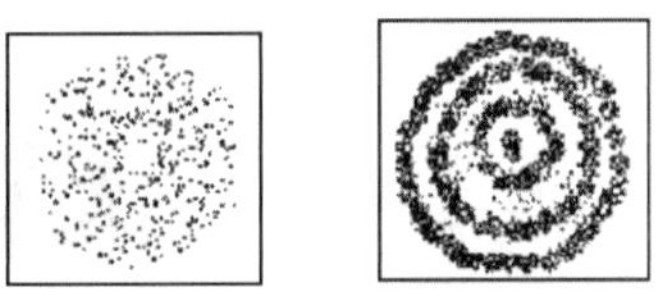

(a) (b)

图 5-1 电子衍射实验示意图

电子的波动性是其粒子性统计的结果，单个微观粒子运动是无规律的，但统计的结果是有规律的，可以用统计规律研究微观粒子的运动。

5.2 核外电子运动的描述

5.2.1 薛定谔方程

1926 年，奥地利物理学家薛定谔（Schrödinger，与狄拉克共享 1933 年诺贝尔物理学奖）建立了描述微观粒子运动的波动方程，这是一个二阶偏微分方程

$$\frac{\partial^2 \Psi}{\partial x^2}+\frac{\partial^2 \Psi}{\partial y^2}+\frac{\partial^2 \Psi}{\partial z^2}+\frac{8\pi^2 m}{h^2}(E-V)\psi=0$$

式中，波函数 Ψ 是 x、y、z 的函数；E 为电子的总能量；V 为电子的势能；m 为电子

的质量；h 是普朗克常量；π 为圆周率。

为了解薛定谔方程，人们对方程进行坐标变换和变量分离，将三个变量的偏微分方程分解成三个各有一个变量的常微分方程 $\Psi(r,\theta,\phi)=R(r)\Theta(\theta)\Phi(\phi)$，其中 $R(r)$ 只和电子与核间的距离 r 有关，称为波函数的径向部分，$Y(\theta,\varphi)=\Theta(\theta)\Phi(\phi)$ 称为波函数的角度部分。

为使方程有合理的解，在解方程求 $\Phi(\phi)$ 时引入参数 m；在解方程求 $\Theta(\theta)$ 时引入参数 l；在解方程求 R（r）时引入参数 n。取特殊值的参数 n、l、m 就是后面要介绍的量子数。

薛定谔方程的解是一系列三变量、三参数的函数，通式为

$$\Psi_{n,l,m}(r,\theta,\phi)=R(r)\Theta(\theta)\Phi(\varphi)$$

对应每个波函数 $\Psi_{n,l,m}(r,\theta,\varphi)$，都有特定的能量 E。下面是波函数 Ψ 的三个例子。

$$\Psi_{1,0,0}=\frac{1}{\sqrt{\pi}}\left(\frac{Z}{a_0}\right)^{\frac{3}{2}}e^{-\frac{Zr}{a_0}}$$

$$\Psi_{2,1,0}=\frac{1}{4\sqrt{2\pi}}\left(\frac{Z}{a_0}\right)^{\frac{5}{2}}re^{-\frac{Zr}{2a_0}}\cos\theta$$

$$\Psi_{3,2,2}=\frac{1}{81\sqrt{2\pi}}\left(\frac{Z}{a_0}\right)^{\frac{3}{2}}\left(\frac{Zr}{a_0}\right)^{2}re^{-\frac{Zr}{3a_0}}\sin^2\theta\cos2\phi$$

解薛定谔方程，每个合理的解 Ψ 表示电子的一种运动状态，称之为原子轨道。与玻尔轨道的意义不同，波函数 Ψ 表示轨道函数，是电子在核外运动的空间区域，而不是轨迹。与每个解相对应的常数 E 就是电子在该状态下的能量，也是电子所在轨道的能量。

5.2.2　四个量子数

参数 n、l、m 只能按规定取某些特定的值，故称为量子数。

1. 主量子数 n

主量子数 n 取值为正整数 1、2、3、4…，光谱学上依次用符号 K、L、M、N、…表示。

（1）n 的大小表示原子中电子所在的层数，即电子（所在的轨道）离核的远近。$n=1$，表示第一层（K 层），$n=2$，表示第二层（L 层）。n 越大，电子离核的平均距离越远。

（2）n 的大小还表示电子和原子轨道能量的高低，n 越大，离核越远，电子和轨道的能量越高。对于氢原子和类氢离子等单电子体系，电子或轨道的能量只和主量子数 n 有关：

$$E=-13.6\times\frac{Z^2}{n^2}(\text{eV})$$

能量单位为 eV（电子伏特），$1\text{eV}=1.602\times10^{-19}$ J。当 $n\to\infty$ 时，电子的能量最高（$E=0$），为自由电子。

2. 角量子数 l

角量子数 l 取值为 0、1、2、3、…、$(n-1)$，对应的光谱学符号为 s、p、d、f、g、…。l 取值受 n 取值的限制，对于确定的主量子数 n，l 有 n 个取值。

（1）l 决定原子轨道的形状。s 轨道为球形，p 轨道为哑铃形，d 轨道为花瓣形（图 5-2）。

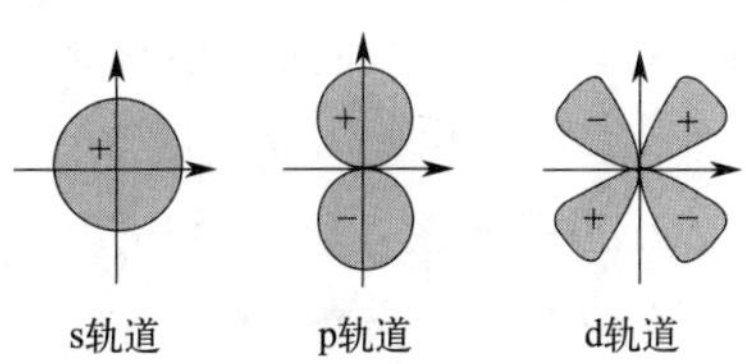

图 5-2　几种原子轨道的形状

(2) l 取值决定同一电子层中亚层（或分层）的数目。如 $n=1$ 时，则 $l=0$，只有 s 轨道一个亚层；$n=2$ 时，则 $l=0$、1，有 s 轨道和 p 轨道两个亚层；$n=3$ 时，则 $l=0$、1、2，有 s 轨道、p 轨道和 d 轨道三个亚层。

(3) 对多电子原子而言，核外电子的能量不只取决于主量子数 n，还与角量子数 l 相关。n 相同而 l 不同的各亚层的能量不同，l 越大的亚层能量越高，如

$$E_{4s}<E_{4p}<E_{4d}<E_{4f}$$

3. 磁量子数 m

磁量子数 m 取值为 0、±1、±2、±3、$\cdots\pm l$。m 的取值由 l 决定，对于给定的 l 值，则 m 的取值共有 $(2l+1)$ 个。

磁量子数 m 表示原子轨道在空间的伸展方向。$l=1$ 时，$m=0$、±1，即 l 有 3 个值，表示 p 轨道有 3 种不同的伸展方向。依此类推，s 轨道有 1 种伸展方向；p 轨道有 3 种伸展方向，d 轨道有 5 种伸展方向；f 轨道有 7 种伸展方向。

l 取值相同时，虽然轨道有不同的伸展方向，但能量完全相同。这些能量相同的轨道称简并轨道。p 轨道为三重简并，d 轨道为五重简并，f 轨道为七重简并。

由以上讨论可知，描述原子轨道需要三个量子数：n，l，m。三个量子数确定了原子轨道离核的远近、形状和伸展方向。因而原子轨道也可以理解为由 n、l、m 一组数值确定的波函数。

4. 自旋量子数 m_s

人们根据氢原子光谱的精细结构，提出了电子自旋的假设，引入自旋量子数 m_s。即 m_s 决定电子在空间的自旋方向，其值可取 $+\frac{1}{2}$ 或 $-\frac{1}{2}$，通常用正反箭头 ↑ 与 ↓ 来表示。

可见，描述核外电子的运动状态需要四个量子数，n、l、m 三个量子数确定了电子所在原子轨道离核的远近、形状和伸展方向，另一个量子数 m_s 确定了电子的自旋方向。

5.2.3 核外电子运动状态的描述

1. 概率和概率密度的概念

概率是指电子在核外某一区域出现的次数的多少。概率与电子出现区域的体积有关，也与所在区域单位体积内出现的次数有关。概率密度是指电子在单位体积内出现的概率。量子力学计算证明，概率密度与 $|\Psi|^2$ 成正比，可以用 $|\Psi|^2$ 表示电子在核外某点的概率密度。

概率 ω 与概率密度 $|\Psi|^2$ 和体积 V 之间的关系为

$$\omega=|\Psi|^2\times V$$

当某空间区域中概率密度一致时，可以用上式乘积求得概率。从 $|\Psi|^2\sim r$ 变化图可知（图 5-3），在某空间区域中概率密度经常是不一致的，此时概率是不能用简单的乘法求算的，需要使用积分运算。

2. 电子云图

在以原子核为原点的空间坐标系中，用黑点密度表示电子出现的概率密度，所得图像称为电子云图，如图 5-4 所示。

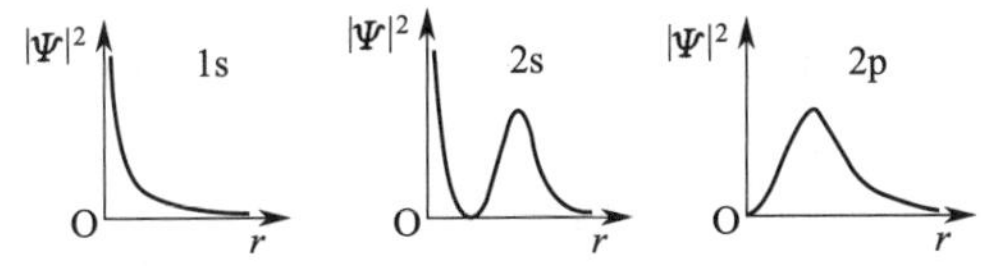

图 5-3　概率密度 $|\Psi|^2$ 随 r 变化示意图

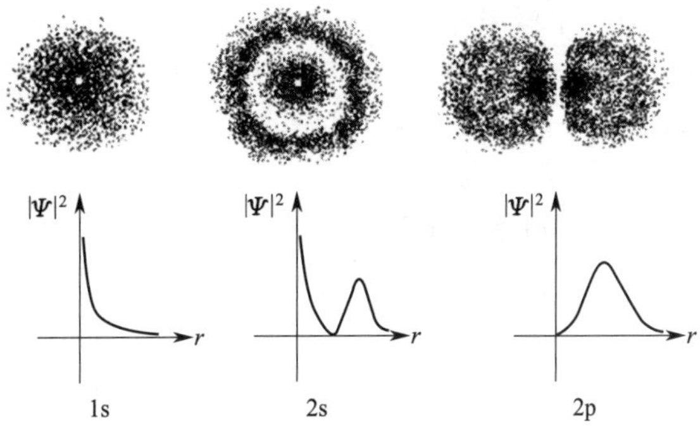

图 5-4　电子云图与概率密度分布对比

电子云图中，黑点密集的区域概率密度大，黑点稀疏的区域概率密度小。电子云图与概率密度 $|\Psi|^2$ 随 r 变化的趋势是一致的。因此，电子云图是核外电子出现的概率密度的形象化描述，也可以说是 $|\Psi|^2$ 的图像。

3. 径向分布和角度分布

在二维直角坐标系中，可以画出单变量的函数的图像，得到的是曲线；在三维直角坐标系中，可以画出两个变量的函数的图像，得到的是曲面。

在三维直角坐标系中，不能画出含有三个变量的波函数 $\Psi(x,y,z)$ 的图像。在球坐标系中，波函数表示为 $\Psi(r,\theta,\phi)=R(r)Y(\theta,\phi)$，也不能在三维空间画出其图像。因此，波函数的变化只能从径向部分 $R(r)$ 和角度部分 $Y(\theta,\phi)$ 分别加以讨论，从不同侧面画出其图像，以理解 $\Psi(r,\theta,\phi)$ 随 r 和 θ、ϕ 的变化。

（1）径向概率分布图

图 5-4 中 $|\Psi|^2$-r 的变化趋势，可用径向概率密度 $|R|^2$ 代替 $|\Psi|^2$，1s 电子的概率密度 $|R|^2$ 随 r 增大而减小。若考虑电子在单位厚度的薄层球壳内的概率随 r 的变化情况，可以找出与核的距离为 r 处的薄层球壳厚度为 Δr 时的概率（图 5-5）。

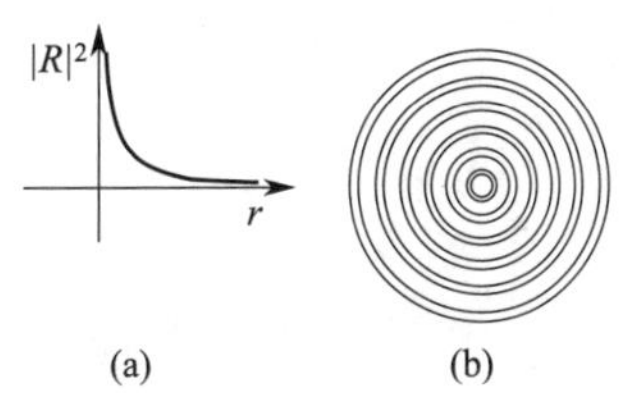

图 5-5　1s 电子的径向概率密度图（a）和半径不等的单位厚度的球壳（b）

电子在距离核 r 处的单位球壳厚度内出现的概率 $D(r)$ 为

$$D(r)=4\pi r^2|R|^2$$

作 $D(r)\sim r$ 图，可得各种状态的电子径向概率分布图（图 5-6，图中 a_0 为 H 的玻尔半径）。

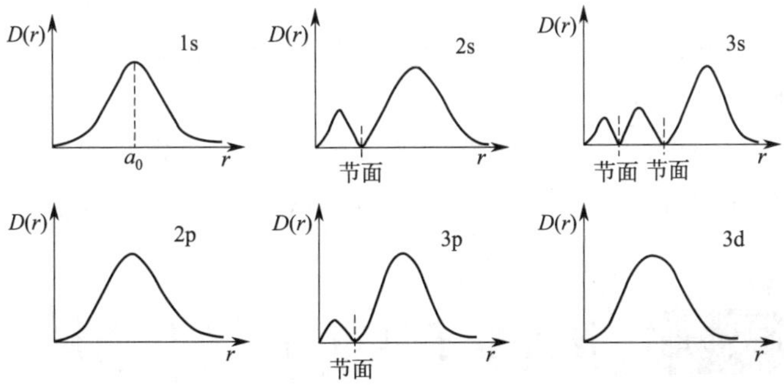

图 5-6　几种电子的径向概率分布图

由径向概率分布图可知，1s 有 1 个概率峰，2s 有 2 个概率峰，…，ns 有 n 个概率峰；

2p 有 1 个概率峰，3p 有 2 个概率峰，…，np 有（$n-1$）个概率峰；3d 有 1 个概率峰，4d 有 2 个概率峰，…，nd 有（$n-2$）个概率峰。依此类推，电子运动状态的概率峰个数为：$N_{峰}=n-l$。两个峰之间有一个概率密度为 0 的节面，则电子每种运动状态的节面数为 $N_{节面}=n-l-1$。

（2）角度分布图

角度分布包括原子轨道的角度分布和电子云的角度分布。$2p_z$ 轨道的波函数为

$$\Psi_{2,1,0}=\frac{1}{4\sqrt{2\pi}}\left(\frac{Z}{a_0}\right)^{\frac{5}{2}}re^{-\frac{Zr}{2a_0}}\cos\theta$$

$2p_z$ 轨道的角度部分为：$Y(\theta,\phi)=\cos\theta$；电子云（概率密度）的角度部分为：$|Y(\theta,\phi)|^2=\cos^2\theta$。

将不同 θ 取值代入上面二式得到对应的 $Y(\theta,\phi)$ 和 $|Y(\theta,\phi)|^2$ 值。做 $Y(\theta,\phi)\sim\theta$ 图得到波函数（原子轨道）的角度分布图，作 $|Y(\theta,\phi)|^2$-θ 图得到概率密度（电子云）的角度分布图。同样的方法，可以得到各种原子轨道的角度分布图（图 5-7）和电子云的角度分布图（图 5-8）。

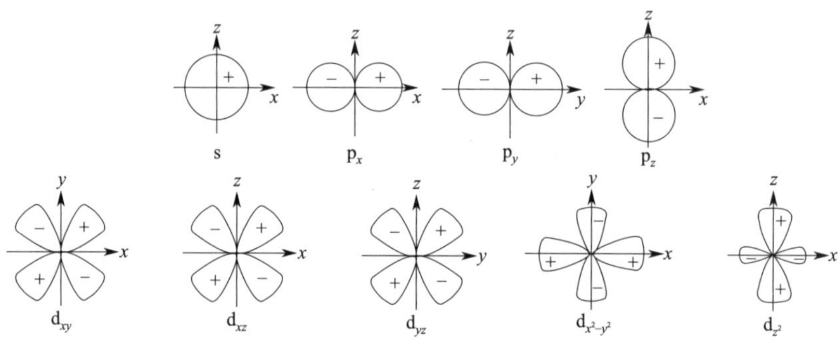

图 5-7　部分原子轨道的角度分布图

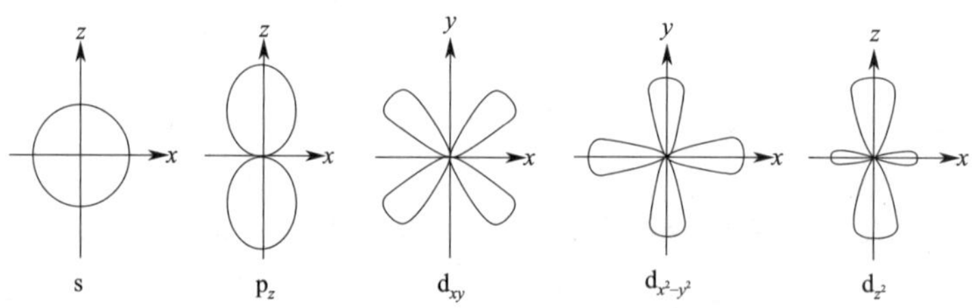

图 5-8　部分电子云的角度分布图

原子轨道的角度分布图的各波瓣有“＋”、“－”之分，而电子云的角度分布图各波瓣无“＋”、“－”之分；电子云的角度分布图的各个波瓣比对应的原子轨道的角度分布图的各个波瓣都“瘦”了一些。

原子轨道的角度分布图的各个波瓣的“＋”、“－”是计算的结果，不是指电性的正或负，与原子轨道的对称性有关，在讨论原子轨道的成键作用时有重要作用。

5.3 核外电子排布和元素周期律

对于单电子体系，电子或轨道的能量只和主量子数 n 有关；n 相同的轨道能量相同，n

越大，能量越高。在多电子体系中，电子不仅受到原子核的引力，还受到其他电子的斥力，轨道的能量不只与主量子数 n 有关。

5.3.1 多电子原子轨道的能级

1. 影响轨道能量的因素

（1）屏蔽效应

对于多电子原子，可以将原子核和所讨论电子以外的其他电子看作一个整体，研究这个整体与被讨论电子间的引力，即其他电子抵消了部分正电荷后的原子核与被讨论电子之间的引力。被抵消了部分正电荷后的有效核电荷 Z^* 与核电荷 Z 的关系为

$$Z^* = Z - \sigma$$

式中，σ 为屏蔽常数，其大小与量子数 n 和 l 有关。

多电子体系轨道或电子的能量为

$$\begin{aligned} E &= -13.6 \times \frac{(Z^*)^2}{n^2} (\text{eV}) \\ &= -13.6 \times \frac{(Z-\sigma)^2}{n^2} (\text{eV}) \end{aligned}$$

多电子体系中，内层电子抵消或中和了部分正电荷，使被讨论的电子受核的引力下降引起能量升高，这种现象称为其他电子对被讨论电子的屏蔽效应。由于多电子体系中屏蔽效应的存在，主量子数 n 相同但角量子数 l 不同的原子轨道能量不再简并，l 越大，轨道受到的屏蔽效应越大，能量越高。

$$E_{ns} < E_{np} < E_{nd} < E_{nf}$$

n 相同、l 不同的原子轨道能量不相同，称为能级分裂。

（2）钻穿效应

n 相同而 l 不同的原子轨道发生能级分裂，也可归因于电子云径向分布不同，即电子穿过内层而钻穿到核附近回避其他电子屏蔽的能力不同，从而使其能量不同。

从图 5-6 的径向概率分布图可知，3s 有 2 个概率峰钻穿到核附近，3p 有 1 个概率峰钻穿到核附近，而 3d 没有概率峰钻穿到核附近。即各轨道的钻穿能力为 ns>np>nd>nf，因此轨道的能量顺序为 $E_{ns} < E_{np} < E_{nd} < E_{nf}$。

电子穿过内层轨道钻穿到核附近而使其能量降低的现象，称为钻穿效应。钻穿效应能够解释能级分裂现象，也能够解释能级交错现象。

在多电子原子中，当主量子数 n 和角量子数 l 均不同时，有时主量子数 n 大的轨道的能量反而比主量子数 n 小的轨道的能量低，称为能级交错，如 4s 轨道能量低于 3d 轨道。4s 轨道在内层有 3 个概率峰，而 3d 轨道在内层没有概率峰（图 5-9）。即 4s 轨道的钻穿效应较强，而 3d 轨道受到的屏蔽效应较大，故 4s 轨道的能量低于 3d 轨道。

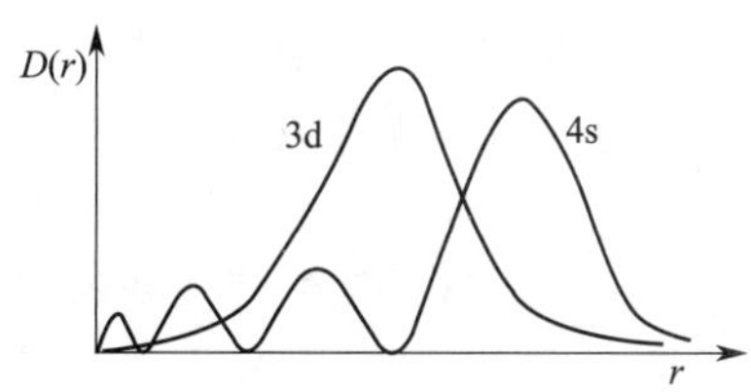

图 5-9　3d 轨道和 4s 轨道的径向概率分布图

2. 多电子原子轨道的能级

美国化学家鲍林（Pauling）根据光谱数据和理论计算结果，提出了多电子原子的原子轨道近似能级图。鲍林将原子轨道分成 7 个能级组，其中第一能级组只有 1s 轨道，其余能级组均从 ns 开始到 np 结束，能级组内能级的能量由低到高的顺序为：ns、$(n-2)$f、$(n-1)$d、np，如图 5-10 和表 5-1 所示。

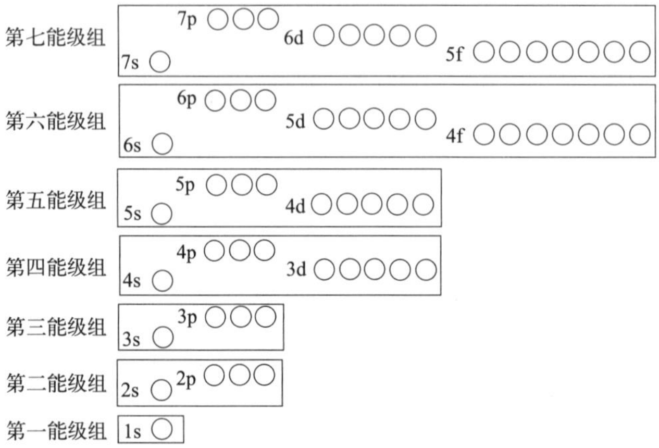

图 5-10 鲍林原子轨道近似能级图

表 5-1 能级组的划分

能级组	一	二	三	四	五	六	七
轨道	1s	2s 2p	3s 3p	4s 3d 4p	5s 4d 5p	6s 4f 5d 6p	7s 5f 6d 7p
轨道数	1	4	4	9	9	16	16
最多容纳电子数	2	8	8	18	18	32	32

鲍林原子轨道近似能级图的能量高低是空轨道时的能量，适用于轨道中的电子填充。但不能解释元素失去电子的顺序（失去电子时，总是优先失去量子数大的轨道的电子）。

5.3.2 核外电子排布

1. 核外电子排布的原则

（1）能量最低原理。在基态时，多电子原子的电子尽可能排布到能量低的轨道，即按照轨道能量由低到高的顺序排布电子。

（2）泡利不相容原理。泡利（Pauli，澳裔美国人，获 1945 年诺贝尔物理学奖）指出，在同一个原子中没有四个量子数完全相同的电子，即在同一个原子中没有运动状态完全相同的电子。一个原子轨道最多只能容纳 2 个自旋相反的电子。

（3）洪德规则。德国物理学家洪德（Hund）指出，电子排布到简并轨道（能量相同的原子轨道）时，优先以自旋方向相同的方式分别占据不同的轨道。这种排布体系总能量最低，最稳定。作为洪德规则的特例，能量简并的等价轨道全空、半充满和全充满的状态是比较稳定的，尤其是简并度高的轨道。例如，d 轨道全空、半充满、全充满是较稳定的状态：

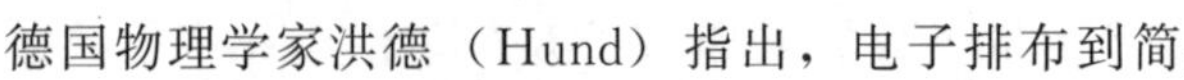

2. 核外电子排布

按核外电子的排布原则和鲍林原子轨道近似能级图，可以写出多数原子的电子排布式（也称电子结构式），只有少部分元素最高能级组电子排布反常。

为了简化原子的电子结构式，通常把内层电子已达到稀有气体排布的部分写成稀有气体的元素符号外加方括号的形式表示，这部分称为“原子实”。例如，铝的电子排布式可简化为

$$\mathrm{Al}\quad [\mathrm{Ne}]3s^2 3p^1$$

进一步简化写则成“Al　$3s^2 3p^1$”，这样书写的电子排布式常称之为“价电子构型”。

部分元素在原子轨道中排布电子时，满足能量最低原理和泡利不相容原理的基础上，要按洪德规则的原则排布，即电子在能量简并的轨道中尽量以相同自旋方式成单排布并占有更多的轨道。如 C、N、O 的电子在 2p 轨道排布方式分别为

C的2p轨道电子　　N的2p轨道电子　　O的2p轨道电子

此外，Cr($3d^5 4s^1$) 和 Mo($4d^5 5s^1$) 电子在 ($n-1$) d 轨道以半充满方式排布，Cu($3d^{10} 4s^1$)、Ag($4d^{10} 5s^1$) 和 Au($5d^{10} 6s^1$) 在 ($n-1$)d 轨道则以全充满方式排布，与洪德规则一致。

电子在轨道中非正常排布的元素，其特点是将正常应排布在 ns 轨道或 ($n-2$)f 轨道的 1 或 2 个电子排布到 ($n-1$) d 轨道上。例如，第四周期的 Cr($3d^5 4s^1$) 和 Cu($3d^{10} 4s^1$)；第五周期的 Nb($4d^4 5s^1$)，Mo($4d^5 5s^1$)，Ru($4d^7 5s^1$)，Rh($4d^8 5s^1$)，Pd($4d^{10} 5s^0$)，Ag($4d^{10} 5s^1$)；第六周期的 La($4f^0 5d^1 6s^2$)，Ce($4f^1 5d^1 6s^2$)，Gd($4f^7 5d^1 6s^2$)，Pt($5d^9 6s^1$)，Au($5d^{10} 6s^1$) 等。

电子排布过程是按鲍林能级图自能量低向能量高的轨道依次进行的，但书写电子排布式时，要把同一主层（n 相同）的轨道写在一起。例如，Fe 排布电子顺序是[Ar]$4s^2 3d^6$，但书写电子排布是[Ar]$3d^6 4s^2$。

各元素的电子排布情况，见本书后的附录 3。

5.3.3　元素周期表

1869 年，俄罗斯化学家门捷列夫（Mendeleev）根据元素的性质数据总结出元素周期表（短式周期表）。此后人们又提出多种不同形式的元素周期表，但目前最通用的是由瑞士化学家维尔纳（Werner，获 1913 年诺贝尔化学奖）倡导的长式周期表（表 5-2）。

表 5-2　元素周期表

	ⅠA																	0
1	H	ⅡA											ⅢA	ⅣA	ⅤA	ⅥA	ⅦA	He
2	Li	Be											B	C	N	O	F	Ne
3	Na	Mg	ⅢB	ⅣB	ⅤB	ⅥB	ⅦB	Ⅷ			ⅠB	ⅡB	Al	Si	P	S	Cl	Ar
4	K	Ca	Sc	Ti	V	Cr	Mn	Fe	Co	Ni	Cu	Zn	Ga	Ge	As	Se	Br	Kr
5	Rb	Sr	Y	Zr	Nb	Mo	Tc	Ru	Rh	Pd	Ag	Cd	In	Sn	Sb	Te	I	Xe
6	Cs	Ba	La	Hf	Ta	W	Re	Os	Ir	Pt	Au	Hg	Tl	Pb	Bi	Po	At	Rn
7	Fr	Ra	Ac	Rf	Db	Sg	Bh	Hs	Mt	Ds	Rg	Cn	Nh	Fl	Mc	Lv	Ts	Og

La	Ce	Pr	Nd	Pm	Sm	Eu	Gd	Tb	Dy	Ho	Er	Tm	Yb	Lu
Ac	Th	Pa	U	Np	Pu	Am	Cm	Bk	Cf	Es	Fm	Md	No	Lr

1. 元素的周期

元素周期表中周期的划分的本质原因是能级组的划分，每个能级组对应一个周期。到目

前为止，周期表中的元素已排满第七周期。

周期表的七个周期中，第一周期为特短周期，只有 2 种元素；对应第一能级组只有一个轨道 1s，最多只能容纳 2 个电子。第二周期和第三周期为短周期，各有 8 种元素；对应第二、三能级组各有 ns 和 np 两个能级，各有 4 个轨道最多能容纳 8 个电子。第四周期和第五周期为长周期，各有 18 种元素；对应第四、五能级组各有 ns、(n－1)d 和 np 三个能级，各有 9 个轨道最多能容纳 18 个电子。第六周期和第七周期为超长周期，各有 32 种元素；对应第六、七能级组各有 ns、(n－2)f、(n－1)d 和 np 四个能级，各有 16 个轨道最多能容纳 32 个电子。

2. 元素的族

长式周期表中的元素，从左到右一共有 18 列。其中 7 列主族（A 族）和 7 列副族（B 族），1 列零族（亦可称ⅧA 族，稀有气体），3 列Ⅷ族（亦可称ⅧB 族）。主族和零族元素，最后一个电子填入 ns 或 np 轨道，其族数等于价电子总数。副族元素最后一个电子一般填入（n－1)d 轨道；对于ⅢB～ⅦB 族元素来说，原子核外价电子数即为其族数；而ⅠB 和ⅡB 族元素的族数和最外层 ns 轨道电子数相同，即价电子数与其族数不完全相应。副族元素也称过渡元素（有时过渡元素不包括ⅠB 和ⅡB 族元素）。镧系和锕系元素称为内过渡元素，最后一个电子一般填入（n－2)f 轨道，也可看成ⅢB 族。Ⅷ族也可称ⅧB 族，元素的价电子数为 8、9、10。

3. 元素的区

根据元素在周期表中的位置和原子核外电子排布的特点，人们将周期表中的元素分为五个区（表 5-3）：s 区元素，ⅠA 和ⅡA 族，电子构型为 $ns^{1\sim2}$；p 区元素，ⅢA～ⅦA 族和零族，电子构型为 $ns^2np^{1\sim6}$（He 例外，$1s^2$）；d 区元素，ⅢB～ⅦB 族和Ⅷ族，电子构型为 $(n-1)\ d^{1\sim9}ns^{1\sim2}$（Pd 例外，$4d^{10}5s^0$）；ds 区元素，ⅠB 和ⅡB 族，电子构型为 $(n-1)\ d^{10}ns^{1\sim2}$；f 区元素，镧系和锕系，电子构型为 $(n-2)\ f^{0\sim14}\ (n-1)\ d^{0\sim2}ns^2$。

人们通常将第四、五、六周期的过渡元素分别称为第一、第二、第三过渡系列元素。

第一过渡系列元素：Sc，Ti，V，Cr，Mn，Fe，Co，Ni，Cu，Zn；

第二过渡系列元素：Y，Zr，Nb，Mo，Tc，Ru，Rh，Pd，Ag，Cd；

第三过渡系列元素：La，Hf，Ta，W，Re，Os，Ir，Pt，Au，Hg。

表 5-3 元素周期表中元素的分区

<table>
<tr><td></td><td>ⅠA</td><td>ⅡA</td><td>ⅢB</td><td>ⅣB</td><td>ⅤB</td><td>ⅥB</td><td>ⅦB</td><td>ⅧB</td><td>ⅠB</td><td>ⅡB</td><td>ⅢA</td><td>ⅣA</td><td>ⅤA</td><td>ⅥA</td><td>ⅦA</td><td>0</td></tr>
<tr><td>1</td><td colspan="2" rowspan="7">s 区</td><td colspan="6" rowspan="3"></td><td colspan="2" rowspan="3"></td><td colspan="6" rowspan="7">p 区</td></tr>
<tr><td>2</td></tr>
<tr><td>3</td></tr>
<tr><td>4</td><td colspan="6" rowspan="4">d 区</td><td colspan="2" rowspan="4">ds 区</td></tr>
<tr><td>5</td></tr>
<tr><td>6</td></tr>
<tr><td>7</td></tr>
</table>

注：f 区位于ⅢB 列第 6、7 周期处。

镧系元素和钪、钇共 17 种元素统称为“稀土元素”，稀土元素被誉为“工业的维生素”，具有优异的磁、光、电性能，被广泛应用于冶金、军事、石油化工、玻璃陶瓷、农业和新材料等领域。中国是稀土大国，储量和产量居全球第一，内蒙古自治区白云鄂博有世界最大的稀土矿区，占中国稀土储量 80%以上。

我国“稀土之父”徐光宪院士（获 2008 年度“国家最高科学技术奖”）长期从事萃取

化学、核燃料化学和稀土科学等研究工作，为我国在稀土提取和应用等领域走在世界的前列作出了巨大贡献。

锕系 15 种元素都是放射性元素，大部分都是人造元素，只有锕、钍、镤、铀、钚存在于自然界中，其中钍在地壳中质量分数最高（$1.2\times10^{-3}\%$），其次是铀（$2.4\times10^{-4}\%$）。截至 2024 年，中国钍储量 28.7 万吨（主要在内蒙古自治区白云鄂博矿区），仅次于印度居世界第二。据报道，我国在内蒙古白云鄂博矿区钍储量超过 100 万吨，这为我国开发钍基熔盐反应堆提供了原料支撑。

2025 年 4 月，世界唯一建成并运行的熔盐堆第四代核能系统——2 兆瓦热功率液态燃料钍基熔盐实验堆在甘肃武威开始试运行，一个清洁、廉价、安全、自主的能源体系按照中国标准、中国方案正式开启。

5.4　元素基本性质

5.4.1　原子半径

1. 原子半径的概念

根据原子间作用力的不同，原子半径一般分为三种：共价半径、金属半径和范德华半径。共价半径是指同种元素两个原子形成共价单键时，两原子核间距离的一半。金属半径是指在金属晶体中，相切的两个原子的核间距的一半。对于单原子分子，在低温、高压下形成晶体时相邻原子核间距的一半，称为范德华半径。

一般来说，同一元素的共价半径比金属半径小，在形成共价键时轨道重叠程度比形成金属键时大。本书在讨论问题时，主族元素采用共价半径，副族元素采用金属半径。

2. 原子半径的变化规律

同周期元素中，随着核电荷数的增加，核对电子的引力增大，原子半径趋于减小，原因在于增加的核电荷不能被增加的电子全部屏蔽掉而有效核电荷逐渐增加。在同族元素中，从上到下由于电子层数的增加，原子半径趋于增大。

（1）主族元素原子半径变化

同周期主族元素，从左到右原子半径的减小较为明显。新增加电子排布到外层轨道，对核的正电荷中和少，有效核电荷 Z^* 增加得多，所以原子半径减小的幅度大。但稀有气体例外，原子半径突然变大，这主要是因为稀有气体的原子半径是范德华半径，见表 5-4。

同族主族元素，原子半径由上到下依次增大，而且增加幅度大。原因是随着电子层数增加，电子所在的轨道离核变远，故原子半径趋于增大。

表 5-4　部分主族元素的原子半径

元素	Li	Be	B	C	N	O	F	Ne
r/pm	123	89	88	77	70	66	58	160
元素	Na	Mg	Al	Si	P	S	Cl	Ar
r/pm	154	136	125	117	110	104	99	191
元素	K	Ca	Ga	Ge	As	Se	Br	Kr
r/pm	203	174	153	122	121	117	114	198

（2）副族元素原子半径变化

同周期副族元素，由左至右原子半径减小但幅度较小。原因是新增加电子填入次外层的 d 轨道上，次外层电子对最外层电子的屏蔽作用比最外层电子层中电子间的屏蔽作用大得多。随核电荷增加，有效核电荷增加得比较缓慢。由于 d^{10} 有较大的屏蔽作用，所以 ds 区元素的原子半径又略有增大。部分副族元素的原子半径（r）数据见表 5-5。

表 5-5 部分副族元素的原子半径

元素	Sc	Ti	V	Cr	Mn	Fe	Co	Ni	Cu	Zn
r/pm	162	147	134	128	127	126	125	124	128	134
元素	Y	Zr	Nb	Mo	Tc	Ru	Rh	Pd	Ag	Cd
r/pm	180	160	146	139	136	134	134	137	144	149
元素	La	Hf	Ta	W	Re	Os	Ir	Pt	Au	Hg
r/pm	183	159	146	139	137	135	135	139	144	151

同周期的镧系和锕系元素（内过渡元素）半径减小但幅度更小（表 5-6）。由于最后一个电子一般填入（$n-2$）层 f 轨道，对最外层电子的屏蔽作用大，有效核电荷增加幅度更小。在同周期的内过渡元素中，当镧系元素或锕系元素的原子呈现 f^7 和 f^{14} 的结构时，也会出现类似于 d^{10} 的原子半径增大的情况。

表 5-6 镧系元素的原子半径

元素	La	Ce	Pr	Nd	Pm	Sm	Eu	Gd	Tb	Dy	Ho	Er	Tm	Yb	Lu
r/pm	183	182	182	181	183	180	208	180	177	178	176	176	176	193	174

由表 5-6 可知，镧系 15 种元素的原子半径（按金属半径）总共减小 9 pm，这种现象称为镧系收缩。由于镧系收缩的存在，镧系后面的各过渡元素的原子半径都相应减小，同一副族的第五、六周期过渡元素的原子半径非常接近，性质极为相似，难以分离，如 Zr 与 Hf、Nb 与 Ta、Mo 与 W 等；同时，镧系 15 种元素的原子半径接近，性质相似，难以分离。

同族副族元素，第五周期元素的原子半径大于第四周期元素的原子半径，是电子层数增加的结果。第五周期元素的原子半径与第六周期元素的原子半径非常相近，这主要是镧系收缩造成的结果（表 5-5）。

5.4.2 电离能

使 1 mol 基态的气态原子 M 均失去一个电子形成气态离子 M^+ 时所需要的能量称为元素的第一电离能（也称电离势），用 I_1 来表示，单位是 $kJ \cdot mol^{-1}$（或 eV）。

$$M(g) \longrightarrow M^+(g) + e^- \quad \Delta H = I_1$$

1 mol 气态离子 M^+ 再各失去一个电子形成气态离子 M^{2+} 时所需要的能量称为元素的第二电离能，用 I_2 表示，同理可以定义第三、第四电离能等。同种元素各电离能的大小有如下规律

$$I_1 < I_2 < I_3 < I_4 \cdots$$

第一电离能的大小，主要取决于原子核电荷、原子半径以及原子的电子层结构。

一般说来，同周期元素的第一电离能逐渐增大；原因是随核电荷数增加，半径逐步减小，原子核对外层电子的引力增大，因此失去电子逐渐变难。同族元素自上而下第一电离能逐渐减小，原因是原子半径增大，原子核对电子的引力减弱，易失去电子。

1. 主族元素第一电离能的变化规律

同周期主族元素第一电离能变化规律性较强，随着核电荷数增加，电离能增大幅度较大，如表 5-7 所示。但有两处出现反常：

$$I_1(B)<I_1(Be),I_1(Al)<I_1(Mg)$$

$$I_1(O)<I_1(N),I_1(S)<I_1(P)$$

这种反常与价电子构型有关。

同族的主族元素，自上而下，第一电离能减小，而且减小幅度较大，如表 5-7 所示。随着原子半径增大，原子核对电子的引力减弱，越来越易失去电子。

表 5-7　部分主族元素的第一电离能

元素	Li	Be	B	C	N	O	F	Ne
$I_1/kJ\cdot mol^{-1}$	520	900	801	1087	1402	1314	1681	2081
元素	Na	Mg	Al	Si	P	S	Cl	Ar
$I_1/kJ\cdot mol^{-1}$	496	738	578	787	1012	1000	1251	1521
元素	K	Ca	Ga	Ge	As	Se	Br	Kr
$I_1/kJ\cdot mol^{-1}$	419	590	579	762	945	941	1140	1170

2. 副族元素第一电离能的变化规律

同周期副族元素，第一电离能总的变化趋势是随着核电荷数增加而增大，但增大幅度较小，变化规律性较差，如表 5-8 所示。

同族的副族元素中（表 5-8），只有ⅢB 族元素从上到下第一电离能逐渐减小。其他副族元素中，基本上是第五周期元素的第一电离能小于第四周期元素，原因是第五周期元素的原子半径明显大于第四周期元素；第五周期元素的第一电离能小于第六周期元素，镧系收缩导致第六周期元素与同族第五周期元素的原子半径相近，而第六周期元素的核电荷却大于同族第五周期元素的核电荷。

表 5-8　部分副族元素的第一电离能

元素	Sc	Ti	V	Cr	Mn	Fe	Co	Ni	Cu	Zn
$I_1/kJ\cdot mol^{-1}$	633	659	651	653	717	762	760	737	746	906
元素	Y	Zr	Nb	Mo	Tc	Ru	Rh	Pd	Ag	Cd
$I_1/kJ\cdot mol^{-1}$	600	640	652	684	702	710	720	804	731	868
元素	La	Hf	Ta	W	Re	Os	Ir	Pt	Au	Hg
$I_1/kJ\cdot mol^{-1}$	538	659	728	759	756	814	865	864	890	1007

副族元素的电离能变化幅度较小而且规律性差，这是因为新增的电子填入 $(n-1)$d 轨道、并且 ns 与 $(n-1)$d 轨道能量比较接近。

5.4.3　电子亲和能

某元素 1 mol 基态的气态原子 A 均获得一个电子成为气态离子 A^- 时所放出的能量称为元素的第一电子亲和能，用 E_1 表示。电子亲和能通常为电子亲和反应焓变的相反数（$-\Delta H$）

$$A(g)+e^- \longrightarrow A^-(g) \quad \Delta H=-E_1$$

同理，1 mol 气态离子 A^- 均获得一个电子成为气态离子 A^{2-} 时所放出的能量称为元素的第二电子亲和能，用 E_2 表示，同样可以定义第三电子亲和能 E_3、第四电子亲和能 E_4 等。

元素的第一电子亲和能一般为正值，表示元素基态的气态原子得到一个电子形成负离子时一般都放出能量。元素的第二电子亲和能一般为负值，说明由气态离子 A^- 生成气态离子 A^{2-} 时一般都要吸收能量。

一般来说，在同一周期中随着核电荷数递增，元素的第一电子亲和能增大；在同一族中，由上到下随着原子半径增大，第一电子亲和能减小。主族元素第一电子亲和能递变规律明显，而副族元素的第一电子亲和能递变规律较差。如表 5-9 和表 5-10。

表 5-9　部分主族元素第一电子亲和能

元素	Li	Be	B	C	N	O	F
E_1/kJ·mol^{-1}	59.6	—	27.0	121.8	—	141.0	328.2
元素	Na	Mg	Al	Si	P	S	Cl
E_1/kJ·mol^{-1}	52.9	—	41.8	134.1	72.0	200.4	348.6
元素	K	Ca	Ga	Ge	As	Se	Br
E_1/kJ·mol^{-1}	48.4	2.4	41.5	118.9	78.5	195.0	324.5
元素	Rb	Sr	In	Sn	Sb	Te	I
E_1/kJ·mol^{-1}	46.9	4.6	29.0	107.3	100.9	190.2	295.2

表 5-10　部分副族元素第一电子亲和能

元素	Sc	Ti	V	Cr	Mn	Fe	Co	Ni	Cu
I_1/kJ·mol^{-1}	18.1	7.62	50.7	64.3	—	14.6	63.9	111.5	119.2
元素	Y	Zr	Nb	Mo	Tc	Ru	Rh	Pd	Ag
I_1/kJ·mol^{-1}	29.6	41.1	86.2	72.1	—	—	109.7	54.2	125.6
元素	La	Hf	Ta	W	Re	Os	Ir	Pt	Au
I_1/kJ·mol^{-1}	45.4	—	31.1	78.6	—	—	150.9	205.3	222.8

值得注意的是，同族中第二周期元素电子亲和能一般小于第三周期元素电子亲和能，如 O<S，F<Cl。这一反常现象是由于第二周期元素的原子半径小，电子云密集程度大，电子间排斥力很强，以致当原子结合一个电子形成负离子时，放出的能量减少。

5.4.4 电负性

元素的电离能和电子亲和能都只是从一个方面反映了某元素原子得失电子的能力。实际上有些元素在形成化合物时，它的原子既难以失去电子，又难以获得电子，如铍、硅、氮等形成的 $BeCl_2$、SiF_4、NO_2 时，电子只是在原子间发生偏移。

元素的电负性是指原子在分子中吸引电子的能力，用符号 χ 来表示。元素的电负性数值越大，原子在分子中吸引电子的能力越强。

1. 主族元素电负性的变化规律

同周期主族元素中，随着核电荷数递增，元素的电负性递增且幅度较大；在同一主族中，从上到下，随着原子半径增大，元素电负性递减（表 5-11）。

表 5-11　部分主族元素的电负性

元素	Li	Be	B	C	N	O	F
χ	0.98	1.57	2.04	2.55	3.04	3.44	3.98
元素	Na	Mg	Al	Si	P	S	Cl
χ	0.93	1.31	1.61	1.90	2.19	2.58	3.15
元素	K	Ca	Ga	Ge	As	Se	Br
χ	0.82	1.00	1.81	2.01	2.18	2.55	2.96

2. 副族元素电负性的变化规律

同周期副族元素，电负性总的变化趋势是随着核电荷数增加而增大，但增大幅度较小且变化规律性较差（表 5-12）。

同族副族元素的电负性变化规律差（表 5-12）。ⅢB～ⅤB 族元素，同族从上到下，元素电负性减小；ⅠB 和ⅡB 族恰好相反，同族从上到下，元素电负性增大；ⅥB 和ⅦB 族中，同族中第五周期元素的电负性大于第四、六周期元素的电负性；Ⅷ族元素，同族第五、六周期元素的电负性相近，第四周期元素的电负性最小。

一般认为，非金属元素的电负性大于 2.0，金属元素的电负性小于 2.0。但金属 Ru、Pd、Os、Ir、Pt 的电负性与 H 相同（2.2），金属 Rh（2.28）、Au（2.4）的电负性大于 2.0。说明元素的金属性或非金属性之间并没有严格的界限，不能仅仅由电负性判断元素是否为金属。

表 5-12　部分副族元素的电负性

元素	Sc	Ti	V	Cr	Mn	Fe	Co	Ni	Cu	Zn
χ	1.36	1.54	1.63	1.66	1.55	1.83	1.88	1.91	1.90	1.65
元素	Y	Zr	Nb	Mo	Tc	Ru	Rh	Pd	Ag	Cd
χ	1.22	1.33	1.6	2.16	2.10	2.2	2.28	2.20	1.93	1.69
元素	La	Hf	Ta	W	Re	Os	Ir	Pt	Au	Hg
χ	1.10	1.3	1.5	1.7	1.9	2.2	2.2	2.2	2.4	1.9

习　题

1. 判断题（正确的打“√”，错误的打“×”）。

(1) 磁量子数为零的轨道都是 p 轨道。

(2) 在同一原子中，不可能存在运动状态完全相同的两个电子。

(3) 确定电子的运动状态需要 n、l、m 和 m_s 四个量子数。

(4) Ni^{2+} 的核外电子分布是 [Ar]$3d^6 4s^2$，而不是 [Ar]$3d^6$。

(5) 基态多电子原子中，$E_{3d}>E_{4s}$ 的现象称为能级交错。

(6) 最外层电子构型为 ns^1 或 ns^2 的元素，属于 s 区或者 ds 区。

(7) 同周期主族元素从左到右，第一电离能一定逐渐增大。

(8) 电负性越大的金属元素，其金属性越强。

(9) 解释能级分裂时，用屏蔽效应和钻穿效应得到的结果是不一致的。

(10) Mo 和 W 是同族元素，二者具有相似的价电子构型，即 $(n-1)d^5 ns^1$。

2. 波函数 Ψ 用于描述（　　）。

(A) 电子的运动速率　　(B) 电子的运动轨迹

(C) 电子在空间的运动状态　　(D) 电子在空间某处出现的概率密度

3. 关于 p 轨道，下列说法正确的是（　　）。

(A) 电子优先填充 p_y 轨道　　(B) p 轨道在空间有 3 种伸展方向

(C) 2p 轨道最多容纳 2 个电子　　(D) p 轨道的电子云轮廓图为球形

4. 在多电子原子中，下列各组量子数（n，l，m，m_s）的电子能量最高的电子是（　　）。

(A) 2，1，1，$-1/2$　　(B) 3，0，0，$+1/2$

(C) 3，1，1，$-1/2$　　(D) 3，2，1，$-1/2$

5. 元素原子的外层电子构型为 $3d^5 4s^2$，此元素的原子序数为（　　）。

（A）18　　（B）25　　（C）28　　（D）32

6. 某元素阳离子的价层电子构型为 18 电子构型，该元素在周期表中的位置是（　　）。

（A）s 区和 p 区　　（B）s 区和 d 区　　（C）p 区和 ds 区　　（D）p 区、d 区

7. 元素 X 的最后一个电子排入 3d 轨道，最高氧化数为+4；元素 Y 的最后一个电子排入 4p 轨道，最高氧化数为+6。则下列判断正确的是（　　）。

（A）X 为ⅣA 族 Ge，Y 为ⅥA 族 Se　　（B）X 为ⅣA 族 Sn，Y 为ⅥA 族 Se

（C）X 为ⅡB 族 Zn，Y 为ⅢB 族 Sc　　（D）X 为ⅣB 族 Ti，Y 为ⅥA 族 Se

8. 在 0 族元素中，随着原子序数的增大，电离能却随之减小，其主要原因是（　　）。

（A）原子半径增大　　（B）相对原子质量增大

（C）核电荷增大　　（D）元素的非金属性增强

9. 下列元素中，电负性最大的是（　　）。

（A）N　　（B）O　　（C）F　　（D）Cl

10. 下列元素中，基态原子的第一电离能最大的是（　　）。

（A）Na　　（B）K　　（C）Mg　　（D）Ca

11. 写出满足下列条件的元素的名称、符号和价层电子排布式。

（1）4f 轨道排布 4 个电子的元素；

（2）次外层 d 轨道半充满、最外层 s 轨道有 1 个电子；

（3）M 和 M^+ 的价层 d 轨道电子数不同；

（4）价电子构型为 $(n-1)d^{10}ns^1$；

（5）M^{3+} 的 3d 轨道电子半充满。

12. 元素 A 在 $n=5$，$l=0$ 的轨道上有一个电子，其次外层 $l=2$ 的轨道上电子处于全充满状态，试推出：

（1）元素 A 的电子总数；

（2）元素 A 的名称和核外电子排布式；

（3）指出元素 A 在周期表中的位置。

13. 给出具有下列电子构型的元素的名称、符号和在周期表中的位置：

（1）$3d^7 4s^2$　　（2）$4d^4 5s^1$　　（3）$5s^2 5p^1$　　（4）$5d^9 6s^1$

14. 试解释：第四周期元素从 Ca 到 Ga 原子半径的减小的幅度比第三周期元素从 Mg 到 Al 原子半径的减小的幅度小。

15. 比较下列原子半径大小并简要说明原因。

（1）C 和 O　　（2）O 和 P　　（3）Li 和 Mg　　（4）Sn 和 Pb　　（5）Ni 和 Cu

16. 将下列原子按指定性质的大小顺序进行排列，并简要说明理由：

（1）第一电离能：　　Mg，Al，P，S；

（2）第一电子亲和能：　　F，Cl，N，C；

（3）电负性：　　P，S，Ge，As。

17. 给出周期表中符合下列要求的元素的符号和名称：

（1）半径最大和半径最小的金属元素；

（2）第一电离能最大的元素；

（3）第一电子亲和能最大的元素；

（4）与 F 电负性之差最小的元素；

（5）最活泼的非放射性金属元素和最活泼的非金属元素；

（6）最不活泼的元素。

18. 请解释下列事实。

（1）半径：Co＞Ni，Ni＜Cu；

（2）第一电离能：Fe＞Ru，Ru＜Os；

（3）第一电子亲和能：B＜C，C＞Si；

（4）电负性：O＞Cl，O＜F。

第 6 章 化学键与结构理论

化学键是原子或离子间的强相互作用力，主要有离子键、共价键和金属键，键能一般从一百到数百千焦每摩尔。分子间的作用力则是分子间的弱相互作用，强度一般从几个到数十千焦每摩尔。离域 π 键和 d-p π 配键也属于共价键范畴。

正、负离子通过离子键结合形成的晶体为离子晶体，金属原子以金属键结合形成的晶体为金属晶体，分子之间以分子间力结合形成的晶体为分子晶体，无限多非金属原子以共价键结合形成的晶体为原子晶体。

6.1 离子键理论与离子晶体

6.1.1 离子键理论

1. 离子与离子的电子构型

带正电荷的离子称为正离子或阳离子，带负电荷的离子称为负离子或阴离子。对于简单离子，人们经常用离子电荷、离子电子构型、离子半径加以描述。

离子电荷就是在形成离子化合物过程中原子或原子团失去或得到的电子数。例如，在 NaCl 中，Na^+ 电荷为+1，Cl^- 电荷为−1；在 CuO 中，Cu^{2+} 电荷为+2，O^{2-} 电荷为−2。

简单的负离子通常具有稳定的 8 电子构型，如 F^-、Cl^-、O^{2-}、S^{2-} 等最外层都有 8 个电子，具有稀有气体电子构型。对于阳离子，根据最外层电子数可分为：0 电子构型，如 H^+；2 电子构型（ns^2），如 Li^+ 和 Be^{2+}；8 电子构型（ns^2np^6），如 Na^+、Mg^{2+} 等；(9～17) 电子构型（$ns^2np^6nd^{1\sim9}$），如 Fe^{2+}、Mn^{2+}、Cu^{2+} 等；18 电子构型（$ns^2np^6nd^{10}$）如 Cu^+、Zn^{2+} 等；(18+2) 电子构型[$(n-1)s^2(n-1)p^6(n-1)d^{10}ns^2$]，如 Sn^{2+}、Pb^{2+}、Bi^{3+} 等。

2. 离子半径

离子可看成刚性的球体，晶体中相切的正、负离子的核间距 d 则为正离子半径 r_+ 与负离子半径 r_- 之和，即 $d=r_+ + r_-$（图 6-1）。

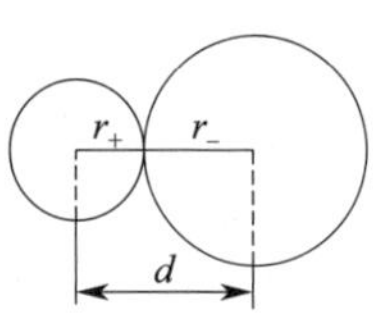

图 6-1 核间距与离子半径的关系

离子晶体中离子的核间距 d 由 X 射线衍射法很容易测得。如果已知一种离子的半径，就可以结合 d 值求出另一种离子的半径。离子半径的变化规律总结如下：

具有相同电荷的同一主族元素随着电子层数依次增多，离子半径也依次增大。

$$Li^+ < Na^+ < K^+ < Rb^+ < Cs^+ \qquad F^- < Cl^- < Br^- < I^-$$

同周期元素，正离子的电荷越高，半径越小；负离子的电荷数越多，半径越大。

$$Na^+ > Mg^{2+} > Al^{3+} \qquad Cl^- < S^{2-} < P^{3-}$$

同一离子，随着配位数增大，半径增大。例如，Co^{2+} 半径，四配位，r=56 pm；六配位，r=65 pm；八配位，r=90 pm。

同一元素，不同价态的离子，电荷高的半径小。例如

$$Fe^{3+} < Fe^{2+} \qquad Cu^{2+} < Cu^+$$

3. 离子键

（1）离子键的形成与性质

离子键的概念是德国人科赛尔（Kossel）于 1916 年提出的。原子得失电子后形成正、负离子，正、负离子靠静电引力结合形成离子键。例如，NaCl、$MgCl_2$、$CuCl_2$ 等都是通过离子键结合的。

能形成离子键的元素之间的电负性差较大（一般 $\Delta\chi > 1.7$），如 $MgCl_2$、CuO 等；只转移少数电子就能达到稀有气体电子构型的稳定结构，例如 Na 生成 Na^+，Cl 生成 Cl^- 等。

离子晶体稳定，因形成离子化合物时放出能量较多，例如

$$Na(s) + 1/2Cl_2(g) \xlongequal{} NaCl(s) \quad \Delta_r H_m^{\ominus} = -411.2\ kJ \cdot mol^{-1}$$

离子键没有方向性和饱和性。离子在任何方向都可以吸引异号电荷的离子，所以离子键没有方向性；在空间条件允许的情况下，每一个离子尽可能吸引更多异号电荷的离子，以降低能量，所以离子键没有饱和性。当然，由于空间条件的限制，每个离子周围排列带有异号电荷的离子数目是有限的。

研究表明，离子化合物中也不是纯粹的静电作用，也有部分原子轨道的重叠（共价键成分）。人们用离子性百分数来表示离子键的离子性大小，化合物中离子性百分数超过 50%则认为形成了离子化合物。

用电负性差 1.7 判断形成离子化合物还是共价化合物有很多例外，如 $CoCl_2$、$NiCl_2$、$CuCl_2$、$ZnCl_2$ 等元素电负性差小于 1.7，这些化合物却都是典型的离子化合物。$SnCl_2$ 为离子化合物，而 $SnCl_4$ 为共价化合物；$AlCl_3$ 晶体为离子化合物，在其熔点温度以上则转化为共价化合物，形成二聚体 Al_2Cl_6。Si 与 F 电负性差远大于 1.7，但 SiF_4 为共价化合物。

（2）离子键的强度

人们经常用键能和晶格能来衡量离子键的强度。

键能是指 1 mol 气态分子解离为气态原子时，断开 1 mol 某化学键所需要的能量，用 E 表示。对于双原子分子，键能（E）等于解离能（D），如 Cl_2 分子；对于多原子分子，键能等于平均解离能，如 NH_3 分子（见 6.2.2 节）。

晶格能是指 1 mol 离子晶体解离为气态的正、负离子所需要的能量，用 U 表示。离子化合物的整块晶体可看成巨型分子，结合力不只是正、负两个离子间的结合，因此用晶格能衡量离子键的强度比用键能更合理。

（3）影响离子键强度的因素

正、负离子间的静电引力越大，离子键越强，则离子晶体的熔沸点和硬度越高，晶格能或键能越大。

离子的电荷影响离子键强度。离子的电荷数越多，正、负离子间引力越大，离子键越

强。例如，熔点：NaCl（801 ℃）＜MgO（2825 ℃）；晶格能：NaCl（787 kJ·mol^{-1}）＜MgO（3916 kJ·mol^{-1}）。

离子的半径影响离子键强度。离子的半径越小，则离子间距离 d 越小，正、负离子间静电引力大，离子键越强。例如，NaI 熔点（660 ℃）远低于 NaCl，NaI 晶格能（686 kJ·mol^{-1}）远小于 NaCl，原因在于 I^- 半径比 Cl^- 大得多。

6.1.2 离子晶体结构

正、负离子通过离子键结合形成的晶体为离子晶体，离子晶体中有序排列的粒子是正离子和负离子，如 NaCl、CsCl、ZnS、MgO 晶体等。

1. 晶胞的概念

晶胞是指能够代表晶体的化学组成和对称性的体积最小、直角最多的平行六面体。晶胞是晶体的最小结构单元，晶胞可对称平移，晶胞并置则为晶体。

晶胞中，位于平行六面体顶点的原子（或离子），在晶胞并置时为 8 个晶胞所共有，故其对所在晶胞的贡献为 1/8；同理，位于平行六面体棱上的原子（或离子），对所在晶胞的贡献为 1/4；位于平行六面体面上的原子（或离子），对所在晶胞的贡献为 1/2；位于平行六面体内部的原子（或离子），对所在晶胞的贡献为 1。

图 6-2 中的（a）和（b）都是由 Na^+ 和 Cl^- 构成的平行六面体，但前者是 NaCl 的晶胞，后者不是。

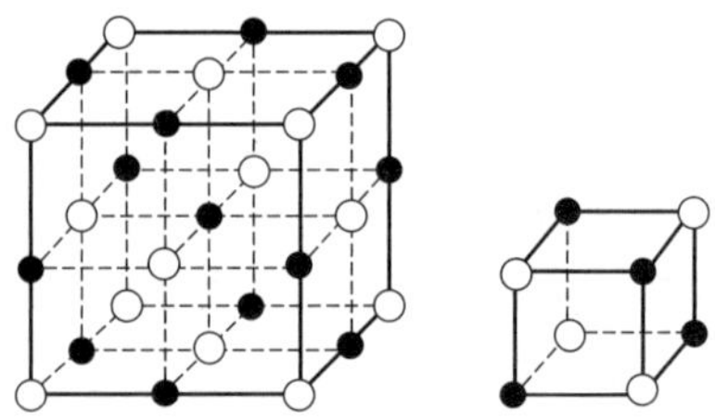

(a) (b)

图 6-2 NaCl 晶体中的两种平行六面体（● Na^+ ○ Cl^-）

尽管晶体有很多种，根据晶胞参数（平行六面体的三个边长 a、b、c 和由三条边或晶轴所形成的三个夹角 α、β、γ）的不同可将晶体的结构特点归结为七大类，称为七大晶系，分别为：立方晶系、四方晶系、正交晶系、三方晶系、六方晶系、单斜晶系、三斜晶系。

2. 离子晶体的性质

在 CsCl 晶体中，每个 Cs^+ 周围最近层等距离排列 8 个 Cl^-，同时每个 Cl^- 周围最近层等距离排列 8 个 Cs^+；但 Cs^+ 周围稍远的位置还有其他 Cl^-，同样 Cl^- 周围稍远的位置也还有其他 Cs^+，只是随着距离变大而静电引力迅速减小。

离子晶体中离子最近层等距离的异号离子数称为配位数。由图 6-3 可知，在 CsCl 晶体中，Cs^+ 和 Cl^- 的配位数均为 8；在 NaCl 晶体中，Na^+ 和 Cl^- 的配位数均为 6；在 ZnS 晶体中，Zn^{2+} 和 S^{2-} 的配位数均为 4；在 CaF_2 晶体中，Ca^{2+} 的配位数为 8，F^- 的配位数为 4。

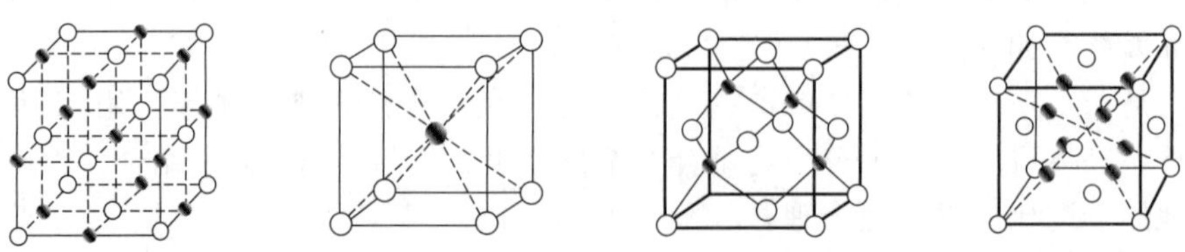

NaCl晶胞 CsCl晶胞 立方ZnS晶胞 CaF_2晶胞

图 6-3 几个立方晶系离子晶体的结构

离子晶体无确定的相对分子质量，水溶液或熔融态导电。离子晶体导电是因为其水溶液或熔融态时解离出的离子或溶液中的水被电解。离子晶体导电的实质是在外加电压下发生了电解反应（离子可被电解或作为平衡电荷维持电极表面局部的电中性），而不仅仅是离子定向迁移，电解反应的发生使外电路有电子的定向流动。

离子晶体熔、沸点较高，硬度高但延展性差。正、负离子周围有多个异号离子与其有引力，破坏离子键时需要较多的能量，因而离子晶体熔、沸点和硬度高。离子晶体中，每个离子周围排布异号离子，若施以外力则发生位错，同种电荷的离子排斥作用使晶体遭到破坏，故延展性差。

3. AB 型立方晶系离子晶体的结构

AB 型（正、负离子数比为 1∶1）立方晶系离子晶体典型结构有 NaCl 型、CsCl 型、立方 ZnS 型（图 6-3）。NaCl 为面心立方结构，晶胞中有 4 个 Na^+ 和 4 个 Cl^-；CsCl 为简单立方结构，晶胞中有 1 个 Cs^+ 和 1 个 Cl^-；立方 ZnS 为面心立方结构，晶胞中有 4 个 Zn^{2+} 和 4 个 S^{2-}。

6.2 共价键理论与分子结构

6.2.1 路易斯理论

1916 年，美国科学家路易斯（Lewis）提出，原子相互结合时都有形成稀有气体电子构型的倾向，电负性差小的元素的原子成键时可以通过共用电子对达到稀有气体的电子构型。共用电子对形成的化学键称为共价键，形成的分子称为共价分子。

在 H_2 分子中，两个 H 原子通过共用一对电子，使每个 H 原子均达到 He 原子的 2 电子稳定结构，2 个 H 原子间形成 1 个共价键；在 H_2O 分子中，O 原子与 2 个 H 原子各共用一对电子，H 原子和 O 原子均达到稀有气体的稳定电子构型，O 原子与 2 个 H 原子各形成 1 个共价键。

在画路易斯结构式时，用小黑点表示电子，如

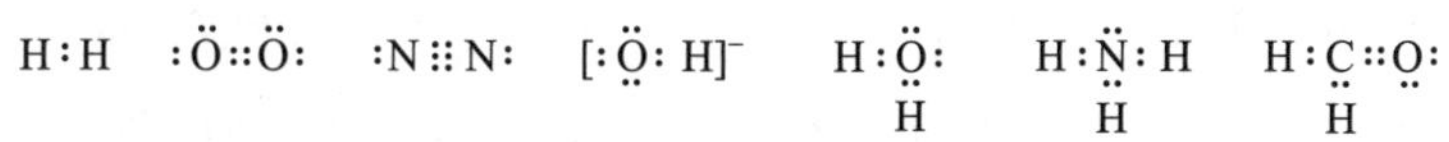

为了表示方便，通常用一短线代表共用一对电子，即表示形成一个单键；用两条短线表示共用两对电子，形成双键；用三条短线表示共用三对电子，形成三键，如

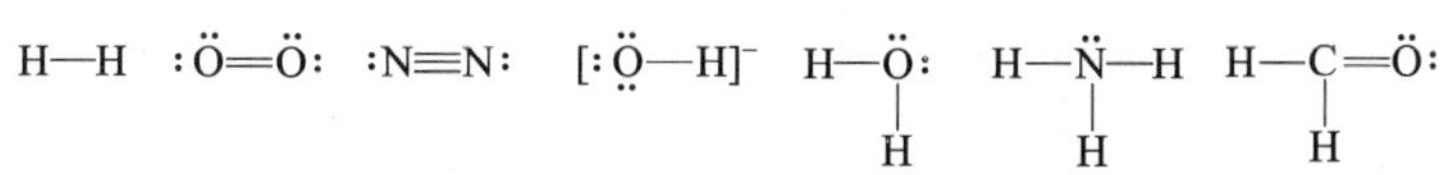

路易斯理论能够解释电负性差较小的两元素成键形成稳定的化合物，但不能说明成键的实质，更不能解释某些化合物分子中原子不满足稀有气体电子构型的事实，如 BF_3（B 周围只有 6 个价电子）、PF_5（P 周围有 10 个价电子）、SF_6（S 周围有 12 个价电子）。

6.2.2 价键理论

1927 年，德国化学家海特勒（Heitler）和伦敦（London）用量子力学处理 H_2 分子，成功地解释了 2 个 H 原子间成键问题，后经鲍林等发展建立了现代价键理论。

1. 氢分子中的化学键

量子力学计算表明，两个具有 $1s^1$ 电子构型的 H 原子相互接近时，两个 H 原子的 1s 电子以相反自旋的方式形成电子对，则体系的能量降低。若两个 H 原子的 1s 电子以相同自旋的方式形成电子对，体系能量升高。

当两个自旋相反的 H 原子相互靠近时，其原子轨道发生部分重叠，使电子在两个原子核间出现的概率增大，形成负电区，两个原子核同时吸引负电区，使两个 H 原子结合在一起，体系的能量降低，形成稳定的 H_2 分子（图 6-4）。

将对 H_2 分子的处理结果推广应用到其他分子中，形成了以量子力学为基础的价键理论，简称 VB 法。

2. 共价键的形成

如果两个原子各有一个未成对的单电子，两个单电子所在轨道对称性一致则可以互相重叠，电子以自旋相反的方式成对，体系的能量降低，形成共价键。

一对电子形成一个共价键。如果原子有更多未成对的电子，则可以形成更多共价键，体系能量更低，分子更稳定。所以，两原子间也可以形成双键或三键。

H_2O 分子中 O 与 2 个 H 形成 2 个共价键。O 的价电子构型为 $2s^2 2p^4$，2p 轨道有 2 个单电子，各与 1 个 H 的单电子成键。O_2 分子中有双键，因 O 的 2p 轨道有 2 个单电子，两个 O 原子间形成 2 个共价键。N_2 分子中有三键，N 的价电子构型为 $2s^2 2p^3$，2p 轨道有 3 个单电子，两个 N 原子间形成 3 个共价键。

形成共价键时，单电子可以由成对电子拆开而得。例如，CH_4 分子中，C 的价电子构型为 $2s^2 2p^2$，只有 2 个单电子；2s 轨道中 1 个电子激发到 2p 轨道，则激发后的 C 原子有 4 个单电子（$2s^1 2p^3$），如图 6-5 所示。激发 1 个电子所需要的能量会因为多形成 2 个共价键得到补偿，体系能量更低。

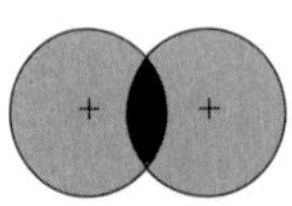

图 6-4 H_2 分子中电子云重叠示意图

图 6-5 C 原子中电子的激发

在 PF_5 分子中，P 原子的 3s 轨道中 1 个电子激发到 3d 轨道，使 P 原子有 5 个单电子，与 5 个 F 原子形成共价键，生成 PF_5 分子（图 6-6）。

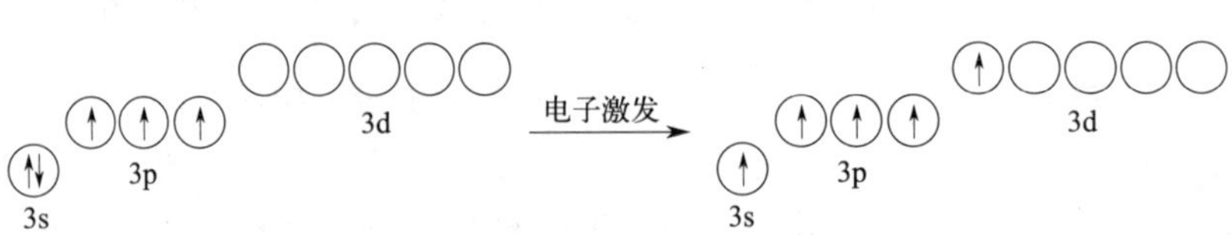

图 6-6 P 原子中电子的激发

3. 共价键有方向性和饱和性

原子轨道分布有方向性，为了使轨道重叠程度大，分子能量低，轨道重叠时只能按特定方向重叠，因而形成的共价键有方向性。

在形成 HF 分子时，H 的 1s 轨道与 F 有单电子的 2p 轨道重叠，H 与 F 必须沿着 2p 轨道所在键轴（成键的两个原子核间的连线）方向接近，才能保证有最大重叠。同时，为保持对称性一致，H 必须从 F 的 2p 轨道正方向进行重叠，如图 6-7(a) 所示。Cl_2 分子中两个 Cl 的 3p 轨道重叠时，必须沿着 3p 轨道所在键轴方向接近，才能保证有最大重叠；同时，为保持对称性相同，两个 Cl 的 3p 轨道必须正方向进行重叠，如图 6-7(b) 所示。

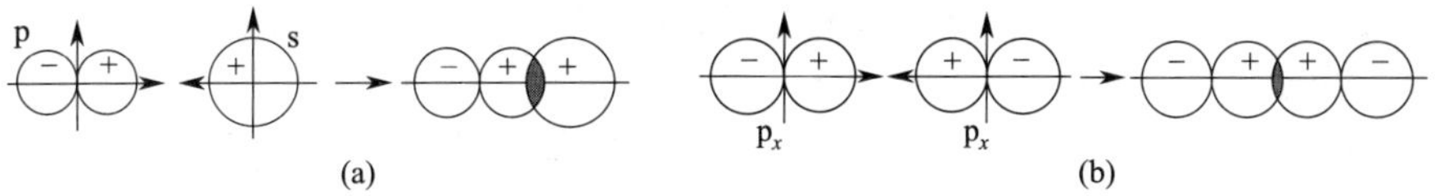

图 6-7　共价键的方向性

由于对称性不相同，下图所示的重叠是无效的。

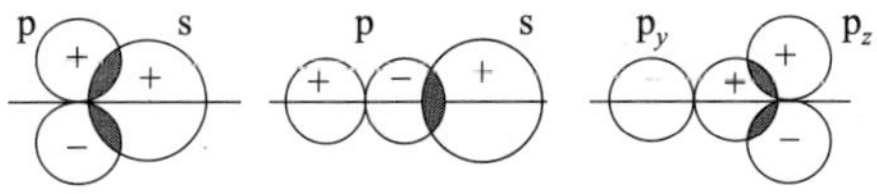

共价键的数目是由原子的单电子数（包括激发形成的单电子）决定的。由于原子的单电子数有限，形成的共价键数有限。因此，共价键具有饱和性。例如，O 原子价层电子构型为 $2s^2 2p^4$，价层没有 d 轨道，只有 p 轨道的 2 个单电子，最多能形成 2 个共价键，如形成 H_2O、OCl_2 等，不能形成 OCl_6。P 原子价层电子构型为 $3s^2 3p^3$，价层有 3d 空轨道，既可以用 p 轨道的 3 个单电子形成 3 个共价键的化合物，如 PH_3、PCl_3 等；又可将 3s 的电子激发 1 个到 3d 轨道，形成有 5 个共价键的化合物，如 PF_5 等。同样，S 与 F 可以形成 SF_6。

共价键共用的电子对也可以由成键的两个原子中的一个原子提供。例如，CO 分子中的三键，第三个共价键是由 O 原子提供电子对、C 原子提供空轨道形成的。这种共价键称为共价配键，简称配键。

4. 共价键的键型

按照键轴与成键轨道之间对称性的关系，共价键主要有 σ 键和 π 键两种键型。

将成键轨道通过键轴旋转任意角度，图形及符号均保持不变，则为 σ 键。可以将 σ 键形象化描述成轨道的“头碰头”重叠，如 HF 和 Cl_2 分子中都形成 σ 键（图 6-7）。

将成键轨道绕键轴旋转 180°，图形复原但轨道的符号相反，则为 π 键。可以将 π 键形象化描述成轨道的“肩并肩”重叠。例如，O_2 分子中两个原子形成 2 个共价键，一个是“头碰头”重叠的 σ 键，而另一个则是“肩并肩”重叠的 π 键（图 6-8）。

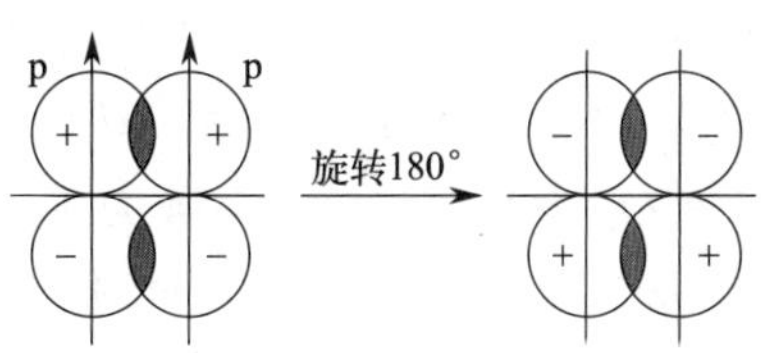

图 6-8　π 键重叠方式及与键轴的关系

5. 键参数

共价键的特征经常用键能、键长和键角等物理量来描述，这几个物理量称为键参数。其中最重要的是键角，键角决定分子的几何构型。

对于双原子分子，键能为气态分子解离为气态原子所需要的能量，即键能 E 等于分子的解离能 D。

$$AB(g) = A(g) + B(g) \qquad \Delta H = D(AB) = E(AB)$$

但对于多原子分子，键能等于分子的平均解离能。例如，NH_3 分子解离

$$NH_3(g) = H(g) + NH_2(g) \qquad D_1 = 435\ kJ \cdot mol^{-1}$$

$$NH_2(g) = H(g) + NH(g) \qquad D_2 = 377\ kJ \cdot mol^{-1}$$

$$NH(g) \xlongequal{} H(g) + N(g) \qquad D_3 = 314\ kJ \cdot mol^{-1}$$

键能为断开 1 mol 气态分子某种化学键的平均解离能。NH_3 分子中有 3 个 N—H 键，则 N—H 键的键能为分别断开 3 个 N—H 键的解离能的平均值，即

$$E(N-H) = \frac{D_1 + D_2 + D_3}{3} = \frac{435 + 377 + 314}{3} = 375.3(kJ \cdot mol^{-1})$$

键长为分子中成键两原子核之间的距离。一般来说，键长越短，共价键越强，键能越大。例如，乙烷中 C—C 键键长为 154 pm，键能为 368 $kJ \cdot mol^{-1}$；乙烯中 C═C 键键长为 134 pm，键能为 682 $kJ \cdot mol^{-1}$；乙炔中 C≡C 键键长为 120 pm，键能为 962 $kJ \cdot mol^{-1}$。

应该注意的是，相同的键在不同的化合物中，键长和键能不相同，如在 CH_4 和 CH_3OH 中 C—H 键的键长、键能都是不同的。

键角是指分子中键轴与键轴之间的夹角。在多原子分子中才涉及键角，键角决定分子构型。例如，CO_2 分子中 O—C—O 键角为 180°，决定了 CO_2 分子构型为直线形；NO_2 分子中 O—N—O 键角为 134°，决定了 NO_2 分子构型为 V 字形；SO_3 分子中 O—S—O 键角为 120°，决定了 SO_3 分子构型为正三角形。

6.2.3 价层电子对互斥理论

1940 年，西奇维克（Sidgwick）等提出价层电子对互斥理论（VSEPR），对预测由主族元素形成的 AB_n 型分子或离子的几何构型非常成功。AB_n 型分子或离子的几何构型取决于中心 A 的价层中电子对的排斥作用，分子的构型总是采取电子对排斥力平衡的形式。

1. 中心原子价层电子总数和电子对数

中心原子价层电子总数等于中心 A 的价电子数加上配体在成键过程中提供的电子数，如 CH_4 价层电子总数为 8，其中 C 提供 4 个价电子，每个 H 提供 1 个价电子。

氧族元素的原子作中心时提供 6 个价电子，作端基配体时提供电子数为 0，作非端基配体时提供电子数为 1。例如，H_2O 中心价层电子总数为 8，其中 O 作为中心提供 6 个价电子；CO_2 中心价层电子总数为 4，其中 O 作为端基配体提供电子数为 0；CH_3OH 中心价层电子总数为 8，其中 OH 配体提供电子数为 1。

卤素原子作中心时提供 7 个价电子，作配体时提供电子数为 1。例如，ICl_3 中心价层电子总数为 10，其中 I 作为中心提供 7 个价电子，Cl 作配体时每个 Cl 提供 1 个电子。

处理离子体系时，要加、减与离子电荷相应的电子数。例如，SO_4^{2-} 中心价层电子总数为 8，其中负电荷提供 2 个电子；NH_4^+ 中心价层电子总数为 8，由于离子带一个正电荷，在计算中心价层电子总数时，减去了 1 个电子。

价层电子总数除以 2，得电子对数，总数为奇数时，按进位计算。例如，NO_2 中心价层电子总数为 5，则电子对数为 3。

2. 电子对数和电子对空间构型的关系

电子对相互排斥，根据电子对数不同，电子对在空间达到斥力平衡的取向有直线形、正三角形、正四面体、三角双锥、正八面体（表 6-1）。

表 6-1 中心原子价层电子对数与电子对构型的关系

电子对数	2	3	4	5	6
电子对构型	直线形	正三角形	正四面体	三角双锥	正八面体
电子对构型图示	: —A—:		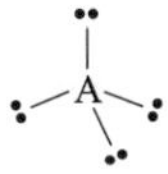	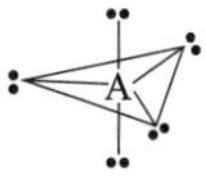	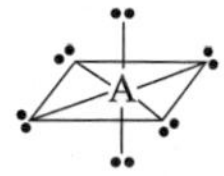
电子对夹角	180°	120°	109°28′	180°,120°,90°	180°,90°

3. 分子的几何构型与电子对构型的关系

若配体数和电子对数相一致，所有的电子对都为成键电子对，则分子构型和电子对构型一致。若配体数少于电子对数，则成键电子对数等于配体数，剩余电子对为孤电子对，确定出孤电子对的位置，即可确定分子构型。

中心价层有 5 对电子时，电子对构型为三角双锥，若有 1 个孤电子对，孤电子对放在三角双锥的轴向位置还是放在平面三角形（两个三角锥共用的面）的位置？

在三角双锥构型中，电子对间最小的夹角为 90°，90°夹角的电子对斥力最大。而电子对构型总是趋向于电子对斥力最小的稳定排布，夹角相同时，电子对间的排斥作用顺序为：

孤电子对-孤电子对＞孤电子对-成键电子对＞成键电子对-成键电子对

电子对构型为三角双锥时，若有孤电子对，孤电子对总是位于平面三角形的位置，以使电子对间斥力最小。

分子的几何构型与电子对构型的关系总结在表 6-2 中。

表 6-2 分子的几何构型与电子对构型的关系

中心价层电子对数	电子对构型	配体数	孤电子对数	分子或离子的几何构型		实例
2	直线形	2	0	直线形		$BeCl_2$, CO_2, NO_2^+
3	正三角形	3	0	三角形	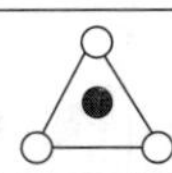	BF_3, SO_3, $COCl_2$
		2	1	V 字形	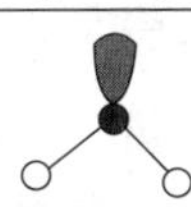	NO_2, SO_2, NO_2^-
4	正四面体	4	0	四面体	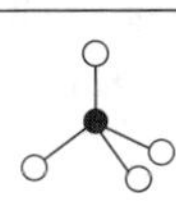	CCl_4, NH_4^+, $POCl_3$
		3	1	三角锥	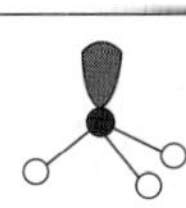	NH_3, SO_3^{2-}, H_3O^+
		2	2	V 字形	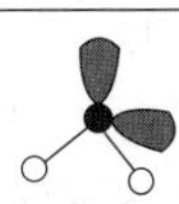	H_2O, SCl_2, I_3^+
5	三角双锥	5	0	三角双锥	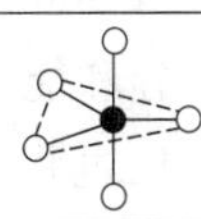	PF_5, AsF_5
		4	1	变形四面体	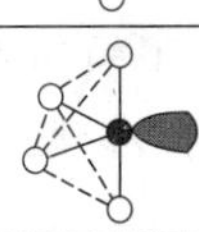	SF_4, $TeCl_4$

续表

中心价层电子对数	电子对构型	配体数	孤电子对数	分子或离子的几何构型		实例
5	三角双锥	3	2	T 字形	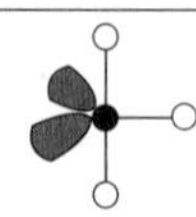	ICl_3，ClF_3，BrF_3
		2	3	直线形	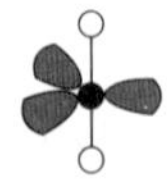	XeF_2，I_3^-
6	正八面体	6	0	正八面体	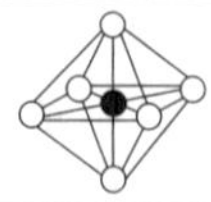	SF_6，SiF_6^{2-}，PCl_6^-
		5	1	四角锥形	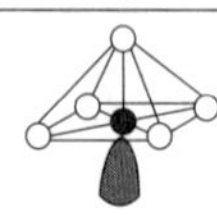	ClF_5，BrF_5，$XeOF_4$
		4	2	平面四边形	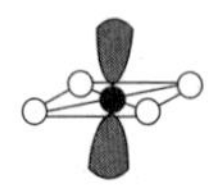	XeF_4，ICl_4^-

4. 多重键的处理

非ⅥA 族元素的原子与中心之间有双键或三键时，价层电子对数分别减 1 或 2。例如图 6-9，乙烯 $H_2C{=}CH_2$，以左碳为中心，中心价层有 4 对电子，由于有碳碳双键减去一对电子，电子对数为 3，分子为平面三角形。

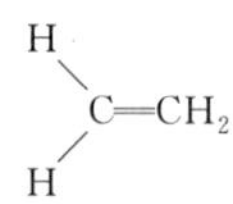

图 6-9　乙烯

6.2.4 杂化轨道理论

用价键理论能够解释 C 与 1 个 O 形成 CO 分子，与 2 个 O 形成 CO_2 分子，C 激发一个电子后与 4 个 H 形成 CH_4 分子。但价键理论不能解释分子的几何构型，如不能解释 CH_4 分子为什么是正四面体。用价层电子对互斥理论可以预测分子的几何构型，但不能说明成键过程。杂化轨道理论既可以解释多原子分子的空间结构，也能够解释共价分子的成键过程。

1. 杂化轨道理论要点

（1）杂化与杂化轨道的概念

在形成多原子分子的过程中，中心原子的若干能量相近的原子轨道重新组合，形成一组新的轨道。轨道重新组合过程称为轨道的杂化，产生的新轨道称为杂化轨道。

C 原子在与 H 原子形成 CH_4 分子时，中心 C 原子的 1 个 2s、3 个 2p 共 4 个原子轨道发生杂化，形成一组新的原子轨道，即 4 个 sp^3 杂化轨道。杂化轨道有自己的波函数、能量、形状和空间取向，这些杂化轨道不同于 s 轨道，也不同于 p 轨道。

（2）杂化轨道的数目、成分和能量

杂化轨道的数目等于在杂化过程中参与杂化的轨道的数目。在形成 CH_4 分子时，C 的 2s、$2p_x$、$2p_y$、$2p_z$ 共 4 个原子轨道发生杂化，产生 4 个杂化轨道。

轨道杂化过程中产生新的波函数，则杂化轨道有自身的形状和角度分布，如 1 个 s 轨道与 1 个 p 轨道杂化，产生 2 个 sp 杂化轨道，如图 6-10 所示。

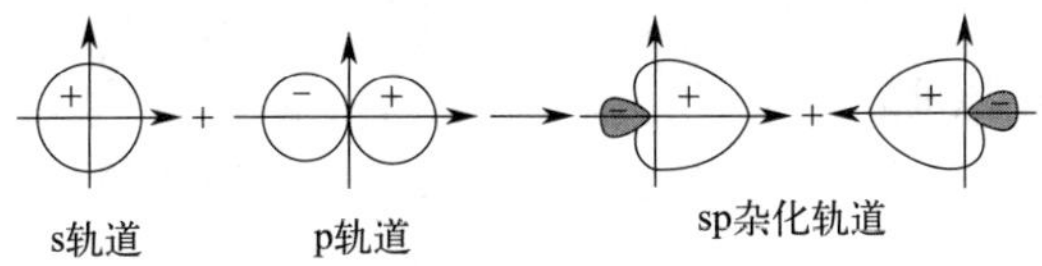

图 6-10　sp 杂化轨道的角度分布

每个 sp 杂化轨道中 s 轨道和 p 轨道成分各占 1/2；每个 sp^2 杂化轨道中 s 轨道成分占 1/3，p 轨道成分占 2/3。s 轨道与 p 轨道杂化，s 轨道成分越多的杂化轨道的能量越低，而 p 轨道成分越多的杂化轨道的能量越高，原因是 s 轨道的能量低于 p 轨道。

杂化轨道的能量介于参与杂化的轨道的能量之间。s 轨道与 p 轨道杂化，则杂化轨道的能量比 s 轨道的能量高，比 p 轨道的能量低。轨道能量顺序为

$$s\text{ 轨道} < sp\text{ 杂化轨道} < sp^2\text{ 杂化轨道} < sp^3\text{ 杂化轨道} < p\text{ 轨道}$$

杂化轨道的电子云在某些方向分布更集中，有利于最大重叠。因此，杂化轨道成键能力比未杂化的各原子轨道的成键能力强，体系能量低，这就是杂化过程的能量因素。

（3）杂化轨道的种类

按参与杂化的轨道类型分类，杂化轨道分为 s-p 型（sp、sp^2、sp^3）和 s-p-d 型（sp^3d、sp^3d^2）。

按杂化轨道能量是否一致分类，可分为等性杂化和不等性杂化。前面讨论的杂化轨道的成分都是在等性杂化的基础上进行的。

等性杂化的轨道能量相同，如甲烷中 C 原子的 4 个 sp^3 杂化轨道［图 6-11(a)］；乙烯中 C 原子的 3 个 sp^2 杂化轨道［图 6-11(b)］。

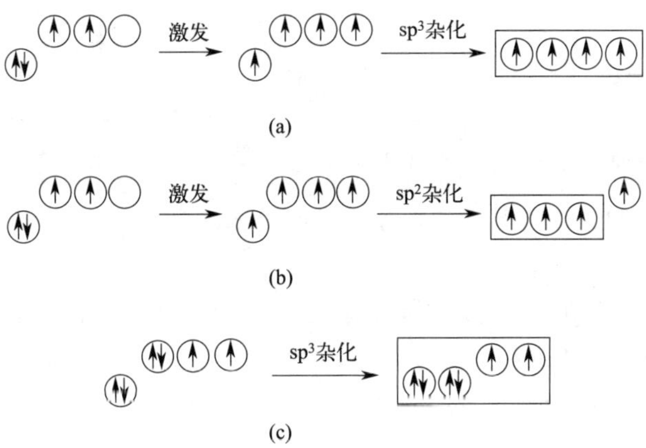

图 6-11　等性杂化与不等性杂化

不等性杂化的轨道能量不相同，如水分子中 O 的 4 个 sp^3 杂化轨道［图 6-11(c)］。不等性杂化轨道中往往有电子对。

一般来说，从轨道的杂化过程和杂化后有无孤电子对可判断是否为等性杂化，如形成 CH_4 分子时 C 进行 sp^3 等性杂化，形成 H_2O 分子时 O 进行 sp^3 不等性杂化，无机化学课程基本上要求到这个层次。严格讲，配体的不同造成键能、键长和键角的不同，中心原子与配体成键后轨道的能量不同，虽然没有孤电子对，也应看成不等性杂化，结构化学课程往往要求到这个层次。例如，$CHCl_3$ 分子，按无机化学知识层次，C 原子采取 sp^3 等性杂化；按结构化学知识层次，C 原子采取 sp^3 不等性杂化。本书在判断是否等性杂化时，只按中心原子

有无孤电子对的原则进行讨论，请读者注意不同的教材或课程要求的区别。

（4）各种杂化轨道在空间的分布

不同的杂化方式导致杂化轨道的空间分布不同，各种杂化轨道在空间的几何分布及实例列于表 6-3。

表 6-3　杂化轨道在空间的几何分布及实例

杂化类型	sp	sp^2	sp^3	sp^3d	sp^3d^2
等性杂化轨道空间分布	 直线形	 正三角形	 正四面体	 三角双锥	 正八面体
等性杂化实例	$BeCl_2$ CO_2	BCl_3 SO_3	CCl_4 NH_4^+	PF_5 AsF_5	SF_6 $SnCl_6^{2-}$
不等性杂化实例		NO_2　V 字形 SO_2　V 字形 O_3　V 字形	NH_3　三角锥形 H_3O^+　三角锥形 H_2O　V 字形	SCl_4　变形四面体 ICl_3　T 字形 I_3^-　直线形	IF_5　四角锥形 XeF_4　正方形 ICl_4^-　正方形

2. 杂化轨道理论应用实例

（1）sp 杂化

CO_2 分子为直线形。C 采取 sp 等性杂化（图 6-12）。C 的 2 个杂化轨道分别与 2 个 O 的 2p 轨道（有单电子）重叠成 σ 键，故 CO_2 分子为直线形。

CO_2 分子中，C 未参与杂化的 2 个 2p 轨道有单电子，分别与 O 的 2p 轨道成 π 键。即 C 与 2 个 O 形成 2 个互相垂直的 π 键（图 6-13）。

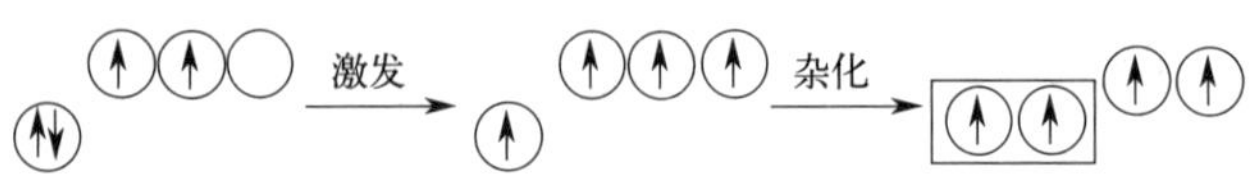

图 6-12　碳原子的电子激发和 sp 杂化

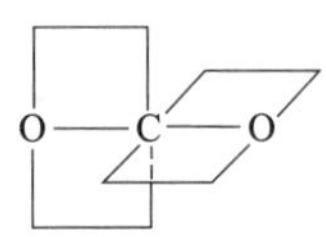

图 6-13　CO_2 分子中互相垂直的 π 键

从 CO_2 分子构型和成键情况可知，分子构型由 σ 键决定。

（2）sp^2 杂化

BF_3 分子构型为正三角形，可以用杂化轨道理论讨论其成键和分子构型。B 的价电子构型为 $2s^22p^1$，为形成 3 个共价键，激发一个电子后采取 sp^2 等性杂化（图 6-14）。3 个杂化轨道呈正三角形分布，分别与 F 的 2p 轨道中的单电子配对成 σ 键。故 BF_3 分子为正三角形。

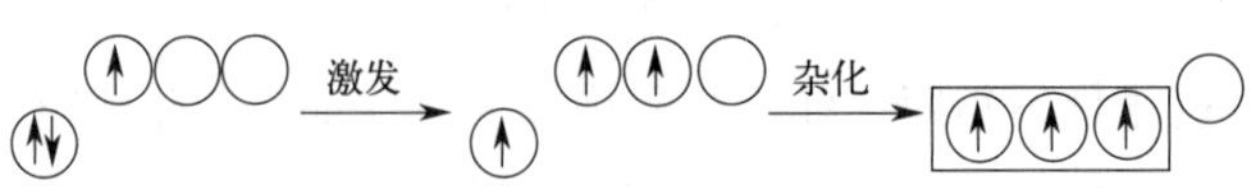

图 6-14　硼原子的激发和 sp^2 杂化

（3）sp^3 杂化

CH_4 和 CCl_4 分子为正四面体构型，键角均为 109°28′。分子中 C 原子采取 sp^3 杂化，如图 6-11(a)。4 个杂化轨道呈正四面体分布，分别与配体形成 σ 键，故 CH_4 和 CCl_4 分子为正四面体构型。

（4）sp^3d 和 sp^3d^2 杂化

气态的 PF_5 和 PCl_5 分子为三角双锥构型。成键时，P 的 1 个 3s 电子激发到 3d 轨道，采取 sp^3d 杂化［图 6-15(a)］。5 个杂化轨道呈三角双锥分布，分别与卤素形成 σ 键，故 PF_5 和 PCl_5 分子为三角双锥构型。

SF_6 分子为八面体构型。S 的 1 个 3s 轨道电子和 1 个 3p 轨道电子激发到 3d 轨道，共有 6 个单电子。S 采取 sp^3d^2 杂化［图 6-15(b)］，6 个杂化轨道呈八面体分布。6 个杂化轨道分别与 F 有单电子的 p 轨道形成 σ 键，故 SF_6 分子为正八面体构型。

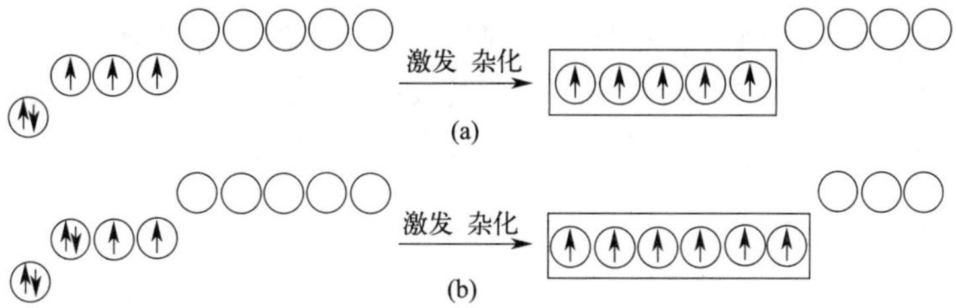

图 6-15　sp^3d 和 sp^3d^2 等性杂化轨道

（5）不等性杂化：NH_3 和 H_2O 分子

NH_3 分子为三角锥形。按照价层电子对互斥理论，N 价层有 4 对电子，3 对电子用于形成 N－H 键，还有 1 个孤电子对，N 采取 sp^3 不等性杂化［图 6-16(a)］。有单电子的 3 个杂化轨道分别与 H 形成 σ 键，有孤电子对的杂化轨道不成键［图 6-16(c)］。

H_2O 分子为 V 字形，分子中有 2 个 O—H 键和 2 个孤电子对，O 采取 sp^3 不等性杂化［图 6-16(b)］。有单电子的 2 个杂化轨道分别与 H 形成 σ 键，有孤电子对的杂化轨道不成键［图 6-16(d)］。

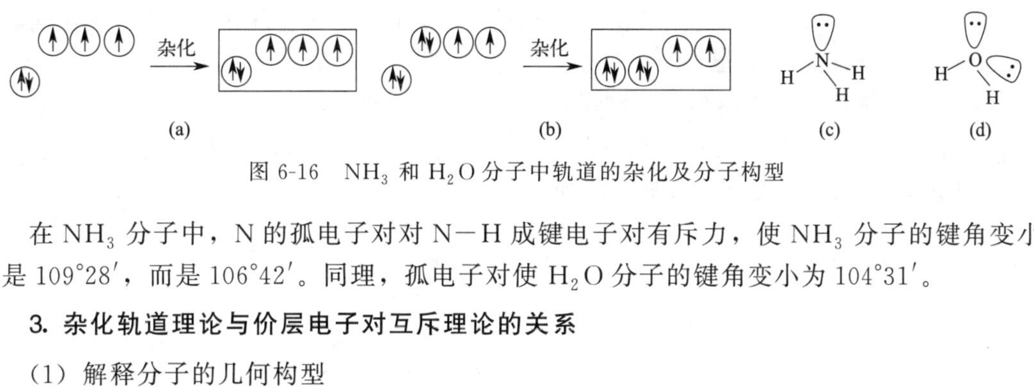

图 6-16　NH_3 和 H_2O 分子中轨道的杂化及分子构型

在 NH_3 分子中，N 的孤电子对对 N－H 成键电子对有斥力，使 NH_3 分子的键角变小，不是 109°28′，而是 106°42′。同理，孤电子对使 H_2O 分子的键角变小为 104°31′。

3. 杂化轨道理论与价层电子对互斥理论的关系

（1）解释分子的几何构型

杂化轨道理论和价层电子对互斥理论都能够解释分子的几何构型。例如，解释 CH_4 的四面体构型：按照杂化轨道理论，C 采取 sp^3 等性杂化，4 个杂化轨道呈四面体分布使 CH_4 具有四面体构型；按照价层电子对互斥理论，C 价层有 4 个电子对，价层电子对呈四面体分布，电子对数与配体数相同使 CH_4 具有四面体构型。

价层电子对互斥理论由电子对数和电子对构型判断分子的几何构型，而杂化轨道理论从分子的几何构型判断中心原子的杂化类型，解释这种构型的形成过程。

（2）轨道杂化类型与电子对构型的对应关系

中心价层电子对数一般与轨道的杂化类型对应，即电子对构型与轨道的杂化类型对应。

可先由价层电子对互斥理论判断中心原子的价层电子对数或电子对构型，进而判断中心原子的杂化类型：2 对电子，直线形，sp 杂化；3 对电子，正三角形，sp^2 杂化；4 对电子，正四面体，sp^3 杂化；5 对电子，三角双锥，sp^3d 杂化；6 对电子，正八面体，sp^3d^2 杂化。

例外的是，ClO_2 电子对数为 4，但 Cl 采取 sp^2 杂化而不是 sp^3 杂化。

(3) 孤电子对与杂化类型的关系

如果配体数等于价层电子对数，中心原子价层没有孤电子对，则中心原子采取等性杂化，如 BF_3、SO_3 和 PF_5 分子；如果配体数少于价层电子对数，中心原子价层有孤电子对，则中心原子采取不等性杂化，如 H_2O、NH_3 和 SF_4 分子。

若为等性杂化，则杂化轨道分布与分子构型一致；若为不等性杂化，孤电子对占有杂化轨道但不作为顶点，确定孤电子对位置后，其余杂化轨道与配体成键，即可确定分子的构型。未参与杂化的价层轨道，可形成 π 键或离域 π 键。

6.2.5 分子轨道理论

价键理论认为电子在原子轨道中运动，电子属于定域的。分子轨道理论认为电子不再属于原子，而是在分子轨道中运动，电子属于非定域的。分子轨道理论在解释分子的磁性和稳定性等方面非常成功。

1. 分子轨道的组成

分子轨道是由分子中原子轨道线性组合而成，分子轨道的数目等于参与组合的原子轨道数目。例如，在形成 H_2 分子时，2 个 H 原子的 1s 轨道组合成 2 个分子轨道（图 6-17）。

原子轨道线性组合形成的分子轨道中，能量高于原来原子轨道者称为反键轨道（Ψ^*_{MO}，MO＝Molecular orbital），能量低于原来原子轨道者称为成键轨道（Ψ_{MO}），能量等于或接近于原来原子轨道者称为非键轨道。

每个分子轨道都有各自的波函数，有自己的角度分布图。根据线性组合方式的不同，分子轨道可分为 σ 轨道和 π 轨道。

s-s 组合：两个原子的 1s 轨道线性组合后形成 1 个成键分子轨道 σ_{1s} 和 1 个反键分子轨道 σ^*_{1s}；若是两个原子的 2s 轨道线性组合，组合形成成键分子轨道 σ_{2s} 和反键分子轨道 σ^*_{2s}。s-s 组合成的分子轨道角度分布如图 6-17 所示。

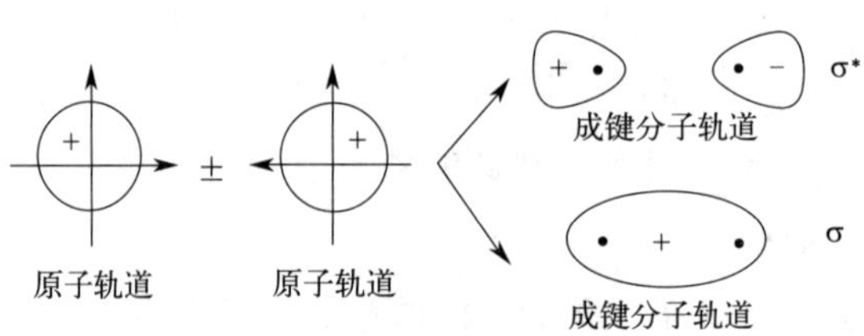

图 6-17 s-s 组合的分子轨道

p-p 组合：两个原子的 p 轨道线性组合有两种方式，即“头碰头”和“肩并肩”方式，前者组合成 σ 轨道，后者组合成 π 轨道。

两个原子沿 x 轴重叠时，两个 p_x 轨道形成“头碰头”的成键分子轨道 σ_{p_x} 和反键分子轨道 $\sigma^*_{p_x}$（图 6-18）；同时，两个原子的 p_y 轨道（或 p_z）轨道重叠分别形成“肩并肩”的成键分子轨道 π_{p_y}（或 π_{p_z}）和反键分子轨道 $\pi^*_{p_y}$（或 $\pi^*_{p_z}$）（图 6-19）。

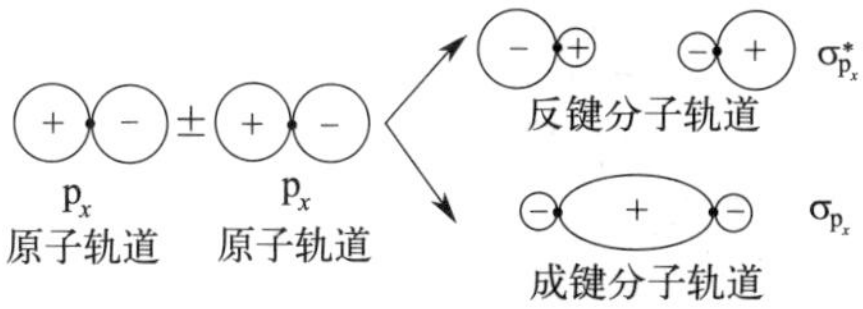

图 6-18　p-p“头碰头”组合的分子轨道

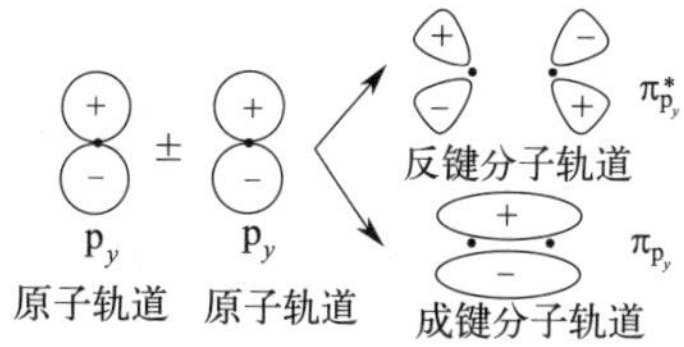

图 6-19　p-p“肩并肩”组合的分子轨道

由图 6-17、图 6-18 和图 6-19 可知，成键分子轨道的两核间无节面，反键分子轨道的两核间有节面；π 分子轨道有通过键轴的节面，σ 分子轨道无通过键轴的节面。

分子中的电子是非定域的，所有电子属于整个分子，电子在分子轨道中的排布同样遵循能量最低原理、泡利原理和洪德规则。

2. 原子轨道组合的原则

原子轨道组合形成分子轨道时，要满足三个原则：对称性匹配原则、能量相近原则和轨道最大重叠原则。

按照重叠的轨道与键轴间的关系，只有对称性相同的原子轨道才能组合形成分子轨道。在价键理论中讨论过，沿 x 轴方向接近时，s 轨道与 p_x 轨道对称性相同形成 σ 键，p_y 和 p_y、p_z 和 p_z 形成 π 键。按照分子轨道理论，以 x 轴为键轴组合成分子轨道时，s-s、s-p_x、p_x-p_x 组合成 σ 轨道，p_y-p_y 或 p_z-p_z（图 6-19）、p_y-d_{xy} 或 p_z-d_{xz} 组合成 π 轨道。

能量相近的原子轨道才能组合成有效的分子轨道，而且原子轨道的能量越接近，则组合成的分子轨道的能量越低，形成的化学键越稳定。

H 原子 1s 轨道的能量与 O 原子 2p 轨道及 Cl 原子 3p 轨道的能量相近，H、O、Cl 之间能组合成有效的分子轨道，如形成 HCl、H_2O、ClO_2 等共价化合物；而 Na 原子 3s 轨道的能量较高，不能与 H、O、Cl 组合成有效的分子轨道，Na 与 H、O、Cl 间只能形成离子键，如 NaCl、NaH、Na_2O 等都是离子化合物。

在满足对称性匹配和能量相近原则的基础上，原子轨道重叠程度越大，组合成的分子轨道的能量越低，形成的化学键越稳定。如果两个原子轨道沿 x 轴重叠成分子轨道，p_x-p_x 以“头碰头”重叠，p_y-p_y 及 p_z-p_z 以“肩并肩”重叠。一般来说，p 轨道间“头碰头”重叠程度比“肩并肩”重叠程度大，即 σ 键比 π 键稳定。

3. 同核双原子分子

经常用横的短线表示轨道，以短线上、下的相对位置表示轨道能量的高、低，将短线及其相对位置表示的原子轨道及其组合形成的分子轨道的关联图，称为分子轨道能级图。

同核双原子分子的轨道能级图分两种类型，图 6-20(a) 适用于 O_2、F_2 分子或分子离子，图 6-20(b) 适用于 B_2、C_2、N_2 分子或分子离子。

分子轨道式是将分子轨道符号按能量由低到高进行排列的表达式。如 O_2 分子的分子轨道式（未排布电子）可表示为：$(\sigma_{1s})(\sigma_{1s}^*)(\sigma_{2s})(\sigma_{2s}^*)(\sigma_{2p_x})(\pi_{2p_y})(\pi_{2p_z})(\pi_{2p_y}^*)(\pi_{2p_z}^*)(\sigma_{2p_x}^*)$。

电子在分子轨道中的排布可以用能级图表示，也可以用分子轨道式表示，前者较为直观，后者较为简便。

分子轨道理论经常用键级描述分子或分子离子的稳定性。键级越大，则键能越大，键长越短，分子或分子离子越稳定。键级的定义为

$$\text{键级}=\frac{\text{成键轨道电子数}-\text{反键轨道电子数}}{2}$$

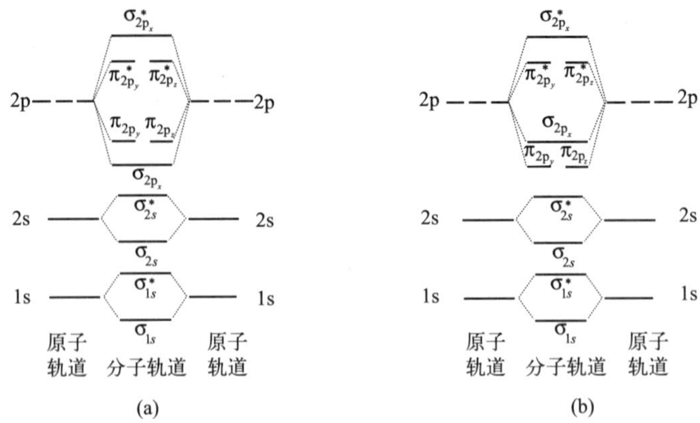

图 6-20 同核双原子分子的轨道能级图

H_2 分子共有 2 个电子，电子在能级图中排布如图 6-21(a) 所示。H_2 分子轨道式为 $(\sigma_{1s})^2$，键级为 1，与价键理论结果一致。H_2 分子的电子填充到成键轨道中，能量比在原子轨道中低，这个能量差正是分子轨道理论中化学键的本质。

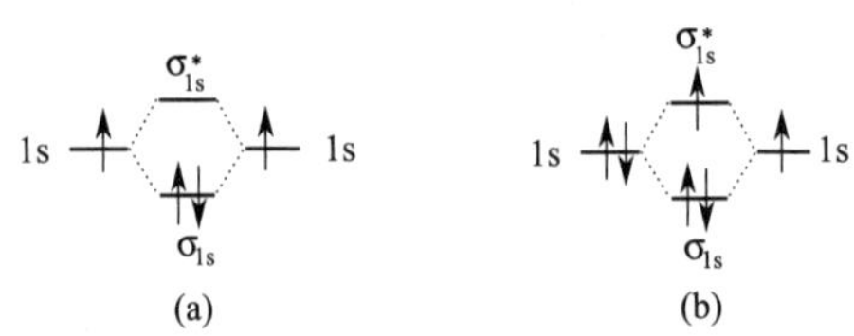

图 6-21 H_2 和 He_2^+ 的分子轨道能级图及电子排布

He_2^+ 离子共有 3 个电子，电子在能级图中排布如图 6-21(b) 所示。He_2^+ 轨道式为 $(\sigma_{1s})^2(\sigma_{1s}^*)^1$，键级为 0.5。$He_2^+$ 虽不稳定，但能够存在。用路易斯理论和价键理论不能解释 He_2^+ 的生成，而用分子轨道理论能够解释。

N_2 分子轨道能级图如图 6-20(b) 所示。分子共有 14 个电子，6 个 2p 轨道电子在能级图中排布如图 6-22(a) 所示。N_2 分子轨道式为 $(\sigma_{1s})^2(\sigma_{1s}^*)^2(\sigma_{2s})^2(\sigma_{2s}^*)^2(\pi_{2p_y})^2(\pi_{2p_z})^2(\sigma_{2p_x})^2$，简写为 $KK(\sigma_{2s})^2(\sigma_{2s}^*)^2(\pi_{2p_y})^2(\pi_{2pz})^2(\sigma_{2p_x})^2$，其中 KK 表示充满电子的 2 个原子的 1s 轨道（K 层）。N_2 分子的键级为 3，1 个 σ 成键轨道，2 个 π 成键轨道，与价键理论结果一致。由于 σ_{1s} 和 σ_{1s}^*、σ_{2s} 和 σ_{2s}^* 都填满电子，对分子的成键作用互相抵消，故可由能量高的（π_{2p_y}）、π_{2p_z} 和 σ_{2p_x} 轨道电子数计算分子的键级。

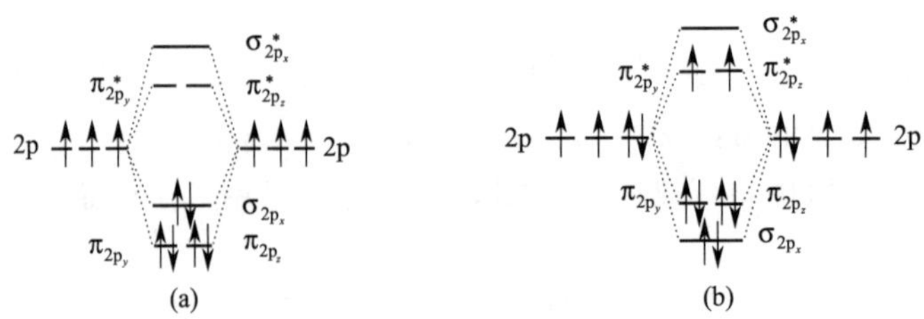

图 6-22 N_2（a）和 O_2（b）分子轨道能级图（价层）及电子排布

O_2 分子轨道能级图如图 6-20(a) 所示。分子共有 16 个电子，8 个 2p 轨道电子在能级图中排布如图 6-22(b) 所示。O_2 分子的键级为 2，1 个 σ 成键轨道，2 个 π 成键轨道，2 个 π^*（反键）轨道各有 1 个电子，键级与价键理论结果一致。

O_2 分子轨道式和分子轨道能级图的电子排布表明，O_2 分子有 2 个单电子，分子有顺磁性，与实验结果一致（在分子的轨道中有单电子时，化合物具有顺磁性）。按照分子轨道理论能很好地解释 O_2 分子的顺磁性，而价键理论却不能合理解释。

分子轨道理论能够解释 O_2^+、O_2^- 的顺磁性和 O_2^{2+}、O_2^{2-} 的抗磁性。按照分子轨道理论，根据键级的大小，氧分子及其离子的稳定性顺序为

$$O_2^{2+} > O_2^+ > O_2 > O_2^- > O_2^{2-}$$

4. 异核双原子分子

由于两种元素的电负性和有效核电荷不同，同层的原子轨道能量不相同。例如，C 原子 2p 轨道的能量比 O 原子 2p 轨道的能量高。

CO 与 N_2 为等电子体，其分子轨道能级图（图 6-23）与 N_2 分子相似，成键轨道 σ_{2p} 能量比 π_{2p} 高。CO 分子轨道式为 $KK(\sigma_{2s})^2(\sigma_{2s}^*)^2(\pi_{2p_y})^2(\pi_{2p_z})^2(\sigma_{2p_x})^2$，分子的键级为 3，1 个 σ 成键轨道，2 个 π 成键轨道。

NO 分子轨道能级图也与 N_2 分子相似，只是 NO 的反键轨道 π_{2p}^* 有一个单电子，NO 分子的键级为 2.5，分子有顺磁性。NO 失去一个电子后生成的 NO^+ 则为抗磁性的。

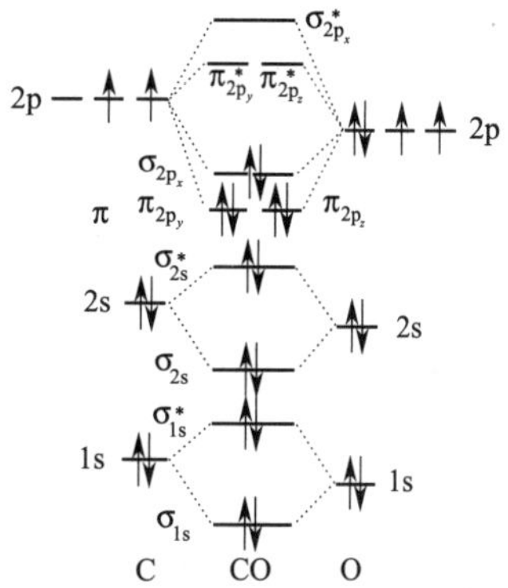

图 6-23　CO 分子轨道能级图及电子排布

6.3 离域 π 键和 d-p π 配键

6.3.1 离域 π 键

1. 离域 Π_3^4 键

O_3 分子中，中心原子采取 sp^2 杂化，如图 6-24(a) 所示。中心 O 的 2 个 sp^2 杂化轨道和两个配体 O 的 2p 轨道各形成一个 σ 键，分子构型为 V 字形。O_3 的中心原子未杂化的 $2p_z$ 轨道有 2 个电子，如图 6-24(a)、(b) 所示。

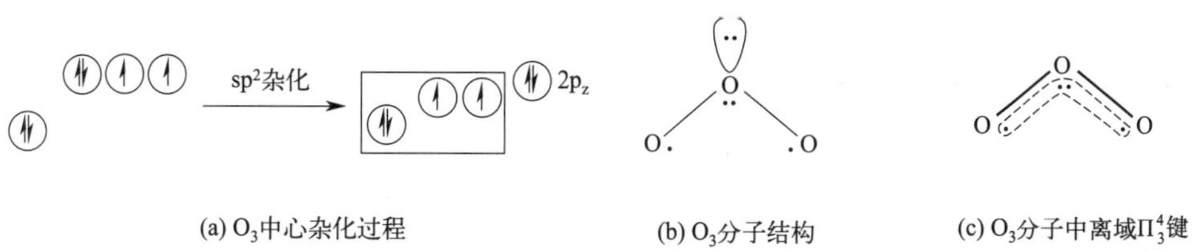

图 6-24　O_3 分子中心杂化、分子结构和离域 π 键

两个配体 O 的 $2p_z$ 轨道各有 1 个单电子，成键未饱和，都有成键的能力，但这两个配体 O 的 $2p_z$ 轨道距离较远，不能重叠成键。中心 O 的 $2p_z$ 轨道与 2 个配体 O 的 $2p_z$ 轨道互相平行，对称性相同，可以按“肩并肩”重叠，形成三中心四电子 π 键 Π_3^4，如图 6-24(c)

所示。这种π键的电子属于整个分子，故称为离域π键或共轭π键。离域π键为多中心键，也称大π键。O_3 分子中的离域π键可以理解为，2个配体O的p轨道借助中心原子的p轨道相互重叠形成的π键。

SO_2 和 NO_2^- 是 O_3 的等电子体，三者有相似的结构和成键，都有离域 Π_3^4 键。

O_3 分子中 Π_3^4 的分子轨道能级图如图6-25(a)所示，3个 p_z 轨道组合形成3个π轨道，1个成键轨道，1个反键轨道，1个非键轨道（与原子轨道能量相同）。Π_3^4 键对分子的键级贡献为1，对每个O—O键贡献1/2个键级，即 O_3 分子中O—O键的键级为1.5。可见，O_3 分子不如 O_2（键级为2）稳定。O_3 分子没有单电子，故 O_3 为抗磁性分子。

图6-25　形成 Π_3^4 和 Π_4^6 键的分子轨道能级图及电子排布

2. 离域 Π_4^6 键

SO_3 分子中，中心原子S激发一个3s轨道电子进入3d轨道，以保证S的 sp^2 杂化轨道中有3个单电子，中心原子未杂化的 $3p_z$ 轨道有2个电子；中心S原子的 sp^2 杂化轨道和3个配体O的2p轨道各形成一个σ键，分子构型为正三角形，如图6-26所示。

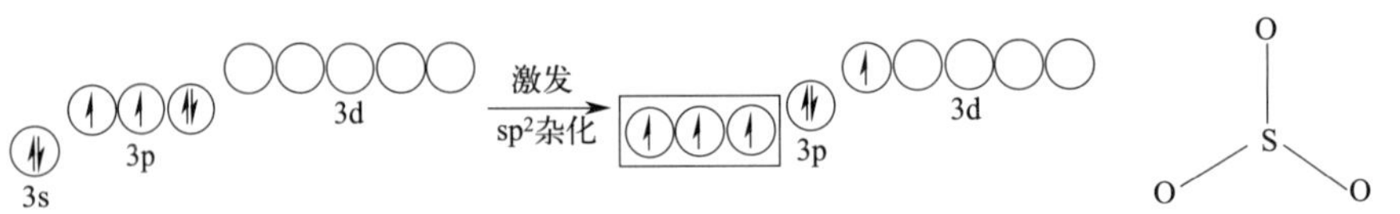

图6-26　SO_3 分子中心原子的杂化和分子构型

SO_3 分子中3个配体O的 $2p_z$ 轨道有单电子，与中心S原子的 $3p_z$ 轨道互相平行，对称性相同，可以按“肩并肩”重叠，形成离域π键；同时，S原子激发到3d轨道的电子进入离域π键中，SO_3 分子形成四中心六电子离域π键 Π_4^6，如图6-27(a)所示。SO_3 分子中的离域π键可以理解为3个配体O的p轨道借助中心S原子的p轨道相互重叠形成π键。

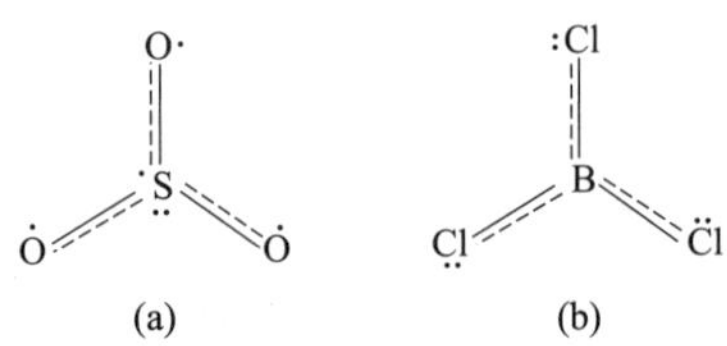

图6-27　SO_3 和 BCl_3 分子中的离域 Π_4^6 键

SO_3 分子中 Π_4^6 的分子轨道能级图如图6-27(b)所示，4个 p_z 轨道组合形成4个π轨道，1个成键轨道、1个反键轨道、2个非键轨道。Π_4^6 键对分子的键级贡献为1，对每个S—O键贡献 $\frac{1}{3}$ 个键级，即 SO_3 分子中S—O键的键级为 $1\frac{1}{3}$。SO_3 分子没有单电子，故 SO_3 为抗磁性分子。

与 SO_3 相似，BCl_3、NO_3^-、CO_3^{2-} 等都有离域的 Π_4^6 键。而且 SO_3 与 BCl_3、NO_3^-、CO_3^{2-} 互为等电子体。

BCl_3 分子中，B采取 sp^2 杂化（图6-14），3个杂化轨道分别与Cl的3p轨道单电子成σ键，B未杂化的 $2p_z$ 空轨道与Cl有电子对的 $3p_z$ 轨道重叠，故 BCl_3 分子中有离域的 Π_4^6 键

[图 6-27(b)]。Π_4^6 键形成使 BCl_3 分子中 B—Cl 键的键级增加，缓解了 B 的缺电子性，提高了 BCl_3 分子的稳定性。

ClO_2 分子中有离域 Π_3^5，杂化与成键与 SO_3 相似，分子中 Cl—O 键的键级为 $1\frac{1}{4}$。

6.3.2 d-p π 配键

1. 简单化合物中的 d-p π 配键

在 H_2SO_4 分子中，中心 S 原子采取 sp^3 杂化。S 的 sp^3 杂化轨道只有 2 个单电子，如何与 4 个配体（2 个 OH，2 个端 O）成键？可以预测，S 与配体间除形成正常共价键外，还有其他成键方式。

S 原子两个有单电子的 sp^3 杂化轨道与 2 个 OH 配体各形成 1 个 σ 键，中心 S 原子 2 个有电子对的 sp^3 杂化轨道向 2 个端 O 的 p 轨道配位形成 2 个 σ 配键，H_2SO_4 分子为四面体构型，如图 6-28(a) 所示。H_2SO_4 分子中端 O 的 p 轨道为接受 S 的杂化轨道电子对配位，需进行重排而空出 1 个 p 轨道，如图 6-28(b)。

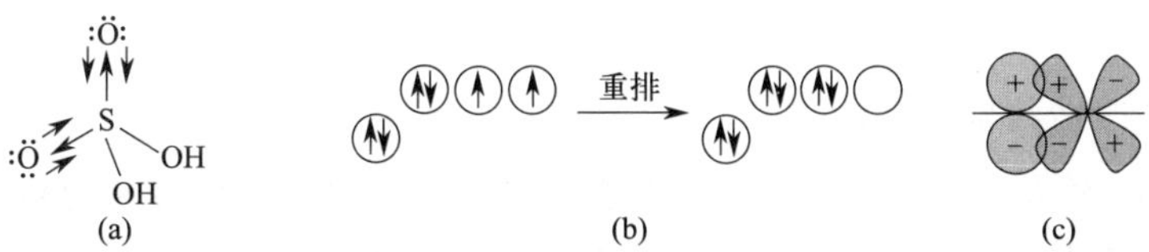

图 6-28　(a) H_2SO_4 分子构型和成键，(b) 端 O 原子 p 轨道电子重排，(c) p 轨道与 d 轨道的重叠

H_2SO_4 分子中端 O 的 p 轨道的电子对向中心 S 原子的空的 d 轨道配位，形成 π 配键。如图 6-28(c) 所示，p 轨道与 d 轨道对称性一致，能进行有效重叠。这种 π 键是由 S 原子提供空的 d 轨道，O 原子的 p 轨道提供电子对，故称 d-p π 配键，也称反馈 π 键或反馈键。

H_3PO_2、H_3PO_3、H_3PO_4、P_4O_{10}、$SOCl_2$、SO_2Cl_2、$HClO_2$、$HClO_3$、$HClO_4$ 等许多分子中都有 d-p π 配键。即中心原子的电子对向端 O 配位形成 σ 配键，端氧 p 轨道的电子对向中心原子空的 d 轨道配位形成 d-p π 配键。

2. 配位化合物中的 d-p π 配键

在配位化合物中，如果配体中有双键，则中心与配体之间既有配体的电子对向金属的杂化空轨道配位形成的 σ 配键，也有金属 d 轨道（未杂化）的电子对向配体的 π^* 空轨道配位形成的 d-p π 配键。

在 $K[Pt(C_2H_4)Cl_3]$ 中，乙烯（C_2H_4）成键的 π 电子向中心 Pt^{2+} 空的杂化轨道配位形成 σ 配键，如图 6-29(a) 所示；Pt^{2+} 的 d 轨道电子对向乙烯空的 π^* 轨道配位，形成 d-p π 配键，如图 6-29(b)。

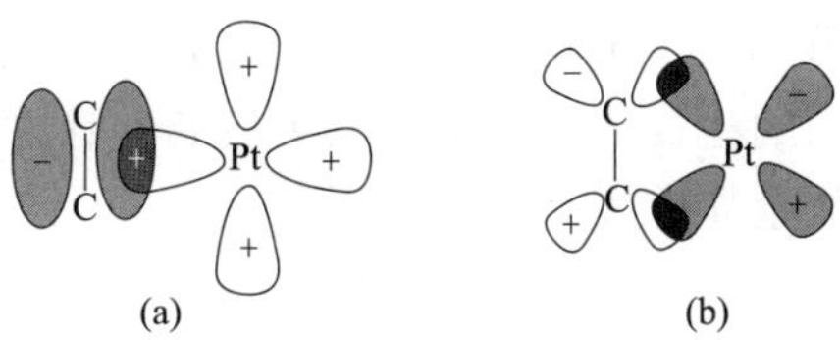

图 6-29　$K[Pt(C_2H_4)Cl_3]$中 Pt 与 C_2H_4 的成键

同样，$K_3[Fe(CN)_6]$中既有CN^-的电子对向Fe^{3+}的杂化轨道配位形成的σ配键，也有Fe^{3+}的d轨道的电子对向CN^-的π^*轨道配位形成的d-p π配键。在金属与有机膦形成的配合物中，金属M与P原子间有d-d π配键（M的d电子向P原子空的d轨道配位）。

6.4 金属键理论与金属晶体结构

周期表中大部分元素为金属，金属原子以金属键结合形成金属晶体，金属晶体中有序排列的粒子是金属原子。金属晶体中原子堆积方式主要有六方密堆积、面心立方密堆积、体心立方密堆积和金刚石型堆积。前二者为紧密堆积或最密堆积，金刚石型堆积为非密堆积。

6.4.1 金属键理论

金属晶体中原子间的结合力称为金属键。通过金属键结合形成的金属晶体与分子晶体、离子晶体、原子晶体的性质有很大差别，金属晶体有光泽，有良好的导电性、导热性、延展性。

1. 金属键的改性共价键理论

金属原子的半径大，原子核对价电子的引力小，这些价电子很容易脱离原子核的束缚成为自由电子，自由电子可在金属晶体中自由运动。

失去电子的金属离子通过吸引电子结合在一起，形成金属晶体。这就是金属键的改性共价键理论，与共价键中的原子通过共用电子对结合在一起相似。改性共价键理论对金属键形象化的描述是“失去电子的金属离子浸在自由电子的海洋中”。

金属键实质是静电引力，没有方向性。金属键没有固定的键能。

（1）金属键的强弱

金属键的强弱与自由电子的多少有关，也与离子半径、电子层结构等许多因素有关。一般来说，金属原子价层单电子多，金属键强，熔点高，硬度大。例如，钨和铼熔点超过3200 ℃；铬价层有6个单电子，使其成为硬度最高的金属；钾和钠价层单电子少，熔点低，硬度小。

金属键强弱可以用金属的原子化热来衡量。金属原子化热是指将晶体中1 mol金属原子变成气态原子所需要的能量。金属原子化热小，则其熔点低，硬度小；反之则熔点高，硬度大。例如，金属钾的原子化热（90 $kJ\cdot mol^{-1}$）小，钾的熔点（64 ℃）和沸点（774 ℃）低，硬度（莫氏硬度0.5）小；金属钙的原子化热（177 $kJ\cdot mol^{-1}$）较大，钙的熔点（839 ℃）和沸点（1474 ℃）比钾高得多，钙的硬度（莫氏硬度1.5）也比钾大得多。

（2）解释金属晶体的性质

金属可以吸收波长范围极广的光，并重新反射出去，故金属晶体不透明，且有金属光泽；在外电压的作用下，自由电子可定向移动，故金属有导电性；金属受热时通过自由电子的碰撞及电子与金属离子之间的碰撞传递能量，故金属有导热性；金属受外力时发生变形或错位，但金属键不被破坏，故金属有很好的延展性。

2. 金属键的能带理论

（1）金属能带理论

金属能带理论是在分子轨道理论基础上发展起来的。根据分子轨道理论，2个原子轨道可以组合为 2 个分子轨道：1 个成键轨道和 1 个反键轨道。

对于 Li 原子，其电子构型为 $1s^2 2s^1$。Li_2 分子轨道能级图的两种表示法如图 6-30 所示。

Li 的金属晶体中 n 个 1s 轨道组成 n 个分子轨道。这些能量相近的能级组成能带，这 n 个分子轨道填满电子，故称满带（图 6-31）。Li 的金属晶体中 n 个 2s 轨道组成 n 个分子轨道，2s 轨道组成的能带中，一半轨道填满电子而另一半轨道未填电子，即轨道半充满。由于能带内分子轨道之间能量差小，电子跃迁所需能量小，电子可以向空轨道跃迁使金属晶体导电。故轨道半充满的能带称为导带。Li 的金属晶体中 $3n$ 个 2p 轨道组成 $3n$ 个分子轨道，2p 轨道组成的能带中没有填充电子，故称为空带。

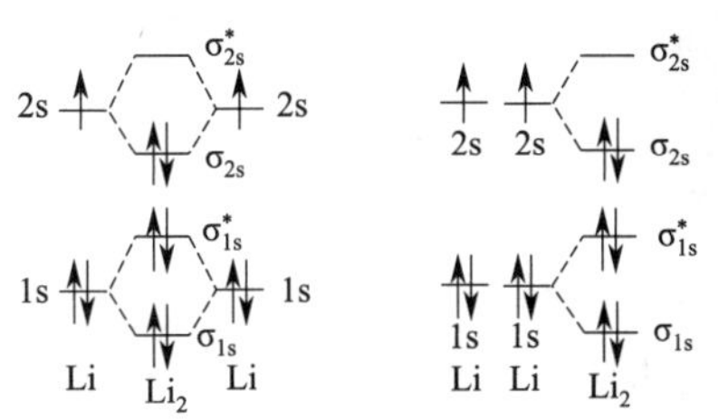

图 6-30 Li_2 分子轨道能级图的两种表示法

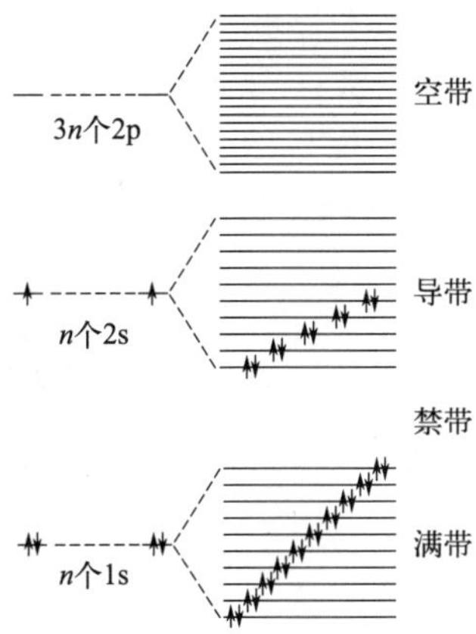

图 6-31 Li 金属晶体中的能带

两种能带之间没有分子轨道，能量间隔较大，电子难以跃迁，称为禁带。

（2）解释金属的性质

导带中电子可以跃迁进入空轨道中，故金属导电。有的金属满带和空带有部分重叠（图 6-32），也相当于有导带，能够导电，如金属 Be 和 Ca 等。

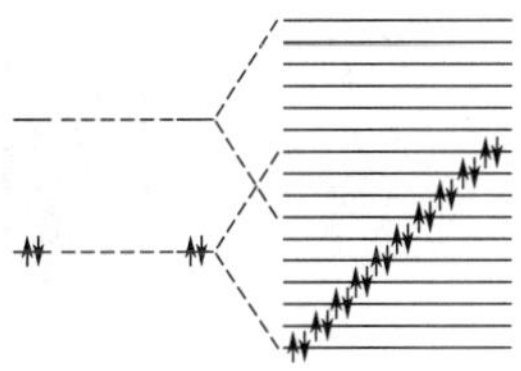

图 6-32 满带和空带的重叠

若金属晶体中没有导带，且满带和空带之间的禁带能量 $E>5$ eV，电子难以跃迁，则该金属晶体为绝缘体；若禁带能量 $E<3$ eV，在外界能量激发下，电子可以穿越禁带从满带进入空带而导电，则该金属晶体为半导体。

电子在能带中跃迁，能量变化的覆盖范围相当广泛，放出各种波长的光，故大多数金属呈银白色，有金属光泽。金属晶体受外力时金属能带不被破坏，故有延展性。

6.4.2 金属晶体结构

1. 六方密堆积

金属晶体中的原子可以看成等径的刚性球，在一层内，最紧密的堆积方式是一个球与周围的 6 个球相切，在中心的周围形成 6 个凹位，这是第一层（记为 A 层）。第二层是将球对准 1、3、5 凹位（记为 B 层）；第三层则重复第一层。如图 6-33 所示。

六方密堆积每两层形成一个周期，即为 ABAB 堆积方式，堆出六棱柱形的单元。六方密堆积原子的配位数为 12，晶胞中有 2 个原子，空间利用率为 74.05%。金属 Be、Mg、Sc、Y、La、Ti、Zr、Hf、Zn、Cd 等晶体为六方密堆积。

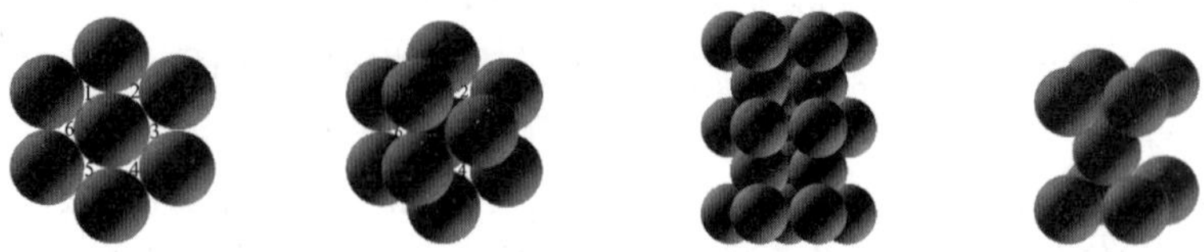

六方密堆积第一层　六方密堆积第二层　六方密堆积主视图　六方密堆积晶胞

图 6-33　金属晶体的六方密堆积

2. 面心立方密堆积

面心立方密堆积第一层和第二层与六方密堆积相同，第三层是将球对准第一层的 2、4、6 凹位（记为 C 层）；第四层重复第一层；面心立方密堆积按 ABC ABC 三层形成一个周期（图 6-34）。原子配位数为 12，空间利用率为 74.05%。金属 Ca、Sr、Cu、Ag、Au、Ni、Pd、Pt 等晶体为面心立方密堆积。

面心立方密堆积　面心立方密堆积主视图

图 6-34　金属晶体的面心立方密堆积

从图 6-34 很难确定面心立方密堆积金属晶体的晶胞。若第一层为浅黑色网格的球，第二层为空心球，第三层为深黑色的球（图 6-35），然后将第一层只留下一个原子，则可显示出晶胞的轮廓。

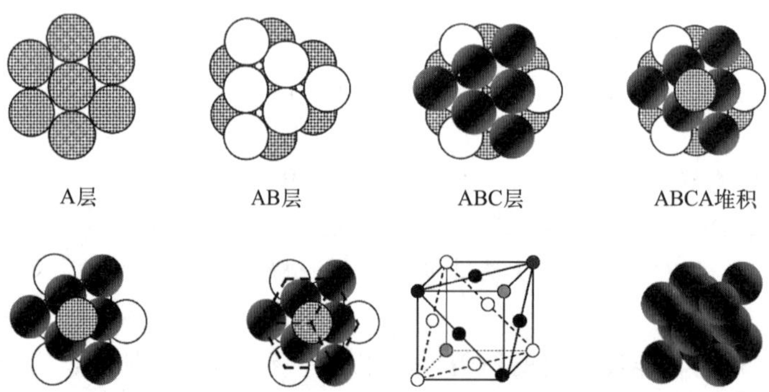

A层只留一个原子　面心立方晶胞的选取　面心立方晶胞

图 6-35　金属晶体面心立方密堆积的晶胞选取

3. 体心立方密堆积和金刚石型堆积

体心立方密堆积中（图 6-36），立方体的中心原子与顶点 8 个原子相切，立方体的顶点原子间都不相切，空间利用率比面心立方和六方堆积的低。原子配位数为 8，晶胞中有 2 个原子，空间利用率为 68.02%。体心立方堆积的金属主要有 Li、Na、K、Rb、V、Nb、Ta、Cr、Mo、W、Fe 等。

金刚石型堆积可以看成立方硫化锌晶胞中所有离子换成金属原子，灰锡、锗等金属采取

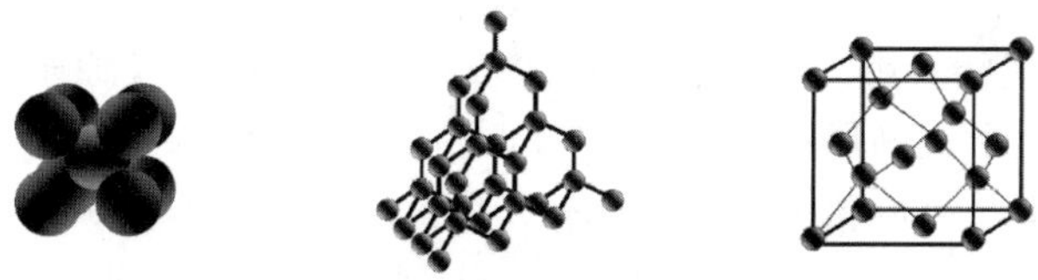

体心立方密堆积晶胞　金刚石型堆积四面体联结　金刚石型堆积晶胞

图 6-36　体心立方密堆积和金刚石型堆积

金刚石型堆积（图 6-36），原子配位数为 4，晶胞中有 8 个原子，空间利用率仅为 34.01%。

6.5 分子间作用力

分子内原子间通过共价键结合，物质中分子间通过分子间作用力结合。共价键的结合能一般在一百至数百千焦每摩尔，而分子间的作用力只有几个到几十千焦每摩尔。

6.5.1 分子的极性

1. 极性分子与非极性分子

Cl_2 是非极性分子，原因在于组成分子的两个原子属于同种元素，即两个原子的电负性差为 0，形成的共价键是非极性的。HCl 分子是极性分子，原因在于组成分子的两个原子电负性不同，形成的共价键是极性的。那么，组成 CO_2 分子的 C 和 O 电负性不同，C－O 键为极性键，为什么 CO_2 分子却是非极性分子？O_3 分子由 3 个 O 原子组成，为什么由相同元素形成的 O_3 分子是极性分子？

由 Cl_2、HCl 和 CO_2 分子的例子可知，极性分子肯定源于共价键的极性，而非极性分子中的共价键未必是非极性的。

显然，键的极性与否与成键两原子的电荷分布有关，分子是否有极性与分子中的电荷分布有关。正电荷重心和负电荷重心重合的分子为非极性分子，如 H_2、Cl_2、CO_2、SO_3、BCl_3、CH_4、PF_5、SF_6 等；正电荷重心和负电荷重心不重合的分子为极性分子，如 HCl、H_2O、SO_2、O_3、NH_3、$CHCl_3$、SF_4 等。

2. 偶极矩

极性分子的极性大小可以用偶极矩 μ 来度量。

$$\mu = d \cdot q$$

式中，d 为正电荷重心与负电荷重心的距离；q 为正电荷重心和负电荷重心电荷的电量。偶极矩 μ 的单位以“德拜”（D）表示，$1D = 3.3 \times 10^{-30}$ C·m(库仑·米)。

偶极矩是一种矢量，双原子分子的偶极矩即为共价键的键矩，而多原子分子的偶极矩是分子中各共价键键矩的矢量和。若具有极性键的分子的键矩互相抵消，即键矩的矢量和为 0，则分子的正电荷重心和负电荷重心重合，如 CO_2、SO_3、BCl_3 等，分子为非极性的。O_3 分子是极性分子，原因在于分子中的端 O 与中心 O 周围的电子密度不同，使 O—O 键具有极性；O_3 分子为非直线结构，两个 O—O 键的键矩不能相互抵消，分子的正电荷重心与负电荷重心不能重合。

孤电子对的存在和离域 π 键的形成有时也影响分子的偶极矩，如 NH_3 分子的偶极矩较大而 NF_3 分子的偶极矩较小。NH_3 分子中，成键电子对靠近 N 原子一侧，N 原子上的孤电子对与 N—H 成键电子对的偶极矩方向一致，使偶极矩增大；NF_3 分子中，成键电子对靠近 F 原子一侧，N 原子上的孤电子对与 N—F 成键电子对的偶极矩方向不一致，使偶极矩减小，如图 6-37 所示。

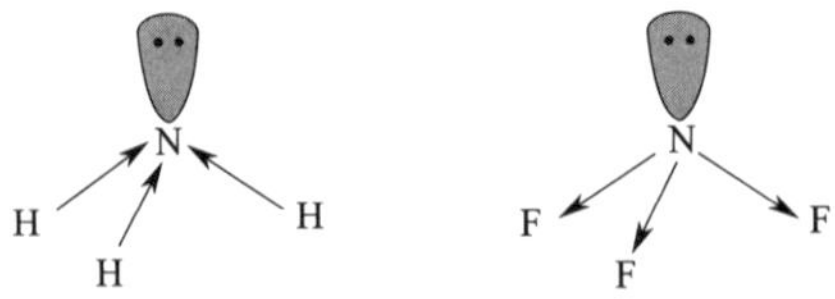

图 6-37　孤电子对对分子偶极矩的影响

极性分子的正电荷重心和负电荷重心不重合，总是存在偶极矩，故极性分子的偶极矩称为永久偶极，也称固有偶极。

非极性分子在外电场的作用下，正电荷重心和负电荷重心不再重合，产生偶极；同样，极性分子在外电场的作用下，偶极矩会增大。在外电场的作用下产生的偶极称为诱导偶极，用 $\Delta\mu$ 表示（图 6-38）。诱导偶极大小与外电场强度成正比，也与分子本身的变形性成正比。

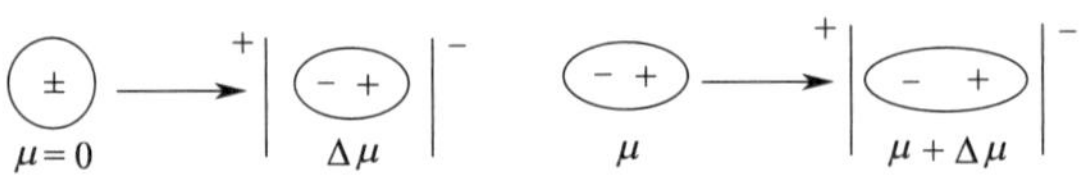

图 6-38　诱导偶极的产生

非极性分子和极性分子，由于运动、碰撞等原因产生的原子核和电子的相对位置瞬间变化，使分子瞬间正负电荷重心不重合而产生偶极，称为瞬间偶极。分子的变形性越大，瞬间偶极越大。

6.5.2　分子间作用力

分子间作用力包括取向力、诱导力和色散力，统称为范德华力。一般以色散力为主。

取向力是永久偶极和永久偶极之间的作用，仅存在于极性分子之间。极性分子的正电端与负电端的互相吸引以及同种电荷的排斥作用，使分子定向排列，故取向力也称定向力。取向力是静电引力，分子的永久偶极越大，取向力越大。

诱导力是诱导偶极和永久偶极之间的作用，存在于极性分子和非极性分子之间、极性分子和极性分子之间。

色散力是瞬间偶极和瞬间偶极之间的作用，存在于所有分子之间。用量子力学推导出的色散力计算公式与光散射的计算公式在数学形式上相似，故将这种力称为色散力。

范德华力是一种近程力，随着分子间距离的增大而迅速减小，其作用力只有几个到几十千焦每摩，比化学键键能小 1～2 个数量级。分子间力是静电引力，故没有方向性和饱和性。

分子间作用力影响物质的熔、沸点。例如，随着分子体积增大，卤素单质分子间色散力增大，则熔、沸点依次增加；同样，分子间作用力不同使 $SOCl_2$ 的熔、沸点比 SOF_2 高得多。

6.5.3 氢键

氢键是分子中的 H 与分子内或分子间其他原子产生的一种特殊作用力。

1. 氢键的形成

H_2O 的沸点比 H_2S、H_2Se、H_2Te 的沸点高得多，HF 的沸点比 HCl、HBr、HI 的沸点高得多。因 H_2O 和 HF 在同族元素氢化物中体积最小，这种现象用范德华力难以解释。

H_2O 和 HF 分子中的 O 和 F 均为第二周期元素，半径小，即 H—F 和 H—O 共价键较强；同时，O 和 F 的电负性大，即 H—F 和 H—O 键中的电子对距离 H 较远，分子中的 H 有明显的正电性（缺电子），而 O 和 F 有明显的负电性（富电子）。缺电子的 H 与附近分子中富电子的原子（如 O 和 F）产生静电作用，这种作用称为氢键。氢键用"…"表示，如 HF 分子间、H_2O 分子间形成的氢键（图 6-39）。

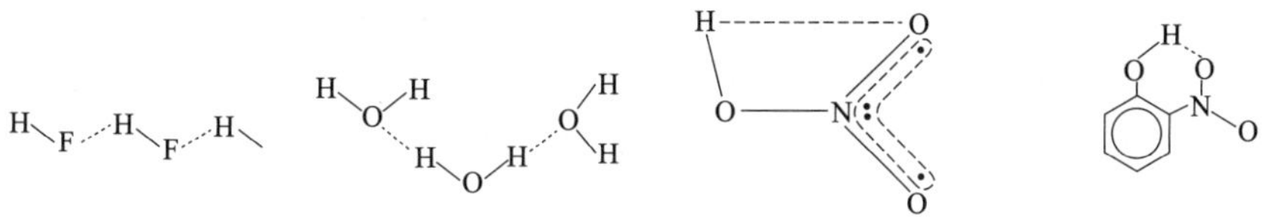

HF的分子间氢键　　H_2O的分子间氢键　　HNO_3的分子内氢键　　邻硝基苯酚的分子内氢键

图 6-39　分子形成的氢键示意图

与 F、O、N 成键的 H 与分子中的 F、O、N 原子能形成氢键，而 Cl—H 和 C—H 提供的氢形成的氢键则很弱。

氢键分为分子内氢键和分子间氢键。分子内氢键是指与氢成共价键的原子和与氢成氢键的原子属于同一个分子，如硝酸、邻硝基苯酚都有分子内氢键（图 6-39）。分子间氢键则是指与氢成共价键的原子和与氢成氢键的原子不属于同一个分子，如 H_2O 分子间形成的氢键，NH_3 分子间形成的氢键，NH_3 与 H_2O 分子间形成的氢键等。

氢键具有饱和性和方向性。由于 H 原子的体积小，1 个 H 周围一般只能有 2 个原子，即 1 个 H 形成 1 个氢键，所以氢键有饱和性。由于 H 原子两侧的电负性大的原子相互排斥，使两个原子在 H 的两侧尽量呈直线排列，所以氢键有方向性。但氢键的饱和性和方向性与共价键的饱和性和方向性有本质的区别。

氢键的强度和 H 两侧的原子的电负性有关，原子的电负性越大，氢键越强，键能越大。如 F—H…F、O—H…O、N—H…N 氢键键能分别为 28.0 $kJ \cdot mol^{-1}$、18.8 $kJ \cdot mol^{-1}$、5.4 $kJ \cdot mol^{-1}$。

2. 氢键对化合物性质的影响

氢键影响化合物的物理性质。分子间存在氢键时，分子间的作用力增大，使化合物的熔、沸点升高。例如，CH_3CH_2OH 的沸点（78℃）比 H_3COCH_3 的沸点（−25 ℃）高得多，就是因为 CH_3CH_2OH 分子间形成了较强的氢键；由于 HF 分子间有氢键，HF 的沸点在卤化氢序列中最高，即 HF>HI>HBr>HCl；同样，H_2O 分子间形成了较强的氢键，使其沸点在同系列氢化物中最高，即 $H_2O>H_2Te>H_2Se>H_2S$。

由于分子间氢键很强，以至于 H_2O 分子之间、HF 分子之间发生缔合，室温时经常以 $(H_2O)_2$、$(H_2O)_3$、$(HF)_2$、$(HF)_3$ 等形式存在。水中 $(H_2O)_2$ 的排列最紧密，在 4℃时二聚的水比例最大，故4℃时水的密度最大。

当分子能够形成分子内氢键时，势必削弱分子间氢键的形成。因此，能形成分子内氢键的化合物的沸点和熔点都较低。例如，对硝基苯酚只能形成分子间氢键，其熔点较高（113～114℃），而能够形成分子内氢键的邻硝基苯酚的熔点较低（44～45℃）。

习 题

1. 判断题（正确的打“√”，错误的打“×”）。

(1) 简单的负离子 F^-、Cl^-、O^{2-}、S^{2-} 最外层都有8个电子，具有稀有气体电子构型。

(2) 离子晶体的熔点不一定比分子晶体高。

(3) 共价键的键长越短，键能越小，分子越不稳定。

(4) 中心原子的杂化类型和孤电子对的数目决定了分子的空间构型。

(5) 离域键的形成可以使体系的能量降低，增加分子的稳定性。

(6) d-p π配位键是由d轨道和p轨道共同形成的共价键。

(7) 在金属晶体中，自由电子并不受特定原子的束缚而是在整个晶体中运动。

(8) 极性分子之间存在取向力、诱导力和色散力。

(9) CO分子中，既有σ键又有π配键。

(10) 金属密堆积主要有：六方密堆积，面心立方密堆积，体心立方密堆积。

2. 下列化合物中，含有离子键的是（　　）。

(A) H_2S　　(B) HF　　(C) NaCl　　(D) CH_4

3. 离子晶体一般不具有的特征是（　　）。

(A) 固态导电　　(B) 硬度较大　　(C) 熔点较高　　(D) 熔融态能导电

4. 下列分子中，属于非极性分子的是（　　）。

(A) H_2S　　(B) NH_3　　(C) HF　　(D) CO_2

5. 下列分子中，中心原子采取 sp^2 杂化的（　　）。

(A) CO_2　　(B) BF_3　　(C) NH_3　　(D) H_2O

6. 下面对离域键描述，正确的是（　　）。

(A) 电子只在两个原子之间运动　　(B) 电子在多个原子之间运动

(C) 电子只在一个原子周围运动　　(D) 电子几乎不运动

7. 下列关于分子间作用力的说法，正确的是（　　）。

(A) 分子间作用力比化学键强　　(B) 分子间作用力只存在于分子晶体中

(C) 分子间作用力包括范德华力和氢键　　(D) 分子间作用力影响物质的化学性质

8. 下列分子中，存在分子间氢键的是（　　）。

(A) CH_4　　(B) HBr　　(C) H_2S　　(D) HF

9. 下列分子中，键角最大的是（　　）。

(A) NO_2　　(B) NH_3　　(C) BCl_3　　(D) CO_2

10. 下列分子中，共价键键能最小的是（　　）。

(A) HF　　(B) HCl　　(C) HBr　　(D) HI

11. 下列金属晶体中，不属于密堆积的是（　　）。

(A) Sn(金刚石型)　　(B) Cu(面心立方)

(C) K(体心立方)　　(D) Mg(六方)

12. 给出下列分子的路易斯结构式。

(1) CCl_4　　(2) NH_3　　(3) SO_3　　(4) SO_2Cl_2

13. 下列分子中，中心原子是否满足路易斯理论的 8 电子结构？

(1) $SOCl_2$　　(2) BCl_3　　(3) $SiCl_4$　　(4) PCl_3

14. 用价键理论解释下列分子的成键过程。

(1) CCl_4　　(2) NH_3　　(3) BCl_3　　(4) PCl_5

15. 用分子轨道理论讨论下列分子或离子是否有顺磁性。

(1) NO　　(2) NO^+　　(3) O_2^{2+}　　(4) N_2^+

16. 用分子轨道理论判断下列各对分子或离子中哪个更稳定。

(1) NO 和 NO^+　　(2) O_2 和 O_2^+　　(3) CO 和 NO　　(4) N_2^+ 和 N_2

17. 比较下列各对物质的熔点高低并简要说明原因。

(1) HF，HCl　　(2) H_2O，HF　　(3) HF，NH_3　　(4) O_2，N_2

18. 指出下列化合物中分子间的作用力情况。

(1) ICl_3　　(2) HF　　(3) $SiCl_4$　　(4) H_2O

第 7 章　氧化还原反应

氧化还原反应是一类重要的反应，工业上制取氨、铜溶于硝酸、氯酸钾分解制备氧气等许多反应都属于氧化还原反应，这类反应在生产和生活中具有重要意义。

7.1 基本概念

7.1.1 氧化还原反应

1. 化合价

为了描述元素的原子与其他元素的原子化合的性质，人们引入了化合价的概念。化合价是指元素的原子能够结合或置换氢原子的个数。化合价有正负。

简单离子的化合价为离子所带的电荷数，带正电荷的元素化合价为正，带负电荷的元素化合价为负，如 NaCl 中化合价：Na^+ 为+1，Cl^- 为−1。

对于共价化合物，化合价可理解为某元素的一个原子与其他元素的原子形成化合物时共用电子对的数目，或者说该元素的一个原子形成的共价键的数目。共价化合物中化合价的正负由电子对的偏移来决定，电子对偏向的原子化合价为负，电子对偏离的原子化合价为正。例如，H_2O 中化合价：H 为+1，O 为−2；NH_3 中化合价：N 为−3，H 为+1。化合价也可以表述为 N 为−3 价，O 为−2 价，H 为+1 价。

由于化合价是元素的原子与其他元素原子化合时所表现出的行为，因此在单质分子中元素的化合价为 0，不论哪种化合物中，正负化合价的代数和都等于 0。

2. 氧化数

1970 年，国际纯粹与应用化学联合会（IUPAC）给出的氧化数的定义是某元素的一个原子的荷电数，这个荷电数是假设把每个化学键中的电子指定给电负性大的原子而求得的。

确定氧化数的规则：(1) 单质的氧化数为 0；(2) 中性分子中所有元素的氧化数的代数和为 0；在多原子离子中，各元素的氧化数的和等于离子所带的电荷数；(3) H 在一般的化合物中的氧化数为+1，而在金属氢化物（如 NaH）中的氧化数为−1；(4) O 在化合物中的氧化数一般为−2，在过氧化物中为−1，在超氧化物中为$-\frac{1}{2}$，在 OF_2 中为+2。

氧化数和化合价之间有一定的联系，也有不同之处。氧化数可以理解为由化学式计算得到的元素原子的平均化合价，是一个宏观的数值，可以是整数，也可以是分数。而化合价是从分子和离子微观结构的角度上，形成的化学键的数目或离子的电荷数，它只能是整数。

在 H_3PO_4、H_3PO_3 和 H_3PO_2 分子中，P 原子的化合价（按成共价键数）均为+5，而计算得到 P 的氧化数分别为+5、+3、+1（图 7-1）。对于 CrO_5 分子，从形成化学键数目判断，Cr 化合价为+6；而将 O 的氧化数看成−2，计算出 CrO_5 中 Cr 的氧化数为+10。

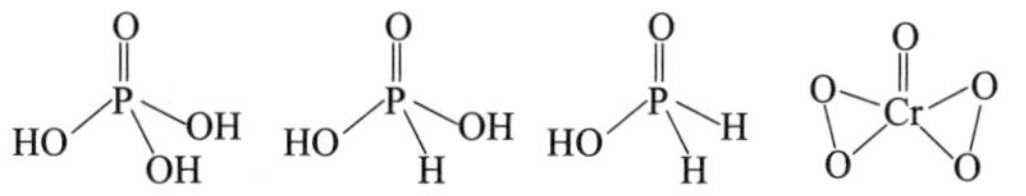

H_3PO_4　　H_3PO_3　　H_3PO_2　　CrO_5

图 7-1　H_3PO_4、H_3PO_3、H_3PO_2 和 CrO_5 分子成键示意图

3. 氧化还原反应

从反应过程中是否有电子发生转移或氧化数发生变化的角度来说，化学反应可以被分为两大类，一类是氧化还原反应，另一类是非氧化还原反应。

氧化还原反应在原电池中自发地进行，实现化学能向电能的转化；而在电解池中则利用电能使非自发的氧化还原反应得以进行，实现电能向化学能的转化。

7.1.2　原电池

原电池是利用氧化还原反应将化学能转化为电能的装置。图 7-2 就是 Cu-Zn 原电池的装置示意图，它是由英国人丹尼尔（Daniell）设计的，又称为丹尼尔电池。在盛有 $ZnSO_4$ 溶液的烧杯中置入 Zn 片，在盛有 $CuSO_4$ 溶液的烧杯中置入 Cu 片，构成原电池的两极。两个烧杯之间倒置的 U 形管称为盐桥，它是将饱和的 KCl 溶液灌入 U 形管中并用琼胶封口制成的。一般情况下，U 形管中的溶液不会流出，而 K^+ 和 Cl^- 可以穿过琼胶做定向的迁移，用来平衡两池中因电池反应而产生的过剩的正、负电荷，保持溶液的电中性，使电池反应能够持续进行。Zn 片和 Cu 片用导线与检流计相连，形成回路。

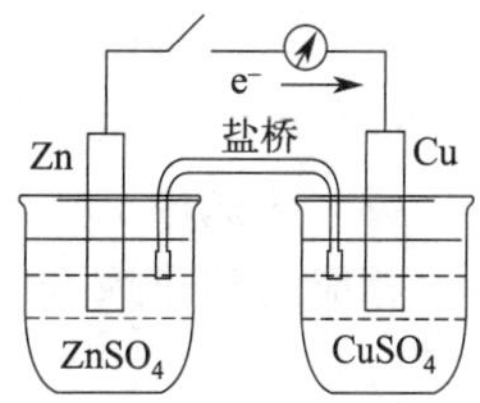

图 7-2　Cu-Zn 原电池的装置示意图

电路接通以后，根据检流计指针偏转的方向可知，Zn 片一侧为负极，Cu 片一侧为正极。随着反应的进行，Zn 片逐渐溶解，而 Cu 片上不断有 Cu 析出。

1. 电极反应

在 Cu-Zn 原电池中，Zn 片和 Cu 片上发生的反应分别为

$$Zn = Zn^{2+} + 2e^- \quad (1)$$

$$Cu^{2+} + 2e^- = Cu \quad (2)$$

反应（1）和反应（2）是发生在原电池负极和正极的反应，这种在电极上发生的反应称为电极反应或半反应、半电池反应。

电极反应中，氧化数高的物质为氧化型，氧化数低的物质为还原型；氧化数升高的反应称为氧化反应，氧化数降低的反应称为还原反应。发生氧化反应的电极称为阳极，发生还原反应的电极称为阴极。对于原电池，阳极为负极，阴极为正极。

电极反应（1）和（2）相加得电池反应，即

$$Cu^{2+} + Zn = Cu + Zn^{2+}$$

这是一个由 Zn 置换 Cu^{2+} 的典型的氧化还原反应，只不过在电池反应中电子的转移不

是在氧化剂和还原剂之间直接进行，而是通过外电路以电流的方式进行，完成由化学能向电能的转化。

电极反应的通式一般写成：氧化型$+ze^-$——还原型。例如

$$Zn^{2+}+2e^- \longrightarrow Zn$$

2. 氧化还原电对

将氧化型物质写在左侧、还原型物质写在右侧，二者之间用斜线隔开，则构成氧化还原电对，简称电对。如Cu^{2+}/Cu、Zn^{2+}/Zn、Cl_2/Cl^-、PbO_2/Pb^{2+}等。

在电对中只写氧化数发生变化的物质，而其他氧化数不发生变化的物质，虽然在电极反应中出现，但在电对中不写出，如电极反应

$$PbO_2+4H^++2e^- \longrightarrow Pb^{2+}+2H_2O$$

在电对中只写出PbO_2和Pb^{2+}，而电极反应中的H^+和H_2O等氧化数不变的物质都不写出。

在电对中只写出物质而不写化学计量数，如电极反应

$$Cl_2+2e^- \longrightarrow 2Cl^-$$

电对表示成Cl_2/Cl^-，而不是$Cl_2/2Cl^-$。

由电对可以写出电极反应，故电对也能反映出电极反应的实质。显然，用电对表示电极或电极反应会更为方便。

3. 原电池的表示方法

原电池可以用电池符号来表示，如Zn-Cu电池可以表示为

$$(-)Zn|Zn^{2+}(c_1) \| Cu^{2+}(c_2)|Cu(+)$$

对电池符号的表示总结如下：

(1) 电池的负极写在左侧，正极写在右侧，并分别用（－）和（＋）表示；

(2) 两侧的Zn、Cu表示极板材料，若电对中的物质不能构成极板材料（如非金属单质，相应的离子或同种元素不同氧化数的离子等），则要写上惰性极板，如Pt、石墨等；

(3) “|”代表两相的界面，“‖”代表两极之间的盐桥；

(4) 处于同一相中同种元素的不同氧化数的离子用逗号分开；

(5) 离子的浓度、气体的分压要在括号内标明。如下面两个电池所示：

$$(-)Pt|Fe^{2+}(c_1),Fe^{3+}(c_2) \| Cl^-(c_2)|Cl_2(p_1)|Pt(+)$$

$$(-)Pt|H_2(p^{\ominus})|H^+(10^{-3}mol \cdot dm^{-3}) \| H^+(10^{-2}mol \cdot dm^{-3})|H_2(p^{\ominus})|Pt(+)$$

4. 电极电势与电池的电动势

在Cu-Zn原电池中，电子从Zn片流向Cu片，说明Cu片的电势比Zn片高。要衡量电极之间的电势高低，就要用到电极电势的概念。

当金属M与其离子M^{n+}接触时，将有以下2种不同的过程：

(1) 金属失去电子，以离子的形式溶入溶液中

$$M \longrightarrow M^{n+}+ne^-$$

(2) 溶液中的金属离子结合电子在极板上析出

$$M^{n+}+ne^- \longrightarrow M$$

金属的活性不同，两个过程进行的程度则不同，当各过程达到平衡时，金属与溶液的界面处会形成双电层，就会产生电势差（图7-3）。

电极电势就是电极中极板与溶液之间的电势差，即双电层间的电势差。电极电势常用 E（氧化型/还原型）表示，如 $E(Cu^{2+}/Cu)$。若电极中各物质均处于标准状态，则极板与溶液之间的电势差就是标准电极电势，表示为 $E^{\ominus}$（氧化型/还原型），如 Zn^{2+}/Zn 电极的标准电极电势可表示为 $E^{\ominus}(Zn^{2+}/Zn) = -0.763\ V$。

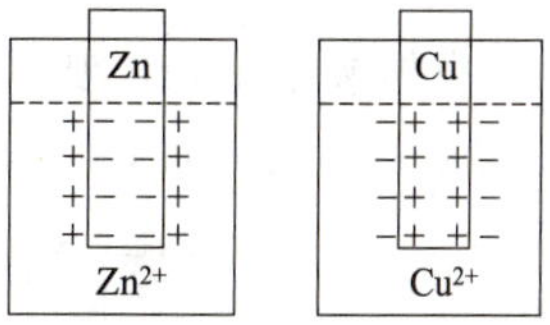

图 7-3　极板表面的双电层示意图

Zn 的活性较高，极板带负电荷，极板的电势低于溶液，所以电极电势为负值。而 Cu 的活性低，极板带正电荷，极板的电势高于溶液，所以电极电势为正值。有时，电极电势和标准电极电势也可以在电极反应方程式后给出 E 或 $E^{\ominus}$ 值表示，如

$$Zn^{2+} + 2e^- \xlongequal{} Zn \quad E^{\ominus} = -0.763\ V$$

$$Cu^{2+} + 2e^- \xlongequal{} Cu \quad E^{\ominus} = +0.337\ V$$

原电池中两个电极的电极电势之差为电池的电动势。原电池的电动势可以利用电位差计测量。当用盐桥将电池的两极溶液相连时，两溶液之间的电势差被消除，故原电池的电动势就是构成原电池的两电极的极板间的电势之差。

用 $E_{池}$ 表示原电池的电动势，有

$$E_{池} = E_+ - E_-$$

当构成电极的各种物质均处于标准状态时，原电池的电动势为

$$E_{池}^{\ominus} = E_+^{\ominus} - E_-^{\ominus}$$

原电池的电动势的绝对值可以测量，但电极电势的绝对值却无法测得。目前使用的电极电势数据都是以标准氢电极为参比电极，将其与待测电极组成原电池测定的。

热力学规定：标准氢电极的电极电势为 0，即

$$2H^+ + 2e^- \xlongequal{} H_2 \quad E^{\ominus} = 0\ V$$

标准氢电极是以铂丝连接着涂满铂黑的铂片作为极板，将其浸入到 $1\ mol \cdot dm^{-3}$ 的 H^+ 溶液中，并向其中不断通入压力为 100 kPa（标准态）的氢气，其结构如图 7-4 所示。

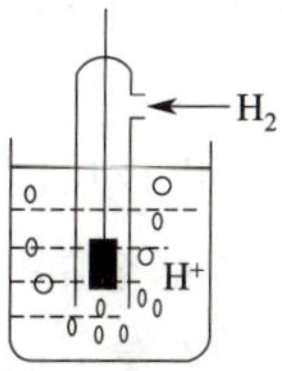

图 7-4　标准氢电极示意图

常用电极的标准电极电势值有表可查。

5. 标准电极电势表

把各电对及电极反应按照标准电极电势值增大的顺序从上到下排列，得标准电极电势表。表 7-1 是标准电极电势表的一部分。

表 7-1　部分标准电极电势表（298 K，酸性介质）

电对	电极反应	$E^{\ominus}$/ V
Zn^{2+}/Zn	$Zn^{2+} + 2e^- \xlongequal{} Zn$	−0.76
Fe^{2+}/Fe	$Fe^{2+} + 2e^- \xlongequal{} Fe$	−0.44
H^+/H_2	$2H^+ + 2e^- \xlongequal{} H_2$	0
Cu^{2+}/Cu	$Cu^{2+} + 2e^- \xlongequal{} Cu$	+0.34
Fe^{3+}/Fe^{2+}	$Fe^{3+} + e^- \xlongequal{} Fe^{2+}$	+0.77
IO_3^-/I_2	$2IO_3^- + 12H^+ + 10e^- \xlongequal{} I_2 + 6H_2O$	+1.20
Cl_2/Cl^-	$Cl_2 + 2e^- \xlongequal{} 2Cl^-$	+1.36
MnO_4^-/Mn^{2+}	$MnO_4^- + 8H^+ + 5e^- \xlongequal{} Mn^{2+} + 4H_2O$	+1.51

理论上，任何两个电极都可以组成原电池，电极电势小的电极为负极，电极电势大的电极为正极。在电池反应中，电极电势高的电极的氧化型将电极电势低的电极的还原型氧化。

在 Cu-Zn 原电池中，正极的 Cu^{2+} 将负极的 Zn 氧化，生成 Cu 和 Zn^{2+}。

根据标准电极电势的大小，可以判断物质氧化或还原的能力：电极电势越大，氧化型的氧化能力越强，如 Cu^{2+} 的氧化能力比 Zn^{2+} 强；电极电势越小，还原型的还原能力就越强，如 Zn 的还原能力比 Cu 强。

7.1.3 常见电极和电极符号

将电极作为原电池的负极，可以写出电极符号。例如，标准氢电极的电极反应和电极符号可以表示为

$$2H^+ + 2e^- \longrightarrow H_2$$

$$Pt \mid H_2(100kPa) \mid H^+(1mol\cdot dm^{-3})$$

1. 金属-金属离子电极

金属极板浸入其阳离子的溶液中构成金属-金属离子电极。Cu-Zn 原电池中的铜电极和锌电极，都属于这类电极。

将电极作为原电池的负极，可以写出电极符号，由电极符号可以写出电极反应。例如，铜电极和锌电极的电极符号和电极反应为

$$Cu \mid Cu^{2+}(c) \qquad Cu^{2+} + 2e^- \longrightarrow Cu$$

$$Zn \mid Zn^{2+}(c) \qquad Zn^{2+} + 2e^- \longrightarrow Zn$$

2. 气体-离子电极

将惰性金属浸入气体与其离子的溶液中则构成气体-离子电极。标准氢电极为气体-离子电极，可以描述为

电极符号 $Pt \mid H_2(p) \mid H^+(c)$

电极反应 $2H^+ + 2e^- \longrightarrow H_2$

3. 金属-难溶盐（或氧化物）-离子电极

金属表面覆盖一层该金属的难溶盐(或氧化物)，将其浸在含有该难溶盐负离子的溶液(或酸、碱)中，则构成金属-难溶盐(或氧化物)-离子电极。这类电极中最重要的是氯化银电极和饱和甘汞电极。

氯化银电极是在银丝表面覆盖一层 AgCl 后浸在盐酸溶液中构成的。

电极反应 $AgCl + e^- \longrightarrow Ag + Cl^-$

电极符号 $Ag \mid AgCl \mid Cl^-(c)$

饱和甘汞电极是最常用的参比电极（图 7-5）。标准氢电极使用条件比较严格，氢气不易纯化、铂黑易中毒；所以，在实际测量中并不适用。而饱和甘汞电极的优点在于电极电势易控制，使用方便。

电极反应 $Hg_2Cl_2 + 2e^- \longrightarrow 2Hg + 2Cl^-$

电极符号 $Pt \mid Hg \mid Hg_2Cl_2 \mid Cl^-(c)$

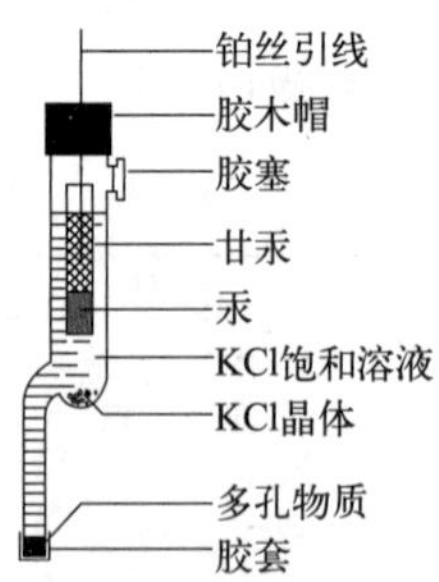

图 7-5 饱和甘汞电极示意图

4. 氧化还原电极

将惰性金属浸入某元素的两种不同氧化态离子的混合溶液中，构成氧化还原电极。氧化还原电极的特点是没有单质参与电极反应。

例如，将铂丝浸入 $Cr_2O_7^{2-}$ 和 Cr^{3+} 的酸性溶液中，构成一种氧化还原电极。

电极符号 $Pt \mid Cr_2O_7^{2-}(c_1), Cr^{3+}(c_2)$

电极反应 $Cr_2O_7^{2-} + 14H^+ + 6e^- = 2Cr^{3+} + 7H_2O$

7.2 氧化还原反应方程式的配平

氧化还原反应方程式的配平常用氧化数法和离子-电子法，前者属于中学化学教学内容。在此，介绍离子-电子法配平氧化还原反应方程式。离子-电子法的关键是反应物和生成物的原子数相同，电荷数相等。

7.2.1 电极反应方程式的配平

利用离子-电子法配平电极反应的实质是在原子数配平后以电子配平电荷。

1. 酸性介质

以电对 $Cr_2O_7^{2-}/Cr^{3+}$ 为例，讨论酸性介质中电极反应的配平，可分为以下五步。

（1）将氧化型物质写在左侧，还原型物质写在右侧：

$$Cr_2O_7^{2-} \longrightarrow Cr^{3+}$$

（2）将非氢、氧元素的原子配平：

$$Cr_2O_7^{2-} \longrightarrow 2Cr^{3+}$$

（3）在缺少 n 个氧原子的一侧加上 n 个 H_2O，将氧原子配平：

$$Cr_2O_7^{2-} \longrightarrow 2Cr^{3+} + 7H_2O$$

（4）在缺少 n 个氢原子的一侧加上 n 个 H^+，将氢原子配平：

$$Cr_2O_7^{2-} + 14H^+ \longrightarrow 2Cr^{3+} + 7H_2O$$

（5）以电子平衡电荷，完成电极反应的配平：

$$Cr_2O_7^{2-} + 14H^+ + 6e^- = 2Cr^{3+} + 7H_2O$$

2. 碱性介质

以电对 $Cu(OH)_2/Cu_2O$ 为例，讨论碱性介质中电极反应方程式的配平，仍分为以下五步。

（1）将氧化型物质写在左侧，还原型物质写在右侧：

$$Cu(OH)_2 \longrightarrow Cu_2O$$

（2）将非氢、氧元素的原子配平：

$$2Cu(OH)_2 \longrightarrow Cu_2O;$$

（3）在缺少 n 个氧原子的一侧加 n 个 OH^-，将氧原子配平：

$$2Cu(OH)_2 \longrightarrow Cu_2O + 3OH^-$$

（4）在缺少 n 个氢原子的一侧加 n 个 H_2O，同时在另一侧加 n 个 OH^-，将氢原子配平：

$$2Cu(OH)_2 + OH^- \longrightarrow Cu_2O + 3OH^- + H_2O$$

$$2Cu(OH)_2 \longrightarrow Cu_2O + 2OH^- + H_2O$$

（5）以电子平衡电荷，完成电极反应的配平：

$$2Cu(OH)_2+2e^- \longrightarrow Cu_2O+2OH^-+H_2O$$

在电极反应的配平过程中，要注意介质条件。在酸性介质中不应出现碱性物质，如 OH^-、CrO_4^{2-}、$Cu(OH)_2$、S^{2-} 等；在碱性介质中则不应出现酸性物质，如 H^+、Cu^{2+}、$Cr_2O_7^{2-}$ 等。有时没有明确指出反应的介质条件，但通过电对中物质的存在形式可以判断介质条件。

7.2.2 氧化还原反应方程式的配平

在电极反应方程式书写和配平的基础上，可以进一步来完成氧化还原反应方程式的配平。配平氧化还原反应方程式一般分为以下四个步骤。

（1）将氧化还原反应分别表示成两个电对。

（2）分别配平两个电对的电极反应。

（3）调整化学计量数，使两个电极反应中得失的电子数相等。

（4）合并两个电极反应，消去电子，完成氧化还原反应方程式的配平。

最后，通过检查反应式两边的原子个数和电荷数确认所配平的方程式是否正确。

【例 7-1】 用离子-电子法配平氧化还原方程式：$Mn^{2+}+S_2O_8^{2-} \longrightarrow MnO_4^-+SO_4^{2-}$

解： 从 Mn^{2+} 的存在形式，可以判断出此反应是在酸性条件下进行的。

（1）将反应拆分，写成两个氧化还原电对：

$$MnO_4^-/Mn^{2+}, S_2O_8^{2-}/SO_4^{2-}$$

（2）分别配平这两个电对的电极反应：

$$MnO_4^-+8H^++5e^- = Mn^{2+}+4H_2O \quad ①$$

$$S_2O_8^{2-}+2e^- = 2SO_4^{2-} \quad ②$$

（3）调整两式中的化学计量数，使两式中 e^- 的计量数相等：

① ×2 得 $$2MnO_4^-+16H^++10e^- = 2Mn^{2+}+8H_2O \quad ③$$

② ×5 得 $$5S_2O_8^{2-}+10e^- = 10SO_4^{2-} \quad ④$$

（4）用④式减去③式，消去电子，得到配平的方程式：

$$5S_2O_8^{2-}+2Mn^{2+}+8H_2O = 10SO_4^{2-}+2MnO_4^-+16H^+$$

从这个氧化还原反应方程式的配平中可以看出，这是一个反应物和产物都不完全的离子方程式，利用离子-电子法配平离子方程式的同时，也将不完全的反应物和产物都找到并补充完全。因此，这种方法很适用于这类反应方程式的配平。

【例 7-2】 配平反应式：$CuS+CN^- \longrightarrow [Cu(CN)_4]^{3-}+S^{2-}+NCO^-$

解： 从反应式中 CN^-、S^{2-} 的存在形式，可以判断出此反应是在碱性介质中进行的。

（1）将反应拆分，写成两个氧化还原电对：

$$CuS/[Cu(CN)_4]^{3-}, CN^-/NCO^-$$

（2）分别配平这两个电对的电极反应：

$$CuS+4CN^-+e^- = [Cu(CN)_4]^{3-}+S^{2-} \quad ①$$

$$CN^- + 2OH^- = NCO^- + H_2O + 2e^- \quad ②$$

（3）调整电极反应式中的化学计量数，使两式中 e^- 的计量数相等：

$$2CuS + 8CN^- + 2e^- = 2[Cu(CN)_4]^{3-} + 2S^{2-} \quad ③$$

$$CN^- + 2OH^- = NCO^- + H_2O + 2e^- \quad ④$$

（4）③式＋④式，消去电子，得到配平的反应方程式：

$$2CuS + 9CN^- + 2OH^- = 2[Cu(CN)_4]^{3-} + 2S^{2-} + NCO^- + H_2O$$

【例 7-3】 配平反应式：$MnO_4^- + C_3H_8O \longrightarrow Mn^{2+} + C_3H_6O_2$

解： 从反应式中 Mn^{2+} 的存在形式，可以判断出此反应是在酸性介质中进行的。

（1）将反应拆分，写成两个氧化还原电对：

$$MnO_4^- \longrightarrow Mn^{2+}$$

$$C_3H_8O \longrightarrow C_3H_6O_2$$

（2）分别配平这两个电对的电极反应：

$$MnO_4^- + 8H^+ + 5e^- \longrightarrow Mn^{2+} + 4H_2O \quad ①$$

$$C_3H_8O + H_2O \longrightarrow C_3H_6O_2 + 4H^+ + 4e^- \quad ②$$

（3）调整电极反应式中的化学计量数，使两式中 e^- 的计量数相等：

$$4MnO_4^- + 32H^+ + 20e^- \longrightarrow 4Mn^{2+} + 16H_2O \quad ③$$

$$5C_3H_8O + 5H_2O \longrightarrow 5C_3H_6O_2 + 20H^+ + 20e^- \quad ④$$

（4）③式＋④式，消去电子，得到配平的反应方程式：

$$4MnO_4^- + 5C_3H_8O + 12H^+ \longrightarrow 4Mn^{2+} + 5C_3H_6O_2 + 11H_2O$$

在例 7-2 反应式的配平中，不必考虑 CN^- 和 NCO^- 中 C、N 的氧化数，甚至不必分清 CN^- 和 NCO^- 中哪一个是氧化型，哪一个是还原型，只要原子数平、用电子配平电荷即可。例 7-3 反应式的配平中，不必考虑 C_3H_8O、$C_3H_6O_2$ 中 C 的氧化数以及有机化合物是醛类、醇类还是酸类，很容易配平反应。

离子-电子法配平氧化还原方程式适用于反应物和生成物给得不全的反应式的配平，特别适用于某些离子反应式的配平，可以配平电对的氧化数不清楚的反应式。

7.2.3　可拆分成两个独立的氧化还原反应方程式的配平

有些反应的产物或反应物中，某元素有两种或两种以上氧化数的物质，如果没有特殊限定，配平的反应可能出现多套系数。

【例 7-4】 配平反应式：$KClO_3$ 晶体与浓盐酸反应生成 ClO_2 和 Cl_2。

解： 可将反应拆分成两个电极反应或两个独立反应进行配平。

（1）将反应分成两个电极反应，将反应拆分成 2 个电对：

$$ClO_3^- \longrightarrow ClO_2, Cl^- \longrightarrow Cl_2$$

分别配平两个电对的电极反应：

$$ClO_3^- + 2H^+ + e^- \longrightarrow ClO_2 + H_2O$$

$$2Cl^- \longrightarrow Cl_2 + 2e^-$$

消去两个电极反应的电子，完成配平：

$$2ClO_3^- + 4H^+ + 2Cl^- \longrightarrow 2ClO_2 + Cl_2 + 2H_2O$$

将离子还原成化学式：

$$2KClO_3 + 4HCl = 2ClO_2 + Cl_2 + 2KCl + 2H_2O \quad ①$$

（2）将反应分成两个独立的氧化还原反应：

$$KClO_3 + HCl \longrightarrow ClO_2$$

$$KClO_3 + HCl \longrightarrow Cl_2$$

分别配平两个反应：

$$5KClO_3 + 6HCl = 6ClO_2 + 5KCl + 3H_2O \quad ②$$

$$KClO_3 + 6HCl = 3Cl_2 + KCl + 3H_2O \quad ③$$

反应②+③并整理，得反应①

$$2KClO_3 + 4HCl = 2ClO_2 + Cl_2 + 2KCl + 2H_2O \quad ①$$

显然反应①、②、③都是独立的反应，相互组合可以得到无数个产物中有 ClO_2 和 Cl_2 反应。例如

反应①+②得

$$7KClO_3 + 10HCl = 8ClO_2 + Cl_2 + 7KCl + 5H_2O$$

反应①+②×2 得

$$12KClO_3 + 16HCl = 14ClO_2 + Cl_2 + 12KCl + 8H_2O$$

反应①×2+②得

$$9KClO_3 + 14HCl = 10ClO_2 + 2Cl_2 + 9KCl + 7H_2O$$

反应①+③得

$$3KClO_3 + 10HCl = 2ClO_2 + 4Cl_2 + 3KCl + 5H_2O$$

反应①×2+③得

$$5KClO_3 + 14HCl = 4ClO_2 + 5Cl_2 + 5KCl + 7H_2O$$

7.3 电池反应热力学

7.3.1 标准电动势 $E^\ominus$ 与标准平衡常数 $K^\ominus$ 的关系

1. 电动势 $E_{池}$ 和电池反应自由能变 $\Delta_r G$ 的关系

对于电池反应

$$aA(aq) + bB(aq) = gG(aq) + hH(aq)$$

如果反应在恒温、恒压下的同一溶液中进行，反应物之间虽然有电子转移，但是不产生电流，不做非体积功。因此，该过程自发进行的判据为 $\Delta_r G < 0$。如果反应以原电池的方式来完成，过程中就有电流产生，则属于恒温、恒压、有非体积功（电功）的过程。此过程自发进行的判据为 $-\Delta_r G \geqslant -W_{非}$。在第 2 章中已经对以上判据进行过详细的讨论。

电流所做的电功等于电量与电势差的乘积（体系对环境做功，取负值），即

$$W_{非}=-W_{电功}=-qE_{池}$$

若有 n mol 的电子转移，则电量为 $q=nF$，代入上式，得

$$W_{非}=-nFE_{池}$$

式中，F 为法拉第常数，$F=96500\ \text{C}\cdot\text{mol}^{-1}$。

将 $W_{非}=-nFE_{池}$ 代入式 $-\Delta_r G\geqslant -W_{非}$ 中，得

$$-\Delta_r G\geqslant nFE_{池}$$

即

$$\Delta_r G\leqslant -nFE_{池}$$

原电池反应基本上以可逆的方式进行，则上式为等式，两侧同时除以反应进度 ξ，得

$$\Delta_r G_m=-zFE_{池}$$

式中，z 为电池反应过程中转移电子的计量数。上式表达了热力学函数吉布斯自由能的改变量与电池反应的电动势之间的关系。电池电动势 $E_{池}$ 可作为电池反应能否自发进行的判据：

$E_{池}>0$，则 $\Delta_r G_m<0$　电池反应能自发进行

$E_{池}<0$，则 $\Delta_r G_m>0$　电池反应非自发进行

2. 标准电动势 $E^{\ominus}_{池}$ 与标准平衡常数 $K^{\ominus}$ 的关系

当所有参与反应的物质都处于标准状态时，有

$$\Delta G^{\ominus}_m=-zFE^{\ominus}_{池}$$

在第 3 章中，得到关系式

$$\Delta G^{\ominus}_m=-RT\ln K^{\ominus}$$

两式联立，得

$$-zFE^{\ominus}_{池}=-RT\ln K^{\ominus}$$

$$E^{\ominus}_{池}=\frac{RT}{zF}\ln K^{\ominus}$$

换底，298K 时，得

$$E^{\ominus}_{池}=\frac{0.059\ \text{V}}{z}\lg K^{\ominus}$$

上式是电池反应的标准电动势 $E^{\ominus}_{池}$ 与氧化还原反应的标准平衡常数 $K^{\ominus}$ 的关系式，从而可以利用氧化还原反应的 $E^{\ominus}_{池}$ 求得反应的标准平衡常数 $K^{\ominus}$，并进一步讨论反应的限度问题。

【例 7-5】 求 298K 时反应　$Cl_2+2I^-=\!=\!=2Cl^-+I_2$ 的标准平衡常数 $K^{\ominus}$。

解： 先将该反应设计成两个电极反应，由电极电势求电池电动势 $E^{\ominus}$，进一步求出 $K^{\ominus}$。

将反应拆分为两个电极反应，并查表得到其标准电极电势：

正极反应　　$Cl_2+2e^-=\!=\!=2Cl^-$　$E^{\ominus}=1.358\ \text{V}$

负极反应　　$I_2+2e^-=\!=\!=2I^-$　$E^{\ominus}=0.535\ \text{V}$

电池的电动势　$E^{\ominus}_{池}=E^{\ominus}_{+}-E^{\ominus}_{-}=1.358\ \text{V}-0.535\ \text{V}=0.823\ \text{V}$

$$E^{\ominus}_{池}=\frac{0.059\ \text{V}}{2}\lg K^{\ominus}$$

$$\lg K^{\ominus}=\frac{2\times 0.823\ \text{V}}{0.059\ \text{V}}=27.9$$

$$K^{\ominus}=7.9\times 10^{27}$$

反应的 $K^{\ominus}$ 值很大，所以反应进行得很彻底。实际上当 $E^{\ominus}_{池}=0.2$ V 时，$K^{\ominus}$ 就可以达到 10^3 数量级了，反应进行的程度相当大。

对于非氧化还原反应，可以设计成氧化还原反应，进而求算有关反应的标准平衡常数，如弱电解质的解离平衡常数（$K^{\ominus}_a$、$K^{\ominus}_w$）、难溶物质的溶度积常数（$K^{\ominus}_{sp}$）、配位化合物的稳定常数（$K^{\ominus}_{稳}$）等。

【例 7-6】 设计原电池反应，计算 298K 时$[Cu(NH_3)_2]^+$的稳定常数。

解： $[Cu(NH_3)_2]^+$的生成反应为

$$Cu^+ + 2NH_3 = [Cu(NH_3)_2]^+$$

其平衡常数为

$$K=\frac{c\{[Cu(NH_3)_2]^+\}}{c(Cu^+)[c(NH_3)]^2}$$

这个平衡常数 K 就是配合物$[Cu(NH_3)_2]^+$的稳定常数 $K^{\ominus}_{稳}$（第四章 4.5.2）。

$[Cu(NH_3)_2]^+$的生成反应不是氧化还原反应，在反应式两侧同时加上单质 Cu

$$Cu^+ + 2NH_3 + Cu = [Cu(NH_3)_2]^+ + Cu$$

将反应拆分成两个电极反应，则有

正极反应 $\quad Cu^+ + e^- = Cu \quad E^{\ominus}=0.52\ \text{V}$

负极反应 $\quad [Cu(NH_3)_2]^+ + e^- = 2NH_3 + Cu \quad E^{\ominus}=-0.10\ \text{V}$

$$E^{\ominus}_{池}=E^{\ominus}_{+}-E^{\ominus}_{-}=0.52\ \text{V}-(-0.10\ \text{V})=0.62\ \text{V}$$

所以

$$\lg K^{\ominus}=\frac{zE^{\ominus}_{池}}{0.059\ \text{V}}=\frac{0.62\ \text{V}}{0.059\ \text{V}}=10.51$$

$$K^{\ominus}=3.24\times 10^{10}$$

这个 $K^{\ominus}$ 就是$[Cu(NH_3)_2]^+$的稳定常数。

7.3.2 能斯特方程

电极电势或电池电动势的数值不仅由构成电极的物质的性质决定，还与电极或电池中各物质的浓度、气体的压强、介质的酸碱度以及反应的温度等因素有关。标准电极电势或标准电动势是在构成电极的各种物质均处于标准状态下测得的，当各物质不都处于标准状态时，电池的电动势及电极的电极电势都将发生变化。

1. 电池电动势的能斯特方程

对于电池反应

$$a\text{A(aq)}+b\text{B(aq)} = g\text{G(aq)}+h\text{H(aq)}$$

满足化学反应等温式

$$\Delta_r G_m = \Delta_r G_m^{\ominus} + RT\ln Q^{\ominus}$$

将 $\Delta_r G_m = -zFE_{池}$ 和 $\Delta_r G_m^{\ominus} = -zFE_{池}^{\ominus}$ 代入化学反应等温式，得

$$-zFE_{池} = -zFE_{池}^{\ominus} + RT\ln Q^{\ominus}$$

整理，得

$$E_{池} = E_{池}^{\ominus} - \frac{RT}{zF}\ln Q^{\ominus}$$

换底，得

$$E_{池} = E_{池}^{\ominus} - \frac{2.303RT}{zF}\lg Q^{\ominus}$$

298K 时，有

$$E_{池} = E_{池}^{\ominus} - \frac{0.059\ \mathrm{V}}{z}\lg\frac{[c(\mathrm{G})]^g[c(\mathrm{H})]^h}{[c(\mathrm{A})]^a[c(\mathrm{B})]^b}$$

这就是电池电动势的能斯特（Nernst）方程。它反映了在常温（298K）下，电池的非标准电动势和标准电动势之间的关系，即在非标准浓度（或分压）时电动势偏离标准电动势的情况。

2. 电极电势的能斯特方程

将电池反应 $a\mathrm{A(aq)} + b\mathrm{B(aq)} \xlongequal{} g\mathrm{G(aq)} + h\mathrm{H(aq)}$ 拆分为两个电极反应，正极 A 为氧化型、G 为还原型，负极 H 为氧化型、B 为还原型，则两个电极反应为

正极 $a\mathrm{A} + z\mathrm{e}^- \xlongequal{} g\mathrm{G}$

负极 $h\mathrm{H} + z\mathrm{e}^- \xlongequal{} b\mathrm{B}$

电池反应的能斯特方程为

$$E_{池} = E_{池}^{\ominus} - \frac{0.059\ \mathrm{V}}{z}\lg\frac{[c(\mathrm{G})]^g[c(\mathrm{H})]^h}{[c(\mathrm{A})]^a[c(\mathrm{B})]^b}$$

将电池拆为电极，得

$$E_+ - E_- = (E_+^{\ominus} - E_-^{\ominus}) - \frac{0.059\ \mathrm{V}}{z}\lg\frac{[c(\mathrm{G})]^g[c(\mathrm{H})]^h}{[c(\mathrm{A})]^a[c(\mathrm{B})]^b}$$

分别将正极和负极的数据分开并整理，得

$$E_+ - E_- = \left\{E_+^{\ominus} + \frac{0.059\ \mathrm{V}}{z}\lg\frac{[c(\mathrm{A})]^a}{[c(\mathrm{G})]^g}\right\} - \left\{E_-^{\ominus} + \frac{0.059\ \mathrm{V}}{z}\lg\frac{[c(\mathrm{H})]^h}{[c(\mathrm{B})]^b}\right\}$$

两个电极是独立的，对应有

$$E_+ = E_+^{\ominus} + \frac{0.059\ \mathrm{V}}{z}\lg\frac{[c(\mathrm{A})]^a}{[c(\mathrm{G})]^g}, E_- = E_-^{\ominus} + \frac{0.059\ \mathrm{V}}{z}\lg\frac{[c(\mathrm{H})]^h}{[c(\mathrm{B})]^b}$$

所以，对于任意电极反应，有一般关系式

$$E = E^{\ominus} + \frac{0.059\ \mathrm{V}}{z}\lg\frac{c(\text{氧化型})}{c(\text{还原型})}$$

这就是电极电势的能斯特（Nernst）方程，它反映了一定温度时非标准电极电势和标准电极电势的关系，即反映了浓度(或压力）对电极电势的影响。

利用电极电势的能斯特方程，可以从标准电极电势值出发，求算任意状态下的电极电势值，也可以根据某一状态下的电极电势值来计算标准电极电势值。

在使用电极电势的能斯特方程时要注意，式中的氧化型是指该电极反应中氧化型一侧的

所有物质，而还原型是指电极反应中还原型一侧的所有物质。例如

对于电极反应

$$MnO_4^- + 8H^+ + 5e^- \longrightarrow Mn^{2+} + 4H_2O$$

能斯特方程为

$$E = E^{\ominus} + \frac{0.059\ \text{V}}{5}\lg\frac{c(MnO_4^-)[c(H^+)]^8}{c(Mn^{2+})}$$

在这个电极反应中，氧化型除了 MnO_4^-，还有 H^+，所以它们都要在能斯特方程中出现。而还原型中的 H_2O 是反应体系中大量存在的物质，所以不用写入方程中。还应当注意能斯特方程中氧化型和还原型的浓度（或压力）都是相对浓度（或相对压力）。

又如，298 K 时电极反应

$$Cl_2 + 2e^- \longrightarrow 2Cl^-$$

能斯特方程为

$$E = E^{\ominus} + \frac{0.059\ \text{V}}{2}\lg\frac{p(Cl_2)/p^{\ominus}}{[c(Cl^-)]^2}$$

3. 影响电极电势的因素

从电极电势的能斯特方程中可知，凡是能够影响氧化型或还原型物质浓度的因素都将影响电极电势的大小，如浓度的改变、酸度的改变、弱电解质的生成、沉淀的生成和配合物的生成等，一般可以通过定量计算判断电极电势的改变量。

（1）酸度对电极电势的影响

由电极反应的能斯特方程可知，如果电极反应中出现 H^+ 或 OH^-，酸度的改变将会影响电极电势值的大小。

【例 7-7】 计算下面原电池的电动势

$$(-)Cu|Cu^{2+}(0.010\ \text{mol}\cdot\text{dm}^{-3})\parallel Cu^{2+}(0.10\ \text{mol}\cdot\text{dm}^{-3})|Cu(+)$$

解： 该电池的正极和负极都是铜电极，两极之间的不同仅在于溶液的浓度有差别，这种原电池称为浓差电池。

正极和负极的电极反应式均为 $Cu^{2+} + 2e^- \longrightarrow Cu$

电极电势的能斯特方程 $E = E^{\ominus}(Cu^{2+}/Cu) + \frac{0.059\ \text{V}}{2}\lg\frac{c(Cu^{2+})}{c^{\ominus}}$

故

$$E_+ = E^{\ominus}(Cu^{2+}/Cu) + \frac{0.059\ \text{V}}{2}\lg 0.10$$

$$E_- = E^{\ominus}(Cu^{2+}/Cu) + \frac{0.059\ \text{V}}{2}\lg 0.010$$

该原电池的电动势为

$$E_{池} = E_+ - E_- = \frac{0.059\ \text{V}}{2}\lg\frac{0.10}{0.010} = 0.0295\ \text{V}$$

对于例 7-7 的浓差电池，正极和负极反应的实质相同，但反应方向不同

正极反应 $Cu^{2+}(0.10\ \text{mol}\cdot\text{dm}^{-3}) + 2e^- \longrightarrow Cu$

负极反应 $Cu \longrightarrow Cu^{2+}(0.010\ \text{mol}\cdot\text{dm}^{-3}) + 2e^-$

电池反应 $Cu^{2+}(0.10\ \text{mol}\cdot\text{dm}^{-3}) \longrightarrow Cu^{2+}(0.010\ \text{mol}\cdot\text{dm}^{-3})$

$$Cu^{2+}(\text{浓溶液}) \longrightarrow Cu^{2+}(\text{稀溶液})$$

显然，当两电极的溶液浓度相等时，浓度差消失，则 $E=0$，反应达到平衡状态。

（2）沉淀的生成对电极电势的影响

由电极电势的能斯特方程可知，在电极反应中若氧化型生成沉淀，则氧化型的浓度减小，电极电势减小；若还原型生成沉淀，还原型的浓度变小，电极电势增大；若氧化型和还原型同时生成沉淀，但氧化型的 $K_{sp}^{\ominus}$ 比还原型 $K_{sp}^{\ominus}$ 小，则电极电势减小，反之，氧化型的 $K_{sp}^{\ominus}$ 比还原型 $K_{sp}^{\ominus}$ 大，则电极电势增大。

【例 7-8】 已知 $K_{sp}^{\ominus}(AgCl)=1.77\times10^{-10}$，电极反应 $Ag^{+}+e^{-} \longrightarrow Ag$　$E^{\ominus}=0.799\ V$，求电对 AgCl/Ag 的标准电极电势。

解： 由电对 Ag^{+}/Ag 和 AgCl/Ag 构成电极的实质相同，均为 Ag（Ⅰ）和 Ag 间的电势差，只不过两个电极的 Ag^{+} 浓度不同。

AgCl/Ag 构成电极的反应

$$AgCl+e^{-} \longrightarrow Ag+Cl^{-}$$

其标准态是 $c(Cl^{-})=1\ mol\cdot dm^{-3}$，它的 $E^{\ominus}$ 相当于 Ag^{+}/Ag 电极的一种特殊的非标准态的电极电势 E。

由反应

$$AgCl \longrightarrow Ag^{+}+Cl^{-}$$

得

$$K_{sp}^{\ominus}(AgCl)=c(Ag^{+})c(Cl^{-})=1.77\times10^{-10}$$

$$c(Ag^{+})=\frac{K_{sp}^{\ominus}}{c(Cl^{-})}=1.77\times10^{-10}(mol\cdot dm^{-3})$$

代入 Ag^{+}/Ag 电极的能斯特方程

$$E^{\ominus}(AgCl/Ag)=E^{\ominus}(Ag^{+}/Ag)+\frac{0.059}{1}\lg c(Ag^{+})$$

$$=0.799\ V+0.059\ V\lg(1.77\times10^{-10})=0.224\ V$$

（3）配位化合物的生成对电极电势的影响

在电极反应中，若氧化型生成配位化合物其浓度减小，电极电势减小；若还原型生成配位化合物，则其浓度变小，电极电势增大；若氧化型和还原型同时生成配位化合物，但氧化型的 $K_{稳}^{\ominus}$ 比还原型 $K_{稳}^{\ominus}$ 大，则电极电势减小，反之，氧化型的 $K_{稳}^{\ominus}$ 比还原型 $K_{稳}^{\ominus}$ 小，则电极电势增大。

7.4 化学电源与电解

7.4.1 化学电源简介

电池作为化学电源，已经成为人们日常生活的必需品。手持式移动电话机（手机）、遥控器、电子表等都离不开电池。电池可分为一次电池（不可充电）、二次电池（可充电）、燃料电池。

1. 锌锰电池

锌锰电池是人们应用较早的一次电池。如图 7-6 所示，中央为正极石墨棒，其周围是 MnO_2；外侧负极为锌皮，两极间是糊状的 NH_4Cl、$ZnCl_2$ 和淀粉混合物。

锌锰电池的电极反应为

正极 $2NH_4^+ + 2e^- = 2NH_3 + H_2$

负极 $Zn = Zn^{2+} + 2e^-$

MnO_2 的作用是除掉生成的氢单质：$H_2 + 2MnO_2 = Mn_2O_3 + H_2O$。产物 Mn_2O_3 可以写成 $MnO(MnO_2)$。随着反应的进行，生成的 NH_3 溶于体系中，使酸性体系的 pH 值逐渐增大。

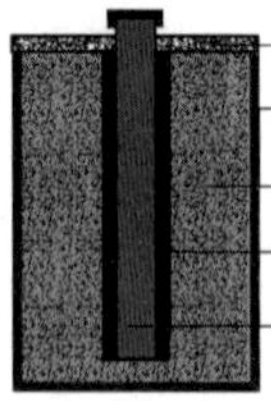

图 7-6 锌锰电池示意图

2. 银锌电池

银锌电池为一次单液电池，因质量轻、体积小，常用作电子表、计算器的电源，称为纽扣电池。电池的正极为 Ag_2O，负极为金属 Zn，电解质为 KOH 溶液。电极反应为

正极 $Ag_2O + H_2O + 2e^- = 2Ag + 2OH^-$

负极 $Zn + 2OH^- = Zn(OH)_2 + 2e^-$

3. 铅蓄电池

铅蓄电池为二次电池，很笨重，常用于汽车的电源。铅板上涂有 PbO_2 作为正极，负极为金属 Pb，两极同时与 H_2SO_4 接触。铅蓄电池为单液电池，电极反应为

正极 $PbO_2 + SO_4^{2-} + 4H^+ + 2e^- = PbSO_4 + 2H_2O$

负极 $Pb + SO_4^{2-} = PbSO_4 + 2e^-$

电池符号 $(-)Pb \mid H_2SO_4(c) \mid PbO_2(+)$

电池放电反应有 $PbSO_4$ 生成，故铅蓄电池的符号也可以写成

$$(-)Pb \mid PbSO_4 \mid H_2SO_4(c) \mid PbSO_4 \mid PbO_2 \mid Pb(+)$$

4. 镍氢电池

镍氢电池是单液二次电池，寿命较长。正极为镍的含氧化合物，负极是高压 H_2，两极间是 KOH 或 NaOH 溶液。电极反应为

正极 $NiO(OH) + H_2O + e^- = Ni(OH)_2 + OH^-$

负极 $H_2 + 2OH^- = 2H_2O + 2e^-$

5. 锂离子电池

锂离子电池储电容量高、工作电压高、体积小、循环寿命长、温度范围宽，广泛应用在笔记本计算机、移动通讯、电动车等领域。电池的负极是将锂离子嵌入层状石墨，正极是将锂离子嵌入金属氧化物形成的 Li_xCoO_2、Li_xNiO_2、Li_xFePO_4 等，电解质为溶解 $LiPF_6$ 等的有机溶液或固态聚合物，两极间有可使锂离子通过的高分子膜。电池反应为

$$Li_{1-x}MO_2 + Li_xC_6 = LiMO_2 + 6C$$

在充放电过程中，Li^+ 在两个电极之间往返嵌入和脱嵌。

由于锂离子电池的电解质溶液易燃、易爆炸，人们正致力于研制更安全、续航时间更久的纯固态锂离子电池，国内已有多家企业预报很快会量产。

最近，比锂价格低廉的钠离子电池、硫化钠纯固态电池的研究不断取得突破，有望在不久的将来投入使用。

6. 燃料电池

燃料电池是将燃烧反应以原电池的方式进行的一种新型电源，比燃烧放热再发电的能源利用率高得多。例如，将 H_2 和 O_2 燃烧反应在碱性介质中设计成电池，电极反应为

正极　　$O_2 + 2H_2O + 4e^- \longequal 4OH^-$

负极　　$H_2 + 2OH^- \longequal 2H_2O + 2e^-$

中国是电能生产大国，风能发电、光伏发电的电能可以通过电解水产氢储存能源，再利用氢的燃烧发电，形成无碳排放的绿色能源循环，有助于早日实现“碳达峰”和“碳中和”的目标。

7.4.2 电解与超电势

工业上将冶炼得到的粗铜通过电解得到纯度较高的精铜。电解池中盛有 $CuSO_4$ 溶液，以粗铜为正极、纯铜为负极进行电解，电解反应为

正极　　$Cu \longequal Cu^{2+} + 2e^-$

负极　　$Cu^{2+} + 2e^- \longequal Cu$

电解池的两极经常用阳极和阴极表示，发生氧化反应的电极为阳极，发生还原反应的电极为阴极。电解池的正极为阳极，负极为阴极。

对于电解水时的反应

阳极　　$2H_2O \longequal O_2 + 4H^+ + 4e^- \quad E^{\ominus} = 1.23\ V$

阴极　　$2H^+ + 2e^- \longequal H_2 \quad E^{\ominus} = 0$

理论上外加 1.23 V 电压即可实现水的电解，1.23 V 为 H_2O 的理论电解电势。实际电解时，需外加 1.70 V 以上的电压，电解反应才明显进行。故 1.70 V 为 H_2O 的电解电势。理论电解电势与电解电势之差称为超电势，也称为超电压。

电解过程中的超电势与电极反应的超电势有关。电极反应的超电势大小与电极材料和析出物质的种类有关。一般来说，析出金属时超电势很小，析出非金属时超电势较大。

电解 $CuSO_4$ 溶液时，阴极析出 Cu 而不是 H_2，与电极电势大小一致。

$$Cu^{2+} + 2e^- \longequal Cu \quad E^{\ominus} = 0.34\ V$$
$$2H^+ + 2e^- \longequal H_2 \quad E^{\ominus} = 0$$

以 Zn 为电极电解 $ZnSO_4$ 溶液时，在阴极析出 Zn 而未析出 H_2，因为 H_2 在 Zn 极板上析出有较大的超电势。实际反应与电极电势大小不一致。

$$Zn^{2+} + 2e \longequal Zn \quad E^{\ominus} = -0.76\ V$$
$$2H^+ + 2e \longequal H_2 \quad E^{\ominus} = 0$$

超电势的产生属于动力学问题，感兴趣的同学可以阅读物理化学相关教材或专著。

7.5 图解法讨论电极电势

7.5.1 元素电势图

1. 作图

在特定的 pH 条件下，将某元素各种氧化态依氧化数降低的顺序从左向右排列，用线段

将各种氧化态连接起来，在线段上方写出其两端的氧化态所组成的电对的 $E^{\ominus}$，得到该 pH 条件下的元素电势图。

经常以 pH=0 和 pH=14 两种条件作元素电势图，则横线上的 $E^{\ominus}$ 分别表示为 $E_A^{\ominus}$ 和 $E_B^{\ominus}$。例如，碘元素在 pH=0 和 pH=14 时的元素电势图分别为

$$E_A^{\ominus}/V \qquad H_5IO_6 \xrightarrow{1.60} IO_3^- \xrightarrow{1.13} HIO \xrightarrow{1.44} I_2 \xrightarrow{0.54} I^-$$

$$E_B^{\ominus}/V \qquad H_3IO_6^{2-} \xrightarrow{0.65} IO_3^- \xrightarrow{0.15} HIO \xrightarrow{0.43} I_2 \xrightarrow{0.54} I^-$$

2. 元素电势图的应用

（1）判断酸性的强弱

从元素电势图可以判断元素各化合物酸性的强弱、弱酸在给定的 pH 条件下的解离方式。例如，在碘的元素电势图中，pH=0 条件下，+1 价碘以 HIO 形式存在，不发生解离，所以 HIO 为弱酸；而+5 价碘以 IO_3^- 形式存在，说明 HIO_3 为强酸，完全解离。同样可以判断出 H_5IO_6 为弱酸，因为其在 pH=0 条件下以分子形式存在，而在 pH=14 条件下也只解离出 2 个 H^+，以 $H_3IO_6^{2-}$ 形式存在。

（2）求电对的电极电势

有些电对的标准电极电势可以直接从元素电势图上读出，而有些电对的标准电极电势不能从图上直接读出，如一些不相邻的氧化态构成的电对。利用元素电势图中已知电对的电极电势，可以求出这些电对未知的电极电势。

【例 7-9】根据下面酸性介质中锰元素电势图，求电对 MnO_4^-/Mn^{2+} 的标准电极电势。

$$MnO_4^- \xrightarrow{1.68} MnO_2 \xrightarrow{1.224} Mn^{2+}$$

解：由元素电势图可写出相关电对的电极反应

$$MnO_4^- + 4H^+ + 3e^- = MnO_2 + 2H_2O \quad E_1^{\ominus} = 1.68\ V \tag{1}$$

$$MnO_2 + 4H^+ + 2e^- = Mn^{2+} + 2H_2O \quad E_2^{\ominus} = 1.224\ V \tag{2}$$

$$MnO_4^- + 8H^+ + 5e^- = Mn^{2+} + 4H_2O \quad E_3^{\ominus} = ? \tag{3}$$

显然，电极反应（3）为电极反应（1）和电极反应（2）的加和，因此有

$$\Delta_r G_m^{\ominus}(3) = \Delta_r G_m^{\ominus}(1) + \Delta_r G_m^{\ominus}(2)$$

对于电极反应，有

$$\Delta_r G_m^{\ominus} = -zFE^{\ominus}$$

故

$$-5FE_3^{\ominus} = (-3FE_1^{\ominus}) + (-2FE_2^{\ominus})$$

$$E_3^{\ominus} = \frac{3 \times E_1^{\ominus} + 2 \times E_2^{\ominus}}{5} = \frac{3 \times 1.68\ V + 2 \times 1.224\ V}{5} = 1.50\ V$$

推广之，对于下面某元素多种氧化态之间的关系式，有

$$\begin{array}{l} A \xrightarrow[z_1]{E_1^{\ominus}} B \xrightarrow[z_2]{E_2^{\ominus}} \cdots \xrightarrow[z_n]{E_n^{\ominus}} D \\ \underbrace{\qquad\qquad E^{\ominus} \qquad\qquad}_{z} \end{array}$$

$$E^{\ominus}=\frac{z_1E_1^{\ominus}+z_2E_2^{\ominus}+\cdots+z_nE_n^{\ominus}}{z_1+z_2+\cdots+z_n}$$

由各 $E_i^{\ominus}$ 可以求出总的 $E^{\ominus}$，也可以根据总的 $E^{\ominus}$ 和（$n-1$）个 $E_i^{\ominus}$ 求出另外一个未知的 $E_i^{\ominus}$。

由例 7-9 的结果可以得出结论：$E^{\ominus}$ 的求算不能通过电对电极电势的简单相加而得到，$E^{\ominus}$ 为强度性质，不具有简单加和性，而是要利用 $\Delta_rG_m^{\ominus}$ 进行转换求算。

又如：

$$Br_2+2e^-=\!=\!=2Br^- \quad E^{\ominus}=1.07\ V$$

$$\frac{1}{2}Br_2+e^-=\!=\!=Br^- \quad E^{\ominus}=1.07\ V$$

不论电极反应的化学计量数如何变化倍数关系，其电极电势 $E^{\ominus}$ 的值不变，而这种倍数关系可以由 $\Delta_rG_m^{\ominus}=-zFE^{\ominus}$ 中 z 值的不同来确定。

（3）判断某种氧化态的稳定性

【例 7-10】 在酸性介质中铜的元素电势图如下，分析在酸性介质中 Cu^+ 是否稳定。

$$E_A^{\ominus}/V \quad Cu^{2+}\xrightarrow{0.15\ V}Cu^+\xrightarrow{0.52\ V}Cu$$

解： 由铜的元素电势图可以写出两个电极反应

$$Cu^{2+}+e^-=\!=\!=Cu^+ \quad E_1^{\ominus}=0.15\ V \tag{1}$$

$$Cu^++e^-=\!=\!=Cu \quad E_2^{\ominus}=0.52\ V \tag{2}$$

这两个电极反应所表示的电极可以组成一个原电池，由于 $E_2^{\ominus}>E_1^{\ominus}$，故反应（2）为原电池的正极，反应（1）为原电池的负极。电池反应为(2)−(1)，即

$$2Cu^+=\!=\!=Cu^{2+}+Cu$$

$$E_{池}^{\ominus}=E_2^{\ominus}-E_1^{\ominus}=0.52\ V-0.15\ V=0.37\ V$$

$E_{池}^{\ominus}>0$，说明此原电池反应能自发进行，即 Cu^+ 在酸性介质中不能稳定存在。

例 7-10 中的这种反应称为歧化反应。歧化反应是一种自身氧化还原反应。

Cu^+ 能够发生歧化反应的条件是：Cu^+ 作为氧化型的电对的电极电势（$E_2^{\ominus}$）要大于 Cu^+ 作为还原型的电对的电极电势（$E_1^{\ominus}$），这一反应条件直观地体现在了元素电势图上。所以，若 $E_{右}^{\ominus}>E_{左}^{\ominus}$，则中间氧化数的物质不稳定，可发生歧化反应。

下面是氯元素在碱性介质中元素电势图的一部分

$$E_B^{\ominus}/V \quad ClO^-\xrightarrow{0.40\ V}Cl_2\xrightarrow{1.36\ V}Cl^-$$

显然 $E_{右}^{\ominus}>E_{左}^{\ominus}$，故 Cl_2 不稳定，将发生歧化反应

$$Cl_2+2OH^-=\!=\!=Cl^-+ClO^-+H_2O$$

反之，若 $E_{右}^{\ominus}<E_{左}^{\ominus}$，中间氧化数的物质稳定，不发生歧化反应。例如，在 Fe 的元素电势图中

$$E_A^{\ominus}/V \quad Fe^{3+}\xrightarrow{0.77\ V}Fe^{2+}\xrightarrow{-0.45\ V}Fe$$

$E_{右}^{\ominus}<E_{左}^{\ominus}$，$Fe^{2+}$ 不歧化，但 Fe^{3+} 与 Fe 发生逆歧化反应

$$2Fe^{3+}+Fe=\!=\!=3Fe^{2+}$$

7.5.2 自由能-氧化数图

元素电势图为元素的单质和化合物的氧化还原性质提供了大量的信息，但它虽为图，实质上是数据信息，其缺点在于不够直观。自由能-氧化数图则比元素电势图更为直观，但其没有元素电势图数据精确。

1. 自由能-氧化数图的意义

在某 pH（通常是 pH=0 或 pH=14）下，以氧化数为横坐标、元素各氧化态与单质组成电对的电极反应的标准自由能变 $\Delta_r G_m^\ominus$ 为纵坐标作图，即得到该元素的自由能-氧化数图。

下面，以碱性介质中（pH=14）碘元素的自由能-氧化数图（图 7-7）讨论其意义。

（1）关于坐标点

在图 7-7 中，坐标点分别对应碘相应氧化态 $H_3IO_6^{2-}$、IO_3^-、IO^-、I_2、I^-，其纵坐标为碘元素各氧化态与单质组成电对（$H_3IO_6^{2-}/I_2$、IO_3^-/I_2、IO^-/I_2、I_2/I^-）电极反应的 $\Delta_r G_m^\ominus$，电对中，若单质为氧化型，则纵坐标为 $\Delta_r G_m^\ominus$，若单质为还原型，则纵坐标为 $-\Delta_r G_m^\ominus$，单质/单质电对的 $\Delta_r G_m^\ominus$ 为 0（此为纵坐标的零点）；横坐标为氧化数。例如

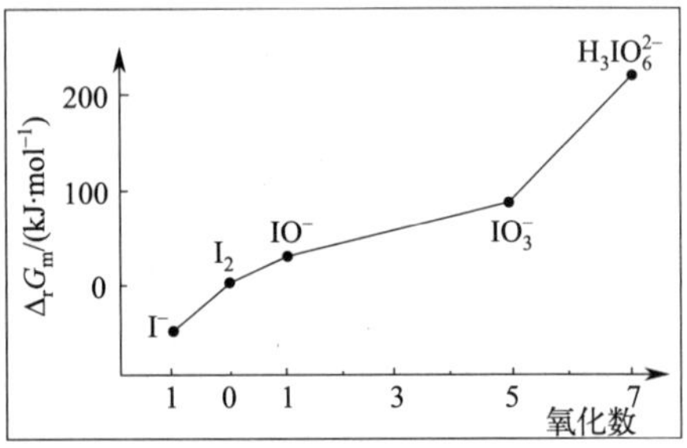

图 7-7 碱介质中碘元素的自由能-氧化数图

$$H_3IO_6^{2-} \quad 点 \quad H_3IO_6^{2-}+3H_2O+7e^- = \frac{1}{2}I_2+9OH^- \quad \Delta_r G_m^\ominus=-230\ kJ\cdot mol^{-1}$$

纵坐标+230 kJ·mol^{-1}，横坐标 7

（2）线段的斜率

在自由能-氧化数图中，各线段的斜率不同。考察点 IO_3^- 与 IO^- 线段，其斜率为

$$k=\frac{[-\Delta_r G_m^\ominus(IO_3^-)]-[-\Delta_r G_m^\ominus(IO^-)]}{5-1}$$

上式的分子中，两个自由能变对应的两个电极反应为

$$IO_3^-+3H_2O+5e^- = \frac{1}{2}I_2+6OH^- \quad \Delta_r G_m^\ominus(IO_3^-) \tag{1}$$

$$IO^-+H_2O+e^- = \frac{1}{2}I_2+2OH^- \quad \Delta_r G_m^\ominus(IO^-) \tag{2}$$

由式(1)−(2)，得到新反应

$$IO_3^-+2H_2O+4e^- = IO^-+4OH^- \quad \Delta_r G_m^\ominus(3) \tag{3}$$

显然

$$\Delta_r G_m^\ominus(3)=\Delta_r G_m^\ominus(IO_3^-)-\Delta_r G_m^\ominus(IO^-)$$

所以，线段 IO_3^--IO^- 的斜率的分子为电对 IO_3^-/IO^- 的电极反应的 $\Delta_r G_m^\ominus$（3）的负数，斜率的分母为电对 IO_3^-/IO^- 电极反应的电子转移数 z。故线段 IO_3^--IO^- 的斜率可以表示为

$$k=-\frac{[\Delta_r G_m^\ominus(3)]}{z}$$

将 $\Delta_r G_m^{\ominus} = -zFE^{\ominus}$ 代入上式，得

$$k = FE^{\ominus}$$

上式说明，在自由能-氧化数图中线段的斜率 k 与线段两端的氧化态组成电对的标准电极电势 $E^{\ominus}$ 成正比。

2. 自由能-氧化数图的应用

（1）判断不同氧化态的氧化还原能力

自由能-氧化数图中线段的斜率 $k = FE^{\ominus}$，即线段的斜率越大，电对的氧化型的氧化能力越强；线段的斜率越小，电对的还原型的还原能力越强。

由碘在碱性介质的自由能-氧化数图（图 7-7），线段 $H_3IO_6^{2-}$-IO_3^- 的斜率最大，所以 $H_3IO_6^{2-}$ 的氧化性最强；线段 IO_3^--IO^- 的斜率最小，所以 IO^- 的还原性最强。

（2）判断歧化反应发生的可能性

由碘在碱性介质的自由能-氧化数图，I_2 单质两侧的线段斜率不同，线段 I_2-I^- 的斜率大于线段 IO^--I_2 的斜率，说明电对 I_2/I^- 的电极电势大于电对 IO^-/I_2 的电极电势。即 I_2 作氧化型的电对的电极电势比其作为还原型的电对的电极电势大，故 I_2 在该介质中不稳定，将发生歧化反应。

$$I_2 + 2OH^- = I^- + IO^- + H_2O$$

将这一结论直观地反映在自由能-氧化数图中，若某一个氧化态位于两侧两个氧化态的连线上方（$k_{左} > k_{右}$），则该氧化态不稳定，将发生歧化反应；相反，若某一个氧化态位于两侧两氧化态的连线的下方（$k_{左} < k_{右}$），则该氧化态稳定，位于两侧的两氧化态相遇将发生逆歧化反应。

根据上面的讨论，在碱介质中 IO^- 和 I_2 不稳定，发生歧化反应；IO_3^- 稳定，不发生歧化反应。

7.5.3 E-pH 图

在电极反应式中有 H^+ 或 OH^- 时，体系 pH 的变化将对电极电势 E 产生影响。以 pH 为横坐标，以电极电势 E 为纵坐标作图，可以得到该电极反应的 E-pH 图（电势-pH 图）。

电对 H_3AsO_4/H_3AsO_3 的电极反应及能斯特方程为

$$H_3AsO_4 + 2H^+ + 2e^- = H_3AsO_3 + H_2O \quad E^{\ominus} = 0.56\ V$$

$$E = E^{\ominus} + \frac{0.059\ V}{2} \lg \frac{c(H_3AsO_4)[c(H^+)]^2}{c(H_3AsO_3)}$$

当 H_3AsO_4 和 H_3AsO_3 均处于标准态时，有

$$E = E^{\ominus} + 0.059\ V\lg[H^+]$$

$$E = 0.056\ V - 0.059\ VpH$$

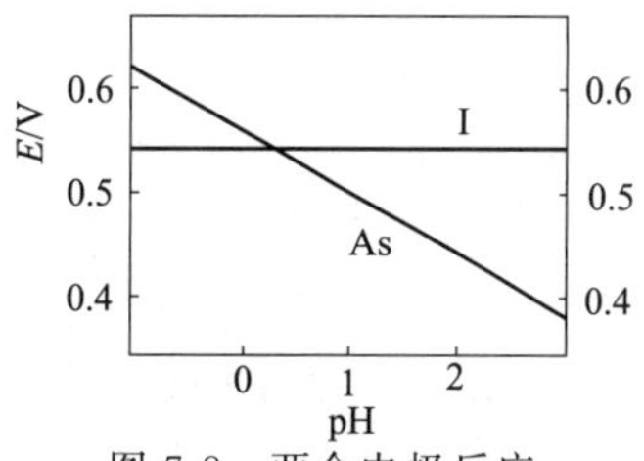

图 7-8　两个电极反应的 E-pH 图

显然，该电极反应的 E-pH 图为一直线。如图 7-8 中的 As 线。

由图 7-8 可知，若某电对的 E 在 As 线的上方，即电极电势高于电对 H_3AsO_4/H_3AsO_3 的电极电势，则该电对的氧化型能够将 H_3AsO_3 氧化为 H_3AsO_4，所以 As 线的上方

是 H_3AsO_4 的稳定区；反之，若某电对的 E 在 As 线的下方，即电极电势低于电对 H_3AsO_4/H_3AsO_3 的电极电势，则该电对的还原型能够将 H_3AsO_4 还原为 H_3AsO_3，所以 As 线的下方是 H_3AsO_3 的稳定区。

由以上的讨论可以得出结论：E-pH 线的上方，是电极反应中氧化型的稳定区；E-pH 线的下方，是电极反应中还原型的稳定区。

对于电极反应

$$I_2+2e^-=\!=\!=2I^-,E^{\ominus}=0.54\ \text{V}$$

反应式中没有 H^+ 或 OH^-，因此电极电势不受体系 pH 的影响，E-pH 图是一条与横坐标轴平行的直线，如图 7-8 中的 I 线。

由图 7-8 可知，在 pH 较小的强酸性介质中，H_3AsO_4 能够将 I^- 氧化

$$H_3AsO_4+2I^-+2H^+=\!=\!=H_3AsO_3+I_2+H_2O$$

在 pH 较大的弱酸性或碱性介质中，I_2 能够将 H_3AsO_3 氧化

$$H_3AsO_3+I_2+H_2O=\!=\!=H_3AsO_4+2I^-+2H^+$$

水是化学反应中最重要、最常用的介质，因此，水的 E-pH 图尤为重要。水可以作为氧化型构成电对 H_2O/H_2，水也可以作为还原型构成电对 O_2/H_2O。将两电对的 E-pH 图画在同一个坐标系中就得到了关于 H_2O 的较为全面的 E-pH 图，如图 7-9 所示。

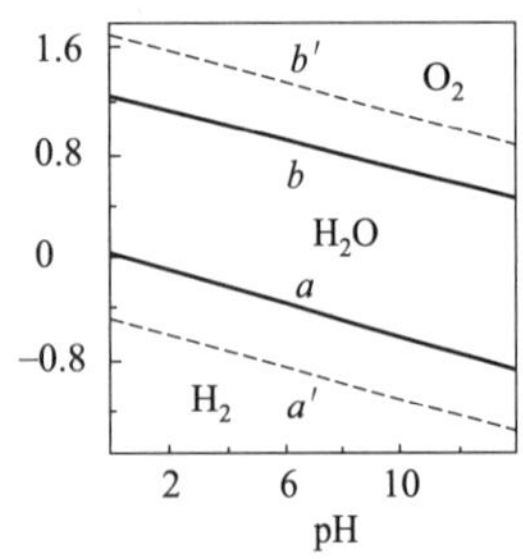

图 7-9 水的 E-pH 图

H_2O 作为氧化型，其还原型为 H_2，电极反应的实质是水中或由水解离的 H^+ 被还原

$$2H^++2e^-=\!=\!=H_2\quad E^{\ominus}=0$$

设 H_2 的分压为标准大气压，则电极反应的能斯特方程为

$$E=E^{\ominus}+\frac{0.059\ \text{V}}{2}\lg[c(H^+)]^2=E^{\ominus}+0.059\ \text{V}\lg c(H^+)$$

$$E=-0.059\ \text{V pH}$$

作图，得图 7-9 中的 a 线。在 a 线下方是 H_2 的稳定区，故 a 线也称作氢线。

H_2O 作为还原型，其氧化型为 O_2，电极反应 $O_2+4H^++4e^-=\!=\!=2H_2O$ 的实质是水中的氧被氧化。同理，由电极反应得

$$E=1.23\ \text{V}-0.059\ \text{V pH}$$

作图，得图 7-9 中的 b 线（与 a 线平行）。在 b 线上方是 O_2 的稳定区，故 b 线也称作氧线。

水的 E-pH 图中，a 和 b 两条线将图分成三个区域，b 线上方为 O_2 的稳定区，a 线下方为 H_2 的稳定区，两条线之间为 H_2O 的稳定区。

由于动力学的原因，H_2O 的实际稳定区比氢线和氧线所限定的区域大，即 b 线和 a 线向上和向下各扩大 0.5 V 左右，如图 7-9 中 b'线和 a'线所示。显然，图中 b 线和 b'线、a 线和 a'线之间的区域为 H_2O 的介稳区域。

利用 E-pH 图，可以讨论相关物质的氧化还原性和在水中的稳定性。

（1）若某电极反应的 E-pH 线落在 H_2O 的稳定区内，则该电极反应的氧化型不能将 H_2O 氧化，其还原型也不能被 H_2O 氧化，即该氧化型和还原型在水中稳定。如电对 IO_3^-/I_2 的氧化型和还原型在水中稳定。

（2）若某电极反应的 E-pH 线落在 H_2O 的介稳定区内（a 与 a'之间或 b 与 b'之间），则该电极反应的氧化型或还原型与 H_2O 缓慢反应。如在水中电对 MnO_4^-/Mn^{2+} 中的 MnO_4^-

缓慢氧化 H_2O。

(3) 若某电极反应的 E-pH 线落在 H_2O 的介稳区外，说明该电极反应的氧化型或还原型物质可以和水发生反应。例如，电对 Ca^{2+}/Ca 中的 Ca 可被 H_2O 氧化，Ca 在水中不稳定；电对 F_2/F^- 中的 F_2 能够氧化 H_2O，F_2 在水中不稳定。

习　题

1. 判断题（正确的打“√”，错误的打“×”）。

(1) 氧化还原反应中，还原剂得到电子，氧化数降低。

(2) 电池反应的 ΔG 越小，电池电动势 E 越小。

(3) 电对的电极电势越小，电对中的还原型物质的还原能力越强。

(4) 电极材料和电解质溶液是设计化学电源的关键因素。

(5) 由能斯特方程可知，在一定温度下增大电对中还原型物质的浓度或分压，电对的电极电势将会减小。

(6) 原电池的电动势与电池反应的化学计量数无关。

(7) 已知在标准状态下，反应 $2Fe^{3+}+Sn^{2+}=2Fe^{2+}+Sn^{4+}$ 正向自发进行，则由此可以判断 $E^{\ominus}(Sn^{4+}/Sn^{2+})>E^{\ominus}(Fe^{3+}/Fe^{2+})$

(8) 电解法精炼铜时，阴极增加的质量略小于阳极减少的质量。

(9) 在酸性溶液中，Fe^{3+} 与 Fe^{2+} 能够共存，Fe^{3+} 与 Fe 不能够共存。

(10) 将 H_2 和 O_2 燃烧反应设计成原电池，在酸性介质中的电动势大于在碱性介质中的电动势。

2. 下列关于氧化还原反应的叙述，正确的是（　　）。

(A) 得到电子的反应是氧化反应　　(B) 失去电子的物质是还原剂

(C) 发生氧化反应的物质是氧化剂　　(D) 做氧化剂的物质不能是还原剂

3. $K_2Cr_2O_7$ 中，Cr 元素的平均氧化数是（　　）。

(A) +3　　(B) +5　　(C) +6　　(D) +7

4. 化学反应 $2FeCl_3+Cu=2FeCl_2+CuCl_2$ 正向进行，作为氧化剂是（　　）。

(A) $CuCl_2$　　(B) Cu　　(C) $FeCl_2$　　(D) $FeCl_3$

5. 对于电池反应 $Zn(s)+Cu^{2+}(aq)=Zn^{2+}(aq)+Cu(s)$，欲使电池的电动势增大，可以采取的措施是（　　）。

(A) 增大 Zn^{2+} 的浓度　　(B) 增大 Cu^{2+} 的浓度

(C) 减小锌电极面积　　(D) 增大铜电极面积

6. 已知 $E^{\ominus}(Cu^{2+}/Cu)=0.34$ V，$E^{\ominus}(Fe^{3+}/Fe^{2+})=0.77$ V，$E^{\ominus}(Ag^+/Ag)=0.80$ V。则在标准状态时不可能共存的是（　　）。

(A) Ag 和 Fe^{3+}　　(B) Cu^{2+} 和 Ag　　(C) Ag^+ 和 Fe^{2+}　　(D) Cu^{2+} 和 Fe^{2+}

7. 已知 $E^{\ominus}(Sn^{4+}/Sn^{2+})=0.15$ V，$E^{\ominus}(Pb^{2+}/Pb)=-0.13$ V，$E^{\ominus}(Fe^{2+}/Fe)=-0.44$ V。则在标准状态下还原型物质的还原性由强到弱的排列顺序为（　　）。

(A) $Sn^{2+}>Pb>Fe$　　(B) $Fe>Pb>Sn^{2+}$

(C) $Fe>Sn^{2+}>Pb$　　(D) $Pb>Fe>Sn^{2+}$

8. 下列关于化学电源的说法，错误的是（　　）。

(A) 一次电池只能放电不能充电　　(B) 二次电池可以多次充放电

(C) 燃料电池将燃烧反应设计成原电池 (D) 化学电源的能量转化率可达100%

9. 在电解池中，阴极发生的反应是（　　）。

(A) 氧化反应 (B) 既不是氧化反应也不是还原反应

(C) 还原反应 (D) 有时是氧化反应，有时是还原反应

10. 下列关于电极电势的说法，错误的是（　　）。

(A) 电极电势与温度有关 (B) 电极电势与电极反应的化学计量数无关

(C) 电极电势是绝对值 (D) 电极电势可以判断氧化还原反应的方向

11. 以惰性电极电解一段时间后，溶液的pH明显减小的是（　　）。

(A) $NaHSO_4$ (B) Na_2SO_4 (C) NaCl (D) Na_2CO_3

12. 写出下列电对在酸性介质中的电极反应及各电极反应的能斯特方程表达式。

$$PbO_2/Pb, NO_3^-/NO, SO_4^{2-}/H_2SO_3$$

13. 写出下列电对在碱性介质中的电极反应及各电极反应的能斯特方程表达式。

$$CrO_4^{2-}/CrO_2^-, HO_2^-/OH^-, NO_3^-/NO_2^-$$

14. 配平下列酸性介质中反应的方程式。

(1) $I^- + HClO \longrightarrow IO_3^- + Cl^-$

(2) $PbO_2 + Mn^{2+} + SO_4^{2-} \longrightarrow PbSO_4 + MnO_4^-$

(3) $ClO_3^- + Fe^{2+} \longrightarrow Cl^- + Fe^{3+}$

15. 配平下列碱性介质中反应的方程式。

(1) $Br_2 + OH^- \longrightarrow Br^- + BrO_3^- + H_2O$

(2) $[Cr(OH)_4]^- + H_2O_2 \longrightarrow CrO_4^{2-} + H_2O$

(3) $N_2H_4 + Cu(OH)_2 \longrightarrow N_2 + Cu$

16. 已知 $E^\ominus[Co(OH)_3/Co(OH)_2] = 0.17\ V$，$E^\ominus(Co^{3+}/Co^{2+}) = 1.92\ V$。试判断 $K_{sp}^\ominus[Co(OH)_3]$ 和 $K_{sp}^\ominus[Co(OH)_2]$ 哪个大？简述理由。

17. 已知 $E^\ominus(O_2/H_2O) = 1.229\ V$，计算 $E^\ominus(O_2/OH^-)$ 的值。

18. 已知：$E^\ominus(MnO_2/Mn^{2+}) = 1.23\ V$；$E^\ominus = (Cl_2/Cl^-) = 1.36\ V$。通过计算说明 MnO_2 能否与 $1.0\ mol \cdot dm^{-3}$ HCl 反应以制备 Cl_2？

第 8 章　化学与应用工程

化学与应用工程的关系可以概括为“基础科学”与“技术应用”的紧密结合，两者相互依存、相互促进，本章将从化学与材料、化学与能源、化学与土木、化学与机械、化学与地矿、化学与交通、化学与环境、化学与生活几个方面来进行介绍。

8.1 化学与材料

在全球气候变化和资源紧张的背景下，绿色低碳理念已成为社会发展的必然趋势，建筑行业作为资源消耗和碳排放的大户，其材料选择与应用对于实现绿色低碳目标具有重要意义。材料是人类社会可接受、能经济地制造有用器件（或物品）的固体物质，包括天然生成和人工合成的，如土、石、钢、铁、铜、铝、陶瓷、半导体、超导体、煤炭、磁石、光导纤维、塑料、橡胶等，以及它们组合而成的复合材料。

对材料有不同的分类方式。按组成和化学键性质，可分为金属材料、有机高分子材料、无机非金属材料、复合材料；按用途可分为结构材料和功能材料；按化学成分分类则有金属材料、有机高分子材料、无机非金属材料及复合材料。节能减排和绿色环保成为社会发展的重要趋势，化学建筑材料以其独特的性能和广泛的应用领域，在绿色低碳建筑中具有不可替代的作用。与此同时，如何更好地推进绿色低碳理念下化学建筑材料的选择与应用，已经成为诸多建筑管理人员关注的重点话题。

8.1.1 新型绿色混凝土

混凝土作为建筑行业中不可或缺的材料，由多种组分配比而成，通过引入纤维、石墨烯、纳米颗粒或硅灰等先进材料，可显著提升其力学性能、耐腐蚀性与耐久性。新型绿色混凝土是一种新型高技术混凝土，采用常规材料和工艺生产，具有混凝土结构所要求的各项力学性能，具有高耐久性、高工作性和高体积稳定性的混凝土。适量添加引气剂，能够制备轻质泡沫混凝土以减轻结构负荷；而早强剂则能有效缩短凝结时间，提高施工效率。此外，掺入绿色生态材料或无害工业废渣，不仅大幅减少水泥用量，降低资源消耗，更能改善环境影响，同时增强整体结构强度。

1998 年吴中伟院士首次提出“绿色高性能混凝土”的概念，高性能混凝土具有普通混凝土无法比拟的优良性能。高性能混凝土的研究是当今土木工程界最热门的课题之一，如果将高性能混凝土与环境保护、生态保护和可持续发展结合起来考虑，则称为绿色高性能混凝土。在 1997 年 3 月的“高强与高性能混凝土”会议上，指出了绿色高性能混凝土是混凝土的发展方向：真正的绿色高性能混凝土应该是节能型混凝土，所使用的水泥必须为绿色水泥。普通水泥生产过程中需要高温煅烧硅质原料和钙质原料，消耗大量的能源。如果采用无熟料水泥或免烧水泥配制混凝土，就能显著降低能耗，达到节能的目的。

1. 混凝土种类

混凝土种类繁多，不同品种的化学与物理特性各有差异。

（1）轻骨料混凝土。轻骨料混凝土孔隙率较高，抗拉强度较低，密度较小且吸水率较高，弹性模量亦较低。其热膨胀系数小，收缩较大，同时具备优良的保温性能。多孔混凝土作为轻骨料混凝土的一种，内部均匀分布微小气泡，主要由硅类与钙类材料制成，兼具这两种元素的基本化学性质。

（2）抗冻型、防渗漏型和高强度型混凝土。抗冻型混凝土通过添加引气剂，形成均匀分布且稳定密闭的微小气孔，显著增强材料的耐寒特性。防渗漏型混凝土基于特定化学原理，通过精准调控内部材料配比，有效堵塞毛细管通道，使结构更加致密，避免界面裂缝，从而实现优异的防渗性能。高强度混凝土则能在重载条件下承受更大重量，具备更大跨度优势。

（3）再生骨料混凝土。再生骨料混凝土指以废混凝土、废砖块、废砂浆作骨料，加入水泥砂浆拌制的混凝土。我国 20 世纪 50 年代所建成的混凝土工程已使用 50 余年，许多工程都已经损坏。随着结构的破坏，许多建筑物都需要修补或拆除，而在大量拆除建筑废料中相当一部分都是可以再生利用的；如果将拆除下来的建筑废料进行分选，制成再生混凝土骨料，用到新建筑物的重建上，不仅能够从根本上解决大部分建筑废料的处理问题，同时可以减少运输量和天然骨料使用量。在德国，再生混凝土主要用于公路工程，如德国 lowerSaxong 的一条双层公路采用了再生骨料混凝土，该混凝土路面总厚度为 26 cm，底层混凝土 19 cm 采用再生骨料混凝土，面层 7 cm 采用天然骨料配制的混凝土。

（4）环保型混凝土。混凝土材料给环境带来了负面影响，如制造水泥时燃烧碳酸钙排出二氧化碳和含硫气体，形成酸雨，产生温室效应，进而影响环境。据调查，城市噪声的三分之一来自建筑施工，其中混凝土浇捣振动噪音占主要部分。就混凝土本身的特性来看，质地硬脆，颜色灰暗，给人以粗、硬、冷的感觉；由混凝土构成的生活空间色彩单调，缺乏透气性、透水性，对温度、湿度的调节性能差，在城市，大密度的混凝土建筑物和铺筑的道路，使城市的气温上升。新型的混凝土不仅要满足作为结构材料的要求，还要尽量减少给地球环境带来的负荷和不良影响，能够与自然协调，与环境共生。因此，作为人类最大量使用的建设材料，混凝土的发展方向必然是既要满足现代人的需求，又要考虑环境因素，有利于资源、能源的节省和生态平衡，环保型的混凝土成为了混凝土的主要发展方向。

① 低碱性混凝土。pH 值为 12～13、呈碱性的混凝土对用于结构物来说是有利的，可以保护钢筋不被腐蚀。但对于道路、港湾等，这种碱性不利于植物和水中生物的生长，所以开发低碱性、内部具有一定的空隙、能够提供植物根部或生物生长所必需的养分存在的空间、适应生物生长的混凝土是环保型混凝土的一个重要研究方向。

② 多孔混凝土及植被混凝土。开发的环保型混凝土主要有多孔混凝土（也称为无砂混凝土），它具有粗骨料，没有细骨料，直接用水泥作为黏结剂连接粗骨料，其透气和透水性能良好，连续空隙可以作为生物栖息繁衍的地方，而且可以降低环境负荷，是一种新型的环保材料。植被混凝土则是以多孔混凝土为基础，然后通过在多孔混凝土内部的孔隙加入各种

有机、无机的养料来为植物提供营养，并且加入了各种添加剂来改善混凝土内部性质，使得混凝土内部的环境适合植物生长，另外，还在混凝土表面铺了一层混有种子的客土，提供种子早期的营养。

③ 透水性混凝土。与传统混凝土相比，透水性混凝土最大的特点是具有 15%～30%的连通孔隙，具有透气性和透水性。将这种混凝土用于铺筑道路、广场、人行道等，能扩大城市的透水、透气面积，增加行人、行车的舒适性和安全性，减少交通噪声，对调节城市空气的温度和湿度、维持地下土壤的水位和生态平衡具有重要作用。透水性混凝土使用的材料有水泥、骨料、混合材、外加剂和水，与一般混凝土基本上相同，根据用途、目的及使用场合不同，也可不使用混合材和外加剂。反映透水性混凝土性能的指标有孔隙率、透水系数、抗压强度、抗冻融循环性和干缩等。

(5) 机敏型混凝土。机敏混凝土是一种具有感知和修复性能的混凝土，是智能混凝土的初级阶段，是混凝土材料发展的高级阶段。智能混凝土是在混凝土原有的组成基础上掺加复合智能型组分使混凝土材料具有一定的自感知、自适应和损伤自修复等智能特性的多功能材料，根据这些特性可以有效预报混凝土材料内部的损伤，满足结构自我安全检测需要，防止混凝土结构潜在的脆性破坏，能显著提高混凝土结构的安全性和耐久性。近年来，损伤自诊断混凝土、温度自调节混凝土及仿生自愈合混凝土等一系列机敏混凝土的相继出现，为智能混凝土的研究和发展打下了坚实的基础。

自诊断智能混凝土具有压敏性和温敏性等性能。普通的混凝土材料本身并不具有自感应功能，但在混凝土基材中掺入部分导电组分制成的复合混凝土可具备自感应性能。常用的导电组分可分为 3 类：聚合物类、碳类和金属类，而最常用的是碳类和金属类。碳类导电组分包括石墨、碳纤维及炭黑；金属类材料则有金属微粉末、金属纤维、金属片及金属网等。

自调节机敏混凝土具有电力效应和电热效应等性能。Wittmann F. H. 在 1973 年首先研究了由力变形产生电、电力，由电产生变形效应。Wittmann F. H. 在对水泥净浆小梁进行弯曲加载时，发现通过附着在梁上下表面的电极可检测到电压，对其逆反应-电力效应进行研究后发现梁产生弯曲变形，改变电压的方向时，弯曲的方向也发生相应的变化。

机敏混凝土的力电效应、电力效应是基于电化学理论的可逆效应，因此将电力效应应用于混凝土结构的传感和驱动时，可以在一定范围内对它们实施变形调节。例如，对于平整度要求极高的特殊钢筋混凝土桥梁，可通过机敏混凝土的电热和电力自调节功能调节由温度自重所引起的蠕变；机敏混凝土的电热效应使其可以方便地实时检测建筑物内部和周围环境温度变化，并利用电热效应在冬季控制建筑物内部环境的温度，可极大地促进智能化建筑的发展。

混凝土结构在使用过程中，大多数结构是带裂缝工作的。含有微裂纹的混凝土在一定的环境条件下是能够自行愈合的，但自然愈合有其自身无法克服的缺陷，受混凝土的龄期、裂纹尺寸、数量和分布以及特定的环境影响较大，而且愈合期较长，通常对较晚龄期的混凝土或当混凝土裂缝宽度超过了一定的界限时，混凝土的裂缝很难愈合。国内的研究表明，掺有活性掺和料和微细有机纤维的混凝土发生破坏后其抗拉强度存在自愈合现象；国外研究混凝土裂缝自愈合的方法是在水泥基材料中掺入特殊的修复材料，使混凝土结构在使用过程中发生损伤时，可以自动利用修复材料（黏结剂）进行恢复，甚至可以提高混凝土材料的性能。美国伊利诺伊斯大学的 Carolyn Dry 采用在空心玻璃纤维中注入缩醛高分子溶液作为黏结剂，埋入混凝土中，制成具有自修复智能混凝土。当混凝土结构在使用过程中发生损伤时，空心玻璃纤维中的黏结剂流出愈合损伤，恢复甚至提高混凝土材料的性能。

2. 混凝土应用

轻骨料混凝土广泛应用于建筑保温及结构支撑。多孔混凝土建筑材料常用于屋面板、砌块以及内外墙板，在工业与民用建筑的保温工程中表现出色。为了更好地回收利用废混凝土，可将废混凝土经过特殊处理工艺制成再生骨料，用其部分或全部代替天然骨料配制成再生混凝土。利用再生骨料配制再生混凝土是发展绿色混凝土的主要措施之一，可节省建筑原材料的消耗，保护生态环境，有利于混凝土工业的可持续发展。但是，再生骨料与天然骨料相比，孔隙率大、吸水性强、强度低，因此再生骨料混凝土与天然骨料配置的混凝土的特性相差较大，这是应用再生骨料混凝土时需要注意的问题。

8.1.2 高分子复合材料

1. 高分子复合材料的发展历程

从 19 世纪起，人类开始使用改良的天然高分子材料，如硫化橡胶和硝化纤维塑料。20 世纪，高分子材料进入快速发展阶段。1907 年，巴克兰德（L. Bakeland）发明酚醛塑料；1920 年，斯陶丁格尔（H. Staudinger）提出高分子概念并创造“Makromolekule”一词；20 世纪 20 年代末，聚氯乙烯开始大规模应用；20 世纪 30 年代初，聚苯乙烯实现大规模生产；20 世纪 30 年代末，尼龙投入生产。随着工业现代化的发展，更多新材料和技术，包括高分子复合材料，相继问世。

2. 高分子复合材料组成

高分子复合材料狭义上指由高分子与其他不同组成、形状或性质的物质复合而成的多相材料，广义上还包括高分子体系，统称高分子合金。该材料可分为结构复合材料和功能复合材料两类。结构复合材料由增强剂（如玻璃纤维及其织物）和基体材料（如不饱和聚酯树脂、环氧树脂）组成，增强剂提供强度和耐温性，基体材料起粘合作用。功能复合材料则由具有特殊功能的材料（如导电性、磁性、发光等性质的材料）与树脂类基体材料复合而成，赋予材料新功能，例如冰箱的磁性密封条。

3. 高分子复合材料的性质

高分子复合材料在力学性能、热稳定性及耐久性等方面展现出卓越优势。通过纳米材料改性聚合物，并添加活性剂，可优化微观结构的键合状态，增强分子间连接稳定性，为建筑领域提供可靠解决方案。该技术已广泛应用于减震隔震、结构加固和质量提升项目中。此外，纳米颗粒、树脂与矿物填料融入沥青材料后，可显著降低其对温度变化的敏感性，同时提升其力学性能，对改善高寒地区道路工程中的路面病害问题具有重要意义。

4. 高分子复合材料的应用

高分子复合材料具有多种材料的优点，如高强度、轻质、耐温、耐腐蚀、绝热和绝缘等。根据需求，可将高分子材料与其他特殊性能材料结合，制成满足特定用途的复合材料。例如，一种新型环保防潮密封剂采用高分子复合材料，具有以下特点：操作简单，单人即可完成；无需水电火工具；防水、防潮、防尘、阻隔毒性气体和小动物；绝缘、阻燃、防火；混合后胶料黏度低，可自动找平，硫化后可达到镜面效果；无气味、无卤、环保、抗腐蚀、耐候性强；与设备及电缆保护套紧密粘合且无腐蚀作用；成型后柔韧性好，不易破裂或脱落；硫化后的密封层不变形、不开裂、耐老化，使用寿命可达 10 年以上；施工方便，断电或不断电均可操作，硫化后二次开孔简易便捷。此外，由于其优异性能（如高强度、轻质、耐高温、耐腐蚀)，高分子复合材料广泛应用于修复设备部件磨损、腐蚀、冲刷等问题。例如，在防止吸收塔浆液循环泵喷嘴脱落时，可使用碳化硅等耐磨、耐腐蚀材质的备件。高分子防潮封堵剂专门用于配电柜和户外端子箱，因其耐高低温、抗酸碱、抗老化、防水防潮防腐蚀、绝缘等特性，可在恶劣环境中保护内部部件免受氧化和内应力影响。在环保领域，戈尔的 PTFE 催化剂复合材料实现卓越的催化过滤性能，用于垃圾焚烧氮氧化物减排。在新能源方面，国内有生产新型高分子电力绝缘产品的生产企业。

8.1.3 纤维复合材料

1. 纤维复合材料的类型和特点

纤维复合材料由增强纤维和基体组成，因其优异性能而被广泛应用于多个领域，并展现出快速发展的趋势。碳纤维复合材料是一种由碳纤维与其他基体材料复合而成的结构材料，常用的基体材料包括树脂、金属和陶瓷等。

碳纤维增强环氧树脂复合材料以其极高的比强度和比模量，在现有结构材料中表现突出，广泛应用于航空航天、赛车车身等领域。碳纤维金属复合材料通过在碳纤维表面镀覆金属制得，其制备工艺复杂，常用于低熔点金属或合金复合材料，例如碳纤维增强铝基和铜基复合材料。

碳纤维陶瓷复合材料能够显著提高断裂功和抗热震性能，同时改善陶瓷材料的脆性问题，还可在高温环境下保护碳纤维免受氧化，具备优异的高温强度和弹性模量。

碳纤维-碳复合材料以碳或石墨为基体，采用碳纤维或石墨纤维进行增强，具有耐极高温度和加热快的特点，适用于航天航空领域中导弹鼻锥、飞船前缘等部件的制造。

碳纤维混凝土是在普通混凝土中添加少量特定形状的碳纤维和超细添加剂，与普通混凝土相比，其抗拉、弯曲、抗冲击性能显著提升，干缩率降低且耐磨性增强。

玻璃纤维复合材料（GFRP)，通常被称为玻璃钢，是由玻璃纤维增强不饱和聚酯、环氧树脂或酚醛树脂基体制成的一种材料，具有质轻、硬度高、机械强度优异以及耐腐蚀等特点，但目前在回收利用方面尚存在不足。

2. 纤维复合材料的应用

近年来，纳米纤维素在超高性能混凝土（UHPC）和智能混凝土领域展现出巨大潜力。纤维增强混凝土（FRC）广泛应用于建筑与土木工程，具有良好的延性、抗裂缝和抗冲击性能，在结构加固和抗震领域应用前景广阔。聚丙烯（PP）纤维以单丝、短纤维和原纤化纤维纱形式用于 FRC，纤维含量通常为 0.1%～0.5%（按体积计）。随着纤维添加量的增加，复合材料的抗拉和抗压强度显著提升。高性能混凝土要求具备高强度、耐用性和低磨损率等特性，相比普通混凝土表现出更优的承载能力和应变能力。杂化技术和黏合性能改进成为研究热点。研究表明，多种纤维协同作用可产生最佳效果。例如，钢纤维提高强度，PP 纤维增强韧性和延缓早期裂缝，玄武岩纤维提升抗弯强度和抗氧化性能。有研究者将钢纤维、聚烯烃纤维和玄武岩纤维组成三组分杂化系统，显著提升了复合材料的抗压、抗弯强度和韧性。另一项研究通过调整纤维直径、长度和体积含量（0.25%～1.5%），进一步改善了 FRC 的力学性能。改性 PP 纤维可通过次氯酸钠处理抑制生物污染物，适用于海洋环境下的混凝土施工。瑞士 EMPA 实验室开发的双组分聚烯烃纤维改善了纤维与水泥的黏合性，提升了 FRC 的模量和抗拉强度。巴斯夫公司推出的高表面黏合性聚丙烯粗旦单丝纤维已在多个领域得到应用，如混凝土路面、桥梁板和喷浆水泥施工。高性能聚乙烯醇（PVA）纤维因其分子级黏合特性，黏合强度提升 300%，并降低裂缝发生概率 40%。目前，高性能 PVA 纤维的线密度范围为 5～130 特克斯（tex），切断长度为 6～30 mm，添加量为 0.45%～1.35%（按体积计）。

8.1.4 砂浆材料

砂浆是由胶凝材料、细骨料和水按一定比例混合而成的，根据用途可分为装饰、砌筑、抹面和特种砂浆四类。常见的胶凝材料包括水泥、石灰和石膏，分别提供高强度、改善耐久性和室内保温隔音性能。细骨料通常为天然砂或人工砂，其颗粒级配和细度模数对砂浆性能至关重要。用水需符合相关标准，确保无有害物质以免影响砂浆质量。添加剂如纤维素醚、胶粉等可提高砂浆的保水性、黏结强度和抗裂性。也可用工业废渣（如不锈钢渣、尾矿砂）作原材料，可降低成本并实现资源综合利用。砂浆施工时需保证均匀性和良好黏结，避免水分流失不均从而导致变形。防水砂浆通过添加防水剂改善防水性能。

多种新材料的发明和应用，推动了工业生产的技术进步和效率提升，使工业各领域产品更加丰富多样，满足人们的多样化需求。例如，化工原料、金属、塑料、陶瓷、橡胶等材料的广泛应用。材料发展趋势将更加注重环保、节能和可再生资源的利用，再生材料、环保绿色材料等成为未来新兴材料的重要方向。材料科学将围绕人类需求、环境保护和科技创新等方面，实现更广泛深入的应用和实用价值。

8.2 化学与能源

化学作为一门基础科学，与能源科学相互交叉、相互促进。化学的发展有助于开发和利用各种能源，提高能源利用效率，减少能源消耗；而能源的需求和发展也推动着化学学科的研究和创新。例如，为了应对传统能源带来的环境问题和能源危机，化学研究不断探索新能源的开发和利用方法，如核能、化学新能源（锂离子电池、燃料电池、电化学电容器等）的研究和应用，具有广阔的发展前景。

根据来源和性质不同，能源可分为传统能源和新能源两类。传统能源主要指石油、煤炭和天然气等化石燃料，它们来源于地下的化石燃料储藏，在人类社会发展中发挥了重要作用，但也带来了环境污染和全球变暖等问题。新能源是利用自然界中可再生资源获得的能源，包括太阳能、风能、水能、地热能等，具有清洁、可再生和无污染等优点，有望成为未来能源发展的方向。在传统能源的利用过程中，化学起着关键作用。以火力发电为例，人们利用燃料燃烧产生的热能加热水产生高温蒸汽，再用蒸汽带动汽轮机转动切割磁感线产生电能。在这个过程中，需要研究如何提高能源转化效率、减少对环境的污染以及保证催化剂和设备的正常运转与保养等问题，这些都与化学密切相关。例如，煤燃烧会产生多种危害，如温室效应（主要由二氧化碳引起，煤中褐煤产生二氧化碳最多）、酸雨（由煤中硫和氮杂质燃烧生成氧化物，溶于水形成）、富营养化（由氮、磷杂质生成的氧化物在自然界聚集）和粉尘等，需要通过化学方法进行处理和控制。

8.2.1 化学与光能

化学与光能的相互作用涉及多个领域，包括光合作用、光电化学和光催化反应等。

1. 光合作用

光合作用是绿色植物（包括藻类）吸收光能，由二氧化碳和水合成富能有机物同时释放氧气的过程。反应条件包括光、色素分子、酶、二氧化碳（或硫化氢）。这一过程对实现自然界的能量转换、维持大气的碳-氧平衡具有重要意义。光合作用分为含氧光合作用和无氧光合作用。在植物中，水与二氧化碳一起用于合成葡萄糖和释放氧气分子，其总体反应如下：

$$\text{二氧化碳}+\text{水}+\text{太阳能}\longrightarrow\text{葡萄糖}+\text{氧气}$$

用化学方程式表示为：

$$6CO_2+6H_2O+\text{太阳能}\longrightarrow C_6H_{12}O_6+6O_2$$

无氧光合作用，主要由细菌参与，它们消耗二氧化碳但不释放氧气，例如硫化细菌中光合作用的总体反应为：

$$CO_2+2H_2S+\text{光能}\longrightarrow(CH_2O)+H_2O+2S$$

反应阶段包含光反应阶段和暗反应阶段。光反应阶段的特征是在光驱动下水分子氧化释放的电子通过类似于线粒体呼吸电子传递链那样的电子传递系统传递给 $NADP^+$，使它还原为NADPH。电子传递的另一结果是基质中质子被泵送到类囊体腔中，形成的跨膜质子梯度驱动磷酸化生成。反应式：

$$H_2O+ADP+P_i+NADP^+\longrightarrow O_2+ATP+NADPH+H^+$$

暗反应阶段是利用光反应生成 NADPH 和 ATP 进行碳的同化作用，使气体二氧化碳还原为糖，这阶段基本上不直接依赖于光，而只是依赖于 ATP 和 NADPH 的提供。反应式：

$$CO_2+ATP+NADPH+H^+\longrightarrow(CH_2O)+ADP+Pi+H+NADP^+$$

总反应式：

$$CO_2+H_2O\longrightarrow(CH_2O)+O_2$$

2. 光电化学

光电化学是将光化学与电化学方法合并使用，以研究分子或离子的基态或激发态的氧化还原反应现象、规律及应用的化学分支，属于化学与电学的交叉学科。光子辐射到达电极被电子吸收后，使电子能级升高，若能量超过电极材料的功函数，电子可从表面逸出并与溶剂或溶质起作用。光照影响电极的过程包括以下几步。

(1) 光发射：光子使电子能级升高并逸出。

(2) 发射的电子与溶剂的热平衡及溶剂化过程：约在 10～12 秒内完成。

(3) 溶剂化电子 eS 在溶液中的转变：溶剂化电子与溶液中能捕获电子的组分 A（捕获剂）起化学反应，即 $eS+A\longrightarrow[eA]+S$。

(4) 产物 [eA] 在电极附近形成后再进行电化学和化学反应：化学反应以点线表示。

(5) 若无捕获剂的情况：溶剂化电子又回到电极，光电流接近零。

一般只要未曾特意向溶液中加入电子受体，电流都很低，这是溶剂化电子与溶剂以及其中微量杂质反应产生的电流。该过程是研究界面的双电层结构、电化学动力学以及含有自由基的均相反应的有效手段，但因效率太低，不能实际应用于转变太阳能为电能。

电解质溶液体系可产生电荷分离并发生氧化还原反应，导致太阳能转换为电能或化学能，主要有以下四种体系。

(1) 伏打电池：光照射半导体，多数载流子驱向电极内部再经外线路至对应电极与溶液中电解质起作用，电子不断经外线路流向对应电极，产生电流，而溶液组成不变，净变化是光能转化为电能，也称为再生式光电化学电池或液结太阳能电池。

(2) 光电合成：光照射半导体电极（如 n-钛酸锶）产生电子空穴对，为表面电场所分离，空穴在阳极表面，电子经外线路至阴极表面，分别进行反应，净结果是光分解水为氢和氧。光电合成的反应种类繁多，如将氮固定为氨，光分解硫化氢，光还原二氧化碳为醇和其他有机物等。此外，在光电合成中也常用半导体粉末做微电极，形成微电池进行各种反应。

(3) 光伽伐尼电池：以溶液中的光敏剂为吸光物质，常用透明二氧化锡电极。经光照，光敏剂 A 吸光活化与电解质 Z 起氧化还原反应，产物之一 B 在二氧化锡电极上氧化，另一产物 Y 扩散至阴极还原，溶液中各组分浓度不变，只有电子经外电路从光阳极流至暗阴极，净变化为光能转化为电能。此体系效率低，原因是正负电荷难以有效地分离，即反应 $A^* + Z \longrightarrow B + Y$ 的逆反应难以防止。为克服逆反应，可加入表面活性剂，在水溶液中形成胶粒，选用 R－为憎水性的，它可增溶进入胶团而与 S＋分离。

(4) 膜的光电化学：模仿生物膜制成双分子层类脂膜，并加入光敏色素，使之成为色素双分子膜。

3. 光催化反应

光催化反应中，光催化剂通常为半导体材料，如 TiO_2、ZnO、CdS、WO_3、BiOX、铁酸盐等。当受到大于自身禁带宽度的光照射时，半导体价带上的电子（e^-）受到激发，从价带跃迁到导带，同时价带上留下带正电的空穴（h^+）。光生电子具有强还原性，光生空穴具有强氧化性，电子和空穴迁移至催化剂表面之后，与吸附在催化剂表面的有机物发生反应，将难降解的污染物分子分解成 CO_2、H_2O 等小分子或者实现杀菌消毒的目的。基本过程如下。

(1) 光子的吸收：光催化反应首先从光催化剂吸收特定波长的光子开始。这些光子能量应大于或等于光催化剂的能隙，以激发电子从价带跃迁到导带，产生的载流子具有很强的还原和氧化能力，可参与后续的氧化还原反应。

(2) 表面吸附与反应：反应物需要在光催化剂表面吸附才能与光生载流子发生作用，这些反应物可以是分子、离子或原子等。在表面吸附过程中，它们可能发生化学变化，形成相应的产物和副产物。

(3) 产物和副产物形成机理：氧化还原反应，光生电子和空穴分别具有还原和氧化能力，它们可以与反应物发生氧化还原反应，生成相应的产物，例如，在光催化分解水制氢的反应中，光生电子与水分子作用生成氢气和氧气；表面吸附反应，反应物在光催化剂表面吸附后，可以与表面吸附的原子或分子发生化学反应，包括加成、取代、氧化等，生成新的化合物，例如，在光催化合成有机化合物的反应中，原料分子可以在光催化剂表面发生一系列的吸附、活化、加成等反应步骤，最终生成目标产物。

影响产物和副产物形成的因素包括光催化剂性质、反应条件（如温度、压力、气氛）以及反应物结构和特性。不同光催化剂的能带结构、比表面积和表面特性决定了光生载流子转移效率及氧化还原能力。同时，温度、压力和气氛等条件对产物形成有显著影响。

光催化技术广泛应用于多个领域：在环境治理中，可降解废水中难处理物质为无害小分子，用于空气净化、水处理和土壤修复；在能源转化中，通过光解水制氢、CO_2 还原等方式将太阳能转化为化学能或电能，助力清洁能源开发；在化工合成中，实现传统热催化难以完成的反应（如 C-H 键活化、C-C 键形成），推动绿色化工发展；在材料制备中，用于纳米材料合成与功能化，制备特定形貌和性能的新型功能材料；在生物医学中，产生活性氧物种（如羟基自由基、超氧阴离子）以抗菌、抗病毒、抗肿瘤，并用于生物成像；在农业中，降解农药残留、杀灭病虫害菌并处理农业废水，提供环保技术支持。

8.2.2　化学与电能

1. 太阳能电池

太阳能是清洁、可再生的能源，但将其转化为电能并提高转化效率是研究难点。通过光电化学方法，可将太阳能转化为电能，再利用电化学反应将电能转化为化学能，实现太阳能的储存和利用。此外，电化学合成还可用于太阳能电池中光敏材料的制备，提高太阳能电池的光电转换效率。

2. 燃料电池

燃料电池也是一种将燃料与氧化剂的化学能通过电化学反应直接转换成电能的发电装置。燃料电池理论上可在接近 100%的热效率下运行，具有很高的经济性。目前实际运行的各种燃料电池，由于种种技术因素的限制，再考虑整个装置系统的耗能，总的转换效率多在 45%～60%范围内，如考虑排热利用，可达 80%以上。此外，燃料电池装置不含或含有很少的运动部件，工作可靠，较少需要维修，且比传统发电机组安静。另外，等温的按电化学方式，直接将化学能转化为电能而不必经过热机过程，不受卡诺循环限制，因而能量转化效率高，且反应清洁、完全，很少产生有害物质，正在成为理想的能源利用方式。同时，随着燃料电池技术不断成熟，以及西气东输工程提供了充足天然气源，所有这一切都使得燃料电池成为一种很有发展前途的能源动力装置，燃料电池的商业化应用存在着广阔的发展前景。电化学合成在燃料电池中的应用主要表现在制备催化剂和膜材料。通过电化学方法制备出具有高活性和稳定性的催化剂，可提高燃料电池的能量转化效率和运行稳定性；制备性能良好的膜材料，可提高燃料电池的性能和寿命。

燃料电池是一种能量转化装置，其组成与一般电池相同，它是按电化学原理，即原电池工作原理，等温地把贮存在燃料和氧化剂中的化学能直接转化为电能，因而实际过程是氧化还原反应。以氢-氧燃料电池为例来说明燃料电池，电池反应是电解水的逆过程。燃料电池主要由三部分组成，即电极、电解质隔膜和外部电路（集电器）。

（1）电极。燃料气和氧化气分别由燃料电池的阳极和阴极通入。电极主要可分为两部分，其一为阳极（Anode），另一为阴极（Cathode），厚度一般为 200～500 mm；其结构与一般电池的平板电极的不同之处是燃料电池的电极为多孔结构。燃料电池所使用的燃料及氧化剂大多为气体（例如氢气、氧气等），而气体在电解质中的溶解度并不高，为了提高燃料电池的实际工作电流密度与降低极化作用，故发展出多孔结构的电极，以增加参与反应的电极表面积，这也是燃料电池能从理论研究阶段步入实用化阶段的重要原因之一。燃料电池的电极性能的优劣关键在于触媒的性能、电极的材料与电极的制作过程等。目前高温燃料电池的电极主要是以触媒材料制成，例如固态氧化物燃料电池（简称 SOFC）的 Y_2O_3-stabilized-ZrO_2（简称 YSZ）及熔融碳酸盐燃料电池（简称 MCFC）的氧化镍电极等。而低温燃料电池则主要是由气体扩散层支撑薄层触媒材料而构成，例如磷酸燃料电池（简称 PAFC）与质子交换膜燃料电池（简称 PEMFC）的白金电极等。

（2）电解质隔膜。电解质隔膜的主要功能在分隔氧化剂与还原剂，并传导离子，故电解质隔膜越薄越好，但亦需考虑强度，就现阶段的技术而言，其一般厚度约在数十毫米至数百毫米。为阻挡两种气体混合导致电池内短路，电解质通常为致密结构。至于材质，目前主要朝两个发展方向：①先以石棉（Asbestos）膜、碳化硅（SiC）膜、铝酸锂（$LiAlO_3$）膜等绝缘材料制成多孔隔膜，再浸入熔融锂-钾碳酸盐、氢氧化钾与磷酸等中，使其附着在隔膜孔内；②采用全氟磺酸树脂（例如 PEMFC）及 YSZ（例如 SOFC）。另外，由于使用的电解质膜为固态，可避免电解质腐蚀。

（3）外部电路（集电器）。外部电路又称作双极板，可以收集电流、分隔氧化剂与还原剂、疏导反应气体等，集电器的性能主要取决于其材料特性、流场设计及其加工技术。燃料气在阳极上放出电子，电子经外电路传导到阴极并与氧化气结合生成离子。离子在电场作用下，通过电解质迁移到阳极上，与燃料气反应，构成回路，产生电流。同时，由于本身的电化学反应以及电池的内阻，燃料电池还会产生一定的热量。电池的阴、阳两极除传导电子外，也作为氧化还原反应的催化剂。当燃料为碳氢化合物时，阳极要求有更高的催化活性。另外，只有燃料电池本体还不能工作，必须有一套相应的辅助系统，包括反应剂供给系统、排热系统、排水系统、电性能控制系统及安全装置等。

3. 电池储能技术

随着电动汽车、移动设备等的发展，电池储能技术成为研究热点。电化学合成在电池储能技术中的应用主要是制备电池正负极材料和电解液。通过电化学方法制备出具有高能量密度、长循环寿命的正负极材料，可提高电池的性能和寿命；制备合适的电解液，可提高电池的能量密度和安全性。

4. 电化学合成与能源利用的结合发展趋势

虽然电化学合成在能源领域的应用取得了一定成果，但进一步提高能源转化效率仍是研究重点。通过引入新型的电化学反应路径和能量转化方式，可实现能源的高效转化和利用。随着可再生能源的不断发展，如何将其转化为电能并提高转化效率成为热点。电化学合成作为高效的能源转化方式，可为可再生能源的开发和利用提供新途径。通过研究和开发适用于可再生能源的电化学合成方法和装置，可实现可再生能源的高效转化和利用。随着环保意识的提高，绿色环保技术成为研究热点。电化学合成作为环保型的能源利用方式，具有很大的发展潜力。通过研究和开发绿色环保的电极材料和电解液配方等方法，可推动绿色环保技术的发展，实现其工业化应用。

8.2.3 化学与热能

热化学是研究化学反应中能量转化和利用的学科，它侧重于系统与其周围环境之间以热的形式进行的能量交换。反应热是指在化学反应中，反应物转化为生成物所放出或吸收的热量；熵变则表示了系统混乱度的变化，即系统有序性或无序性的变化。热化学将热力学概念与化学键形式的能量概念结合起来，基于拉瓦锡和拉普拉斯定律（伴随任何转变的能量变化与伴随逆过程的能量变化相等且相反）以及 Hess 的恒热总和定律（无论该过程发生在一步还是多步，伴随任何转变的能量变化都是相同的）。

在传统能源领域，石油、煤炭和天然气的转化和利用是热化学的典型实例。这些化石燃料通过燃烧产生热量，进而转化为电能或其他形式的能源。例如，火力发电厂利用煤炭燃烧产生的热能将水加热成蒸汽，推动汽轮机转动，从而带动发电机发电。热化学在可再生能源领域同样具有广泛应用。太阳能可以通过光化学转化和热化学转化两种方式转化为电能或化学能。地热能也可以通过热化学实现有效利用，如地热发电，利用地下热水或蒸汽的热能来驱动汽轮机发电。此外，热化学还可以通过生物质发酵等化学过程，将废弃物转化为可再生的能源。

大气污染物的排放可以通过热化学方法进行处理。通过将污染物进行热解、燃烧或还原等反应，可以将其转化为无害或低害物质，从而实现大气污染物的减排和控制。例如，一些工业废气中的有害气体可以通过高温燃烧转化为二氧化碳和水等无害物质。热化学还可以实现废弃物的资源化利用，例如将废弃物转化为肥料、燃料等，从而实现废弃物的减量化、无害化和资源化。比如，一些有机废弃物可以通过热解转化为生物炭和生物燃气，生物炭可以作为土壤改良剂，生物燃气可以作为能源使用。

8.2.4　化学与其他能源

化学作为一门基础科学，与能源领域联系紧密。化学的核心知识应用于自然科学各个领域，在能源的生产、储存和利用中发挥着重要作用。化学与人类能源利用等方面密切相关，是创造和改造自然的重要支柱。

1. 核能

利用重核分裂成中等质量的原子核释放出巨大能量，如铀裂变。核能是一种高效、清洁的能源，不会排放有害气体和颗粒物，发电站运行稳定，能提供可靠电力供应，但存在放射性废料处理和核安全问题，技术要求高，建设和运营成本较高，原料获取途径有限。

2. 风能

通过风力发电，利用风能驱动风力发电机组转化为电能，风能是清洁的可再生能源。风能发电技术成熟，建设成本逐渐降低，可减少对化石燃料的依赖，但受地理位置和气候条件限制，储能技术有待发展，还存在噪音和视觉污染问题。

3. 生物质能

生物质能指自然界现有的生物体及其代谢物中所蕴含的能量，包括农作物秸秆、林业废弃物、畜禽粪便等，主要以燃烧、发酵等方式释放能量。生物质能是可再生能源，来源广泛，但能量密度相对较低。

利用生物质资源如植物、动物脂肪等，通过发酵或热解转化为生物燃料，如生物柴油、生物气体等。氢气作为清洁能源，可通过电解水或天然气重整等方法制备，燃烧产物仅为水，具有广阔的应用前景。可通过研发高效发电技术、高效制冷技术、高效交通运输技术等，减少化学能源的消耗。也可通过化学方法减少能源利用过程中的污染物排放，如采用脱硫、脱硝等技术减少煤炭燃烧产生的二氧化硫和氮氧化物排放。

8.3　化学与土木

化学在土木工程中的应用与在机械中同样至关重要，甚至更为基础，因为它直接决定了土木工程核心材料——水泥基材料（混凝土）和沥青的性能。

8.3.1　胶凝材料与水化反应

胶凝材料与水化反应被称为土木工程基石，这也是化学在土木中最核心、最经典的应用。胶凝材料是能通过物理或化学作用（尤其是与水反应）将松散骨料（砂石、石子等）胶结为整体、并形成坚硬固体的材料；而水化反应则是其“从粉末到强度”的化学核心。这一过程不仅是化学原理在土木工程中的经典应用，更直接决定了工程结构的承载能力、耐久性与安全性，堪称土木工程的“基石”。

1. 硅酸盐水泥化学

硅酸盐水泥的生产（石灰石、黏土等原料的煅烧）和使用是一个复杂的化学过程。水泥粉末与水发生水化反应，生成水化硅酸钙（C-S-H）凝胶等产物，这些凝胶将砂、石等骨料胶结成一个坚硬的整体-混凝土。混凝土经过搅拌、输送、浇注、密实成型、养护硬化及成型等一系列工序而成，是现代土木工程施工中不可缺少的建筑材料。混凝土的应用范围能持续拓展，核心在于技术迭代——通过调整原材料（水泥、骨料、外加剂）或工艺，优化其性能，以适配更复杂的工程需求。这一过程本质是“水泥化学”的实践延伸。

（1）高性能混凝土（HPC）。通过添加矿物掺合料（如粉煤灰、硅灰）替代部分水泥，降低水化热并提升耐久性；同时加入高效减水剂（如聚羧酸系减水剂，减水率≥30%），在低水灰比（≤0.35）下保证工作性，强度可达C80～C100，广泛用于超高层、大跨度工程。

（2）自修复混凝土。在混凝土中掺入微生物（如芽孢杆菌）或胶囊（内装修复剂），当混凝土开裂时，微生物遇水激活并代谢产生碳酸钙，或胶囊破裂释放修复剂，实现“自主愈合”，适用于难以维护的工程（如地下隧道、海底结构）。

（3）3D打印混凝土。通过优化配合比（添加触变剂，使混凝土静置时呈固态、搅拌时呈流体），实现“逐层打印”，无需模板，适用于异形构件（如建筑外立面、景观雕塑），大幅缩短施工周期。

2. 外加剂化学

混凝土外加剂在混凝土施工过程中能够有效改善施工条件，有助于机械化施工，从而降低施工人员的工作压力，同时能够在保证工程质量的前提下提高工作效率。混凝土外加剂可以帮助工作人员在不同的现场条件下完成以往难以完成的要求。混凝土外加剂能够有效减少养护时间，或者让预制厂缩短蒸养的时间，提早进行拆模加速模板周转，加快预应力钢筋混凝土的钢筋放张与剪筋等，使工程整体在施工速度上有明显提升。现代混凝土离不开化学外加剂，它们通过分子层面的作用来精确调控混凝土的性能。

（1）减水剂。减水剂是混凝土外加剂的核心品类之一，指在混凝土拌合物坍落度（流动性）保持不变的前提下，能显著减少拌合用水量，或在用水量不变时，能大幅提高混凝土流动性的化学助剂。其主要成分为表面活性剂（如萘系、聚羧酸系等），通过改变水泥颗粒的界面特性，优化混凝土的工作性能与力学性能，减水剂是现代混凝土工程中不可或缺的关键材料，其分子结构具有亲水基和疏水基，吸附在水泥颗粒表面，通过静电排斥或空间位阻效应使水泥颗粒分散，减少用水量，从而提高强度和耐久性。减水剂的表面活性剂分子一端为“亲水基团”（吸附水分子），另一端为“疏水基团”（吸附水泥颗粒），会定向吸附在水泥颗粒表面，形成双电层——使水泥颗粒带相同电荷而相互排斥，打破絮凝结构，释放被包裹的水分，从而实现“节水增流”或“节水保强”。常见减水剂类型对比如表8-1所示。

表8-1 减水剂类型对比

类型	减水率	适用场景	优点	缺点
萘系减水剂	15%～25%	普通商品混凝土、桥梁	价格适中、适应性强	坍落度损失快（1小时内）
聚羧酸系减水剂	25%～40%	高性能混凝土、高铁、超高层	减水率高、坍落度损失慢	价格较高、对砂石敏感
脂肪族减水剂	18%～28%	冬季施工、有抗冻需求的工程	早期强度高、无锈蚀风险	颜色较深（影响外观）
木质素系减水剂	5%～12%	低成本混凝土、砂浆	价格低廉、缓凝效果好	减水率低、强度提升有限

减水剂直接解决混凝土“流动性”与“强度”的矛盾，用水量不变时，加入减水剂可使混凝土拌合物的坍落度从 50mm 以下提升至 150mm 以上，显著改善其流动性和易性，便于泵送、浇筑（尤其适用于高层建筑、大体积构件等复杂施工场景）。流动性不变时，可减少 10%～30%的拌合用水量。根据混凝土强度公式（水灰比越小，强度越高），用水量降低能直接降低水灰比，使混凝土 28 天抗压强度提升 15%～40%，同时提高抗渗、抗冻等耐久性。

（2）缓凝剂/速凝剂。缓凝剂是在混凝土拌合物中掺入后，能显著延缓水泥水化反应速率，使混凝土的初凝时间（失去可塑性的时间）和终凝时间（完全硬化的时间）大幅延长，同时不严重影响混凝土最终力学性能（如 28 天强度）的化学助剂。其主要成分多为有机化合物（如柠檬酸、葡萄糖酸钠、木质素磺酸盐）或无机化合物（如磷酸盐、硼酸盐）。速凝剂可解决“施工时间不足”问题，“为施工争取更多时间”。速凝剂是在混凝土（或喷射混凝土）拌合物中掺入后，能急剧加快水泥水化反应速率，使混凝土在数分钟至十几分钟内完成初凝、半小时内终凝并快速产生早期强度的化学助剂。其核心成分多为强碱性化合物（如铝酸钠、碳酸钠等），需注意与混凝土中的水泥、骨料充分混合，以避免局部速凝不均。解决“快速成型与紧急支护”问题，“缩短硬化时间、快速形成强度”，主要用于对工期、安全性要求极高的场景。

（3）引气剂。引气剂是混凝土外加剂的重要品类，核心是通过化学作用在混凝土拌合物中引入大量直径 0.02～0.2mm 均匀分布的微小气泡，这些气泡不仅不削弱混凝土强度，还能提高混凝土的抗冻融循环能力。引气剂的作用并非简单产生气泡，而是通过两步精准过程实现功能，缺一不可：首先，气泡生成，引气剂多为表面活性物质（如松香树脂类、烷基苯磺酸盐类），分子结构兼具“亲水基团”（与水结合）和“疏水基团”（排斥水）。在混凝土搅拌时，疏水基团会吸附在空气-水界面，显著降低界面张力，使空气更容易被“裹入”拌合物，形成大量微小气泡。另外，气泡须稳定，生成的气泡若不稳定，会在浇筑、振捣中破裂或上浮，失去作用。此时引气剂的亲水基团会与水泥颗粒、骨料表面结合，在气泡周围形成“保护膜”；同时气泡间的电荷斥力可防止其合并变大，最终让气泡均匀分布在硬化混凝土内部，形成“蜂窝状”封闭结构。

引气剂可针对性优化其耐久性与施工性，是严寒地区、水工工程等场景中保障混凝土质量的关键材料。北方严寒地区的道路、桥梁、水坝、室外混凝土构件（如路灯基础），需承受 100～300 次冻融循环而不损坏，使用引气剂是实现该指标的必要条件。另外，混凝土硬化过程中会因水分蒸发产生“干燥收缩”，若收缩受阻易产生裂缝。引气剂的气泡可通过自身微量变形，吸收部分收缩应力，降低混凝土内部的拉应力，从而减少收缩裂缝的产生与扩展，提升结构完整性。

8.3.2　材料的耐久性与腐蚀防护

土木结构（如道路、桥梁、大坝、高层建筑等）寿命长达数十年甚至上百年，提高其耐久性问题是化学研究的重点。土木结构作为支撑社会运转的“骨架”，直接关联安全、经济、民生与可持续发展。而结构耐久性衰减的本质是材料在环境作用下的化学与物理化学变化（如钢筋腐蚀、混凝土碳化、化学侵蚀等），化学研究的核心价值在于：揭示失效机制和开发预警与修复技术。

（1）钢筋锈蚀的电化学。钢筋锈蚀是钢筋混凝土结构最主要的破坏形式。钢筋在碱性混凝土（pH＝12～13）中会自然形成一层致密的氧化膜（主要成分为 Fe_3O_4/Fe_2O_3），即“钝化膜”，这层膜能阻止 Fe 失电子（阳极反应），是钢筋天然的“保护屏障”。钢筋锈蚀是“电化学腐蚀”过程［阳极 Fe 失电子生成 Fe^{2+}，阴极 O_2 与 H_2O 反应生成 OH^-，二者结合形成 $Fe(OH)_2$ 并进一步氧化为 $Fe_2O_3 \cdot nH_2O$（铁锈），体积膨胀 2～4 倍导致混凝土裂开；混凝土碳化是“酸碱中和反应”（环境中 CO_2 或来自海盐、化冰盐的氯离子渗透至混凝土内部，与水泥水化产物 $Ca(OH)_2$ 反应生成 $CaCO_3$，降低混凝土 pH，会破坏钢筋表面的钝化膜］。这些化学机制的阐明，为“针对性防控”提供了科学依据。基于化学原理，研发可实时监测耐久性状态的“化学传感器”（如植入混凝土的 pH 传感器、钢筋腐蚀电流传感器），提前预警潜在隐患；同时开发高效修复材料（如环氧基钢筋阻锈剂、碳化混凝土修复用碱激活砂浆），阻止损伤进一步扩散，从根本上避免因材料化学劣化引发的安全风险，进而提供防护的基础。

（2）防护措施。①阻锈剂：当钝化膜破损时，阳极型阻锈剂可通过以下方式修复/强化钝化膜。a. 向钢筋表面输送“氧化性离子”（如 NO_2^-、CrO_4^{2-}），与暴露的 Fe 反应，重新生成更稳定的复合氧化膜［如 Fe_2O_3 与 $Ca(NO_2)_2$ 的复合物］，膜的致密性提升，新生成的钝化膜孔隙率降低，可阻挡 Cl^-、H_2O 等腐蚀介质进一步接触钢筋表面，从根源上抑制阳极反应。化学物质（如亚硝酸盐、有机胺类）通过吸附在钢筋表面或提高钝化膜稳定性来延缓腐蚀。b. 应用电化学原理，通过施加外部电流或安装牺牲阳极来强制钢筋成为阴极，从而抑制其失去电子（腐蚀）。阻锈剂分子（如磷酸盐、硅酸盐）通过极性基团（$—PO_4^{3-}$、$—SiO_3^{2-}$）吸附在钢筋表面的阴极区，形成一层“吸附膜”，阻止 O_2 和 H_2O 扩散到阴极表面，切断电子传递路径。②涂层防护：根据涂层材质、防护机理及施工工艺的差异，主流钢筋涂层可分为金属涂层、有机涂层和无机涂层三大类，各类涂层的技术特性与适用场景差异显著，在混凝土表面涂刷环氧树脂、聚氨酯等有机涂层，或使用硅烷/硅氧烷类浸渍剂，形成憎水层，阻止有害物质（Cl^-、CO_2、H_2O）侵入。在土木结构耐久性防护中，钢筋涂层防护是通过在钢筋表面形成物理屏障或化学防护层，阻断钢筋与腐蚀性介质（如氯离子、氧气、水分）的接触，从而延缓或阻止钢筋锈蚀的核心技术之一。其核心逻辑是“隔离侵蚀源”与“增强钢筋自身抗蚀性”，广泛应用于桥梁、海洋工程、地下结构、盐碱地区建筑等易受腐蚀的项目中。

（3）土体加固与稳定（岩土工程）。化学方法被广泛应用于改善土体的工程性质。特别是在改善岩层工程性质中的应用，核心是针对岩层坚硬但脆性高、裂隙发育、易风化、完整性差等固有特性，通过化学反应或物理-化学作用修复岩层缺陷、强化结构稳定性、提升其适配工程需求的能力。①化学灌浆（Chemical Grouting）。通过特定设备将具有流动性、可固化的化学浆液注入岩层、土体的裂隙、孔隙或孔洞中，利用浆液的化学反应（如聚合、胶凝、固化）或物理-化学作用，填充缺陷空间、胶结松散介质，最终形成具有高强度、低渗透性的“人工结石体”或“加固层”，从而提高土体的承载力、防渗性和稳定性。其中，化学浆液通常包含水玻璃类、丙烯酰胺类、环氧树脂类、聚氨酯类。②土壤稳定剂。土壤稳定剂是一类通过物理、化学或生物作用，改善土壤物理力学性质（如强度、稳定性、透水性等），抑制土壤劣化，从而满足工程建设、生态修复等需求的材料或制剂。其核心目标是解决天然土壤因颗粒松散、黏结力弱、水稳定性差等问题导致的工程隐患（如路基沉降、边坡坍塌）或生态问题（如土壤沙化、水土流失），广泛应用于道路工程、水利工程、矿山修复、土地整治等领域。主要做法是向土壤中添加石灰（CaO）、水泥或新型高分子聚合物等，通过离子交换、凝硬反应或聚合作用，降低土壤的塑性指数（“砂化”作用），提高其强度和水稳性，用于路基处理等。

8.3.3 防水、密封与黏结材料

保证土木建筑物的防水密封和结构加固补强都依赖于化学。

1. 防水材料

通过阻断水的渗透路径，保护建筑物、构筑物或特定空间免受水分侵蚀的材料，广泛应用于建筑工程、基础设施、工业设备及家庭装修等领域。其核心功能是预防漏水、渗水引发的结构损坏（如钢筋锈蚀、墙体霉变）、设备故障及安全隐患，根据形态、成分和应用场景可分为多个类别，不同类别对应差异化的用途。例如，沥青及其改性产品（SBS、APP 改性沥青）、聚氨酯防水涂料、丙烯酸酯乳液、水泥基渗透结晶型防水材料等，其防水性能都基于其化学成分形成的致密膜或憎水结构。通常防水材料分为柔性防水材料和刚性防水材料。柔性防水材料具有良好的延展性和柔韧性，能适应基层（如混凝土、墙体）的微小变形（如热胀冷缩、沉降），避免因开裂导致防水失效，是建筑防水的核心类别。刚性防水材料以水泥、砂石为主要成分，兼具防水性和结构强度，能与基层（如混凝土）形成整体，主要用于需要兼顾“结构承载”和“防水”的场景，自身变形能力较弱，需配合伸缩缝设计使用。

2. 结构胶

结构胶是一类具有高强度粘接性能、优异力学稳定性及耐久性的胶黏剂，核心功能是在受力结构部件之间形成持久、可靠的粘接，能传递荷载、分担应力，甚至部分替代传统机械连接（如螺栓、铆钉），确保结构整体的力学性能和安全性。它与普通密封胶、装饰胶的本质区别在于：不仅需具备粘接能力，更需满足结构承载要求，在长期使用中抵抗环境老化、温度变化、振动冲击等因素，不发生明显性能衰减。在结构加固（如粘钢、碳纤维布粘贴）和预制构件拼接中，高性能的环氧树脂胶黏剂是关键技术。它通过化学反应固化，能将荷载有效地传递到加固材料上。

3. 密封胶

密封胶是一类具备填充间隙、阻隔介质（如气体、液体、灰尘）及一定粘接能力的功能性胶黏剂，核心作用是在构件接缝或缝隙处形成连续、柔韧的密封层，既能阻止外界有害物质侵入，也能防止内部介质泄漏，同时可适应基材因温度变化、振动或受力产生的微小形变，保障结构或设备的密封性与耐久性。与结构胶不同，密封胶的核心需求是“密封性能”而非“承载能力”，因此其力学强度（如拉伸、剪切强度）通常低于结构胶，但弹性、耐候性或耐介质性更贴合缝隙密封场景；与普通填缝剂相比，密封胶的粘接性更强，形成的密封层更稳定，且具备更优异的耐老化和耐环境侵蚀能力。硅酮密封胶、聚硫密封胶、聚氨酯密封胶等，用于伸缩缝、幕墙接缝的密封，其弹性、耐久性和黏附性都由其高分子化学结构决定。

4. 黏结材料

在土木工程领域，土木材料黏结是指通过黏结剂（或材料自身的黏结特性），将两种或两种以上相同/不同类型的土木基材（如混凝土、金属、木材、石材、保温材料等）连接成整体，形成可靠的力学传递界面，同时满足结构承载、密封、防渗、加固等功能需求的技术过程。它并非简单的“粘贴”，而是需兼顾力学性能、耐久性、环境适应性的系统工程，是

现代土木结构施工、修复与加固的核心技术之一。

化学在土木工程中扮演着“性能设计师”和“寿命守护者”的角色，从微观层面，它通过分子设计创造了胶凝材料，并通过外加剂精准调控其施工和力学性能。从宏观层面，它通过腐蚀电化学、高分子化学等原理，提供了延长结构寿命、加固补强、防水密封的关键技术与材料。如果说力学决定了土木结构的“形”，那么化学则赋予了其“魂”（性能）并守护其“生命”（耐久性）。没有化学的支撑，现代高性能、长寿命、智能化的土木工程就无从谈起。

8.4 化学与机械

化学与机械工程是两大基础学科，化学在机械工程中的应用极其广泛且至关重要，可以说是现代机械工业不可或缺的基石。机械工程的核心是实现“结构设计-材料选择-制造加工-使用维护-回收再利用”的全流程落地，而化学作为揭示物质组成、结构与变化规律的学科，为机械工程的每一个环节提供底层原理与技术方法，从材料性能的定制到制造工艺的优化，从机械部件的寿命延长到新型技术的突破，化学与机械工程的融合贯穿始终。其交叉融合贯穿于材料研发、装备制造、性能优化、寿命延长等核心环节。

8.4.1 工程材料类型

机械装备的承载能力、耐磨性、耐温性等核心性能，本质上由材料的化学组成与微观结构决定。化学通过调控材料的元素配比、化学键合方式、相结构，为机械工程定制“精准适配”的材料，突破传统材料的性能瓶颈。这是化学最基础的应用，决定了材料的“出身”。

1. 金属材料

金属是机械结构的核心材料（如齿轮、轴承、发动机缸体），其性能依赖化学层面的合金化设计。向基础金属（如铁、铝、铜、钛）中加入特定化学元素（如 Cr、Ni、Mo、V、Mn），通过改变其晶体结构和相图，显著改善材料的力学和物理性能。例如，加入铬（Cr）形成不锈钢（Cr 与氧反应生成致密的 Cr_2O_3 钝化膜，实现耐腐蚀）。

（1）强度与韧性平衡。通过添加特定元素改变金属的晶体结构，例如在钢中加入 Cr（铬）、Ni（镍）形成不锈钢，既提升了耐腐蚀性（Cr 形成氧化膜阻断腐蚀），又通过固溶强化提高了强度，可用于海洋机械的传动轴；在钛合金中加入 Al（铝）、V（钒），通过 β 相调控实现高强度与低密度，成为航空发动机叶片的关键材料（比钢轻 40%，耐温达 600℃以上）。

（2）功能化改性。通过化学热处理（如渗碳、渗氮），使金属表面形成高硬度的碳化物、氮化物层（如渗氮钢表面的 Fe_3N），心部保持韧性，解决机械零件“表面耐磨＋心部抗冲击”的难题，例如挖掘机铲斗的刃口处理。

2. 高分子材料

高分子材料（塑料、橡胶、纤维等聚合物材料）并非天然存在，完全是通过化学合成得到的。例如，聚乙烯（PE）由乙烯单体（C_2H_4）通过聚合反应制成。通过控制聚合度、催化剂和共聚单体，可以合成出从柔软塑料袋到高强度超高分子量聚乙烯（UHMWPE）等不同性能的产品。因其轻量化、耐蚀性，逐步替代金属用于机械零件，其性能由分子链结构与聚合工艺决定。

（1）工程塑料的精准设计。通过调控分子量、支化度、共聚组分，优化材料的强度与耐温性。例如聚酰胺（PA，尼龙）通过己内酰胺开环聚合，分子链间的氢键作用赋予其高拉伸强度，可用于汽车的塑料齿轮（减重 30%，降低噪音）；聚碳酸酯（PC）通过双酚 A 与光气的缩聚反应，形成刚性芳香环结构，耐冲击性优异，用于机械外壳与透明护罩。

（2）弹性体的弹性调控。橡胶通过化学硫化（加入硫黄交联分子链），从线性弹性变为网状结构，兼顾弹性与耐磨性，例如机械密封的 O 型圈（耐油、耐温－20～120℃）。

3. 复合材料

复合材料是由两种或两种以上物理和化学性质不同的物质，通过人工组合而成的一种多相固体材料，可以实现 1＋1＞2 的协同效应。如碳纤维增强树脂基、陶瓷基是高端机械的"关键材料"，其性能依赖增强相与基体相的化学相容性。

（1）纤维增强树脂基复合材料（CFRP）。通过化学改性（如用硅烷偶联剂处理碳纤维表面），改善碳纤维（增强相）与环氧树脂（基体）的界面结合力，避免受力时分层失效。该材料密度仅为钢的 1/4，强度是钢的 5 倍，用于航空发动机风扇叶片（减重 50%，降低油耗）与高铁车体（减重 30%，提升能效）。

（2）金属基复合材料（MMC）。如铝基碳化硅（Al/SiC），通过粉末冶金工艺将 SiC 颗粒（耐磨相）与铝基体结合，化学上通过界面反应生成 Al_4C_3 过渡层，提升界面结合，用于汽车制动盘（耐磨性提升 40%，散热快）、卫星结构、高性能汽车活塞和刹车盘及电子封装材料等。

8.4.2 表面工程与腐蚀控制

材料的性能控制是机械工程中确保构件满足使用要求的核心环节，而失效分析则是追溯构件损坏原因、优化性能控制方案的关键手段。80%的机械零件的失效（如磨损、腐蚀）发生在表面，可通过化学手段进行表面涂层、转化膜、化学改性，为零件构建"防护铠甲"，延长使用寿命。

1. 表面涂层

（1）表面涂层。物理气相沉积（PVD/化学气相沉积（CVD）。CVD 尤其依赖化学反应。例如，在刀具表面沉积 TiN（氮化钛）涂层：

$$2TiCl_4 + N_2 + 4H_2 \longrightarrow 2TiN + 8HCl\uparrow$$

这层极硬的陶瓷涂层极大地提高了刀具寿命；在塑料模具表面沉积 CrN（氮化铬）涂层，化学上摩擦系数低（0.3）且耐塑料腐蚀，避免模具粘模，延长模具寿命 2～3 倍。

（2）化学转化膜。通过化学浸泡，使金属表面与溶液发生原位反应，生成致密的氧化膜或磷酸盐膜，实现防腐蚀与增强附着力。①铝合金阳极氧化：将铝合金放入硫酸溶液中，通过电解使表面生成 Al_2O_3 氧化膜（厚度 5～20μm），化学上氧化膜的微孔结构可吸附染料或封孔剂，既耐蚀（盐雾试验达 1000 小时）又美观，常用于机械外壳（如笔记本电脑机身）。②钢铁磷化处理：将钢铁零件放入磷酸锌溶液中，生成 $Zn_3(PO_4)_3 \cdot 4H_2O$ 磷化膜，该膜与后续的油漆涂层结合力强，避免油漆脱落，常用于汽车车身处理。

（3）电镀与化学镀。通过电解或化学还原反应，在零件表面沉积一层金属（如镀铬 Cr、镀镍 Ni）以增强耐腐蚀和耐磨性。①镀锌防护：在钢铁零件表面电镀锌（通过电解反应 $Zn^{2+} + 2e^- = Zn$），锌优先氧化（牺牲阳极）保护钢铁，用于汽车底盘、机械支架（盐雾试验达 500 小时）。②化学镀镍：在无外接电源下，通过 Ni^{2+} 与次磷酸钠（还原剂）的化学反应，在零件表面沉积 Ni-P 合金镀层（硬度达 600HV），耐蚀且耐磨，用于液压泵的阀芯（延长密封寿命）。

2. 腐蚀防护

腐蚀是机械失效的首要原因（每年因腐蚀损失占 GDP 的 3%），通过化学手段可进行腐蚀机理分析与防护，阻断腐蚀反应。通过电化学腐蚀机理揭示了失效本质金属腐蚀的核心是原电池反应：金属（阳极）氧化失电子（如 $Fe-2e^-=\!=\!=Fe^{2+}$），腐蚀介质（阴极）得电子（如 $O_2+2H_2O+4e^-=\!=\!=4OH^-$），$Fe^{2+}$ 与 OH^- 结合生成 $Fe(OH)_2$，进一步氧化为 $Fe(OH)_3$（铁锈）。通过分析这一过程，可针对性地设计防护方案。

（1）阴极保护。通过外加电流或牺牲阳极，使金属处于阴极状态（避免氧化）。①牺牲阳极法：在船体（钢铁）表面焊接 Zn（锌）或 Mg（镁）合金块（阳极），阳极优先氧化（$Zn-2e^-=\!=\!=Zn^{2+}$），船体作为阴极被保护，适用于海洋船舶（每 5 年更换一次阳极，船体寿命延长至 20 年）。②外加电流法：在埋地输油管道上连接负极，正极接惰性电极（如石墨），通入直流电流，使管道电位低于腐蚀电位（−0.85V vs 饱和甘汞电极），抑制 Fe 的氧化，适用于长距离输油管道（腐蚀速率降低 90%）。

（2）缓蚀剂。缓蚀剂通过吸附或络合作用，覆盖金属表面的活性位点，阻断腐蚀反应。①无机缓蚀剂是指由无机物（如铬酸盐、钼酸盐、亚硝酸盐、磷酸盐、硅酸盐等）构成的缓蚀剂：如铬酸盐（CrO_4^{2-}），在金属表面生成 Cr_2O_3 钝化膜，用于冷却系统（抑制钢管腐蚀）。②有机缓蚀剂是一类由碳、氢、氧、氮、硫、磷等元素构成的有机化合物：它们能以很低浓度（通常为百万分之几到千分之几）添加到腐蚀性介质（如酸、水、盐水、大气）中，通过其分子在金属表面的物理或化学作用，显著减缓或阻止金属腐蚀过程，从而保护金属设备、管道和结构。

8.4.3 摩擦润滑

机械运动中，摩擦磨损会导致能量损耗（占机械能耗的 30%）与零件失效，通过润滑剂设计与摩擦化学作用，实现“减摩抗磨”。

1. 润滑油

润滑油是由基础油和添加剂两大部分组成的，添加剂通过吸附或化学反应调控摩擦行为。为了增强基础油的性能而加入的化学物质，通常可占总量的 10%～30%。常见添加剂包括：

（1）黏度指数改进剂：保证机油在高温和低温下都能保持合适的黏度。

（2）清净分散剂：负责清洁和悬浮污染物。

（3）抗磨剂：在极高压力下形成保护膜，防止金属表面直接接触。

（4）抗氧化剂：延缓机油因高温和氧气作用而老化。

（5）防锈剂/防腐剂：防止金属生锈和腐蚀。

（6）消泡剂：防止机油在搅拌中产生泡沫，保证油膜连续性。

2. 固体润滑剂

固体润滑剂依赖层状晶体结构或低表面能，适用于高温、真空等极端环境。层状晶体结构剪切是最经典的机制。如二硫化钼（MoS_2）和石墨，其晶体结构是层状的，层与层之间由较弱的分子力（如范德华力）结合。当受到剪切力时，层与层之间很容易发生滑移，从而起到润滑作用，就像一叠扑克牌可以轻松滑开一样。

8.4.4　连接技术

机械零件的可靠连接是机械系统稳定运行的核心前提——从汽车发动机的缸体与缸盖连接，到航空发动机的涡轮叶片装配，再到精密仪器的微型部件固定，连接的强度、密封性、耐环境性直接决定了机械的寿命与安全性。而这一切“可靠连接”的实现，离不开化学的核心支撑：化学通过调控材料界面反应、研发功能连接介质、优化表面状态，为机械连接提供了“分子级”的牢固性与适应性，弥补了单纯机械结构（如螺栓、卡扣）在稳定性、密封性、轻量化等方面的短板。

1. 化学在“可拆卸连接”中的防松与密封

可拆卸连接（如螺纹连接、销连接）是机械中最常见的连接方式，但其最大风险是“松动”——振动、温度变化会导致螺纹之间的摩擦力下降，引发连接失效（如汽车底盘螺栓松动可能导致安全事故）。可通过功能化学介质增强界面摩擦力、填充间隙，实现“防松＋密封”双重保障。

（1）螺纹防松。化学胶黏剂的“分子锁”作为传统机械防松（如弹簧垫圈、止动垫圈）依赖物理结构增加摩擦力，但长期振动下仍可能失效；而厌氧型螺纹锁固胶（如甲基丙烯酸酯类胶黏剂）通过化学固化机制，从“物理防松”升级为“分子级锁固”。

（2）管螺纹密封。管道连接（如液压系统油管、燃气管道）不仅需要防松，更需要“防泄漏”——管螺纹的锥度配合无法完全消除微观间隙，液体或气体易通过间隙渗透。液体生料带（聚四氟乙烯基密封剂）或改性丙烯酸酯密封胶通过化学特性解决这一问题。

2. 化学在“不可拆卸连接”中的强度与兼容性

不可拆卸连接（如焊接、粘接、钎焊）是需要长期承受载荷的关键连接方式（如桥梁钢结构焊接、飞机机翼蒙皮粘接），其核心需求是“高强度＋耐环境”。可通过调控冶金反应（焊接）或优化界面粘接（黏接），确保连接部位的强度不低于母材，甚至在极端环境下（高温、腐蚀）保持稳定。其中焊接的本质是“局部熔化母材与填充金属，冷却后形成冶金结合”，而焊缝的强度、韧性、耐腐蚀性完全由化学冶金过程决定——若化学控制不当，焊缝易出现气孔、裂纹、夹渣等缺陷，成为机械的“薄弱点”。采取的措施如下。

（1）脱氧与合金化。以低碳钢电弧焊为例，焊条药皮中需添加“脱氧剂”（如锰、硅）。焊接时，锰与熔池中溶解的氧反应生成MnO（浮渣去除），避免氧与铁形成FeO（导致焊缝脆化）；同时，药皮中的合金元素（如铬、镍）会融入熔池，调整焊缝金属的化学成分，使焊缝强度达到母材的90%以上（如Q235钢焊缝抗拉强度可达220MPa以上）。

（2）抗腐蚀焊接。在海洋工程（如船舶）中，焊缝能够满足耐受海水腐蚀。此时会采用“低合金耐候钢”焊丝，其含有的铜（Cu）、磷（P）元素在焊缝表面形成致密的氧化膜（CuO、P_2O_5），阻止海水渗透；同时，焊接时需控制保护气体（如Ar＋CO_2混合气体）的成分，避免焊缝金属被空气中的氮、氧污染，防止“氮致脆化”。对于轻量化、精密化的机械（如无人机机身、手机摄像头模组），传统机械连接（如螺栓）会导致“应力集中”（螺栓孔周围易开裂），且无法连接异形、超薄部件。结构胶黏剂（如环氧树脂、丙烯酸酯、聚氨酯）通过化学粘接力，实现“无应力集中”的高强度连接。胶黏剂与零件表面的结合并非单纯“物理附着”，而是包含三重化学作用：①分子间作用力（范德华力、氢键），胶黏剂中的极性基团（如—OH、—COOH）与零件表面（如金属氧化层的—OH）形成氢键；②化学键合，环氧树脂中的环氧基团与金属表面的羟基反应，形成C—O—M（M为金属）共价键；

③扩散作用，部分胶黏剂（如热塑性胶黏剂）在高温下与零件表面分子相互扩散，形成“界面过渡层”，消除了界面缝隙。

8.4.5 化学加工与制造

化学加工与制造是以化学原理为核心、以物质转化为目标的制造技术体系，其本质是通过调控化学反应（如聚合、氧化还原、腐蚀、分离提纯等）实现材料的制备、改性、成型或零部件加工，是支撑现代制造业（从基础材料到高端精密器件）的关键基础技术。它与机械加工（物理形态改变）的核心区别在于：化学加工更侧重分子/原子层面的成分、结构调控，从而赋予材料新性能或制造特殊结构的产品。

1. 化学加工与制造的关键技术特点

（1）性能调控的精准性。可通过调整化学反应参数（如温度、浓度、催化剂）精准控制材料性能。例如，在聚乙烯合成中，加入不同的共聚单体（如乙烯-醋酸乙烯酯 EVA），可使材料从“硬脆”变为“柔软有弹性”，用于制造电线绝缘层。

（2）复杂结构的适应性。对“深孔、薄壁、微纳结构”或“大型曲面”零件，化学加工（如蚀刻、化学镀）可实现“无死角”处理，避免机械加工的“工具可达性”问题。

（3）规模化与低成本。多数化学加工（如高分子聚合、电镀）可实现连续化生产（如石化厂的聚乙烯装置年产可达百万吨级），单位产品成本远低于精密机械加工。

（4）环保与可持续发展。部分工艺会产生废水（如电镀废水含重金属）、废气（如聚合反应的挥发性单体），需配套环保处理技术（如废水处理、废气吸附），这也是当前化学化工的主要发展方向之一。

2. 化学加工典型工艺与应用

对于微小、复杂或薄壁的结构（如芯片线路、精密滤网），机械加工（如切削、钻孔）易导致材料变形或精度不足，而化学加工可通过“选择性溶解”实现高精度成型。

（1）化学蚀刻。利用金属在电解液中发生阳极溶解的原理，对高强度、高硬度等难加工材料进行成型加工，是一种“反电镀”过程。

（2）化学铣切（CHM）。利用化学蚀刻液对零件暴露部分进行腐蚀溶解，从而加工出特定形状，常用于航空航天领域对薄壁零件的加工。对大型复杂曲面零件（如航空航天的钛合金蒙皮），通过涂覆耐蚀涂层（如橡胶），刻出需要加工的区域，再用化学溶液（如氢氟酸＋硝酸）腐蚀，实现整体减薄或特定形状加工（避免机械铣切导致的应力变形）。

（3）电泳成型。利用电场使胶体粒子（如陶瓷颗粒、高分子树脂）在模具内定向沉积，形成致密的坯体，再烧结成型。例如，制造复杂形状的陶瓷阀芯（如水龙头阀芯），避免传统干压成型无法覆盖的复杂结构。

3. 化学加工与制造的发展趋势

（1）绿色化学加工。以“原子经济性”为目标，减少污染物产生。例如，开发“无氰电镀”工艺（传统氰化物电镀剧毒），用柠檬酸代替氰化物作为络合剂；推广“生物基高分子合成”，用玉米淀粉发酵生成乳酸，再聚合为聚乳酸（PLA，可降解，替代传统不可降解塑料）。

（2）智能化与精准控制。结合传感器、AI 技术实时监测化学反应过程（如温度、浓度、pH），自动调整参数。例如，在半导体光刻中，用 AI 优化蚀刻时间和溶液浓度，提升芯片良率。

（3）跨学科融合。与材料科学、纳米技术、生物医药结合，开发新型化学加工技术。例如，纳米涂层的化学沉积（如在医疗导管表面化学沉积抗菌纳米银，防止感染）；3D 打印中的化学固化（如光敏树脂在紫外光下的快速聚合，实现复杂零件的快速成型）；在复合材料中嵌入含有修复剂的微胶囊，当材料产生裂纹时，微胶囊破裂，修复剂流出并通过聚合反应固化，自动修复损伤。这完全是化学驱动的。

化学在机械工程中的应用从微观到宏观，从基础到前沿，贯穿始终。微观上，它决定了材料的本质属性和界面行为；宏观上，它提供了保护表面、减少磨损、实现连接、辅助制造的具体工艺和方法。可以说，机械是工程的骨架和肌肉，而化学则是赋予其强度、耐力、寿命和特殊功能的血液与灵魂。不懂化学，就无法深刻理解材料行为、表面失效和许多先进制造工艺，机械设计就会停留在宏观结构层面，难以实现突破和创新。

8.5 化学与地矿

地矿资源是重要的自然资源，是人类赖以生存和发展的重要物质基础。地矿资源是指经过地质成矿作用，在地壳中形成的具有利用价值或潜在利用价值的各种矿物或有用元素的集合体。随着传统矿产资源储量持续减少、开采难度不断加大以及生态环境保护的标准不断提高，地矿行业正面临着“资源短缺”与“环境约束”的双重挑战。化学技术作为研究物质组成、含量与结构变化规律的学科，为地矿领域解决核心问题提供了不可或缺的技术途径。从分析矿石成分，到调控矿物加工生产，再到修复地质环境，化学技术已成为连接地矿基础研究与产业应用的桥梁。

8.5.1 地矿资源的分类

根据地矿资源的存在状态，地矿资源可分为固态、液态和气态矿产三大类。根据矿产资源的性质和用途，地矿资源又可以分为金属、非金属和燃料（能源）矿产三类。

1. 固态矿物的化学成分与性质

固态矿物通常是由一种或几种主要元素构成矿物的基本骨架，如铁矿中的铁（Fe）、铜矿中的铜（Cu），同时还会伴随少量次要元素（如矿石中的硅、铝）和微量元素（如稀土元素、贵金属元素）等。这些元素的种类、含量及存在状态直接决定了矿产的利用价值与开发方向。此外，化学成分还决定了矿物的密度，如富含铁、镍等重金属元素的磁铁矿，其密度远高于以轻元素为主的长石。其次，矿物的稳定性与化学反应活性同样由成分决定，如黄铁矿（主要成分为 FeS_2）因含硫元素，在潮湿环境中易与氧气、水发生反应生成硫酸，导致自身风化并引发环境酸化。而石英（SiO_2）因硅氧键的稳定性极强，在多数酸碱环境中都能保持化学惰性。此外，部分矿物的光学性质（如颜色、透明度）也与特定化学成分相关，例如含铬元素的刚玉会呈现出鲜艳的红色（即红宝石），含钛元素的则呈现蓝色（即蓝宝石），这些特征不仅是矿物鉴定的重要依据，也使其在珠宝、工业等领域具有重要的应用价值。

2. 石油的化学成分与性质

石油是一种重要的不可再生能源，其化学成分复杂，主要由碳（C）和氢（H）组成的烃类物质构成。此外，还含有少量含硫、含氮、含氧的非烃化合物及微量金属元素（如钒、镍等），这些杂质虽占比低，但对石油的加工利用和环境影响显著。石油在常温下多为黏稠的深色液体，颜色从淡黄色到黑色不等，流动性差异明显，轻质石油易流动，重质石油则黏稠难流动。石油具有可燃性，燃烧时释放大量热量，这是其作为能源的关键特性，但也会伴随有有害气体排放。此外，石油中的烃类化合物易发生裂解、加氢等反应，这些反应是石油炼制工业的基础，通过一系列加工工艺可以将原油转化为汽油、柴油、润滑油、沥青等多种重要的工业产品和能源载体。

8.5.2 天然气的化学成分与性质

天然气是由地质作用形成的化石燃料，形成于地壳中，与石油、煤炭同属矿产资源。其化学成分具有显著的多样性和地域性差异，但核心组分相对稳定，其中甲烷占比最高，通常可达70%～90%。除甲烷外，天然气还含有少量的乙烷、丙烷、丁烷等重烃类气体，以及微量的氮气、二氧化碳、硫化氢等非烃成分。

天然气具有显著的物理和化学特性。它在标准状态下是无色无味的气体（民用天然气会添加臭味剂，如四氢噻吩，以便泄漏时及时察觉），密度为空气的0.55～0.75倍，远小于空气，泄漏后容易向上扩散，降低了地面聚集引发的爆炸风险。天然气难溶于水，易溶于石油醚、乙醇等有机溶剂，常温下需要在高压条件下才能液化，液化后的天然气更容易进行储存和运输。天然气易燃，但燃烧需要在一定的浓度范围（爆炸极限为5%～15%），燃烧时主要生成二氧化碳和水。相比煤炭、石油，天然气在燃烧过程中产生的硫氧化物、氮氧化物及颗粒物很少，环保优势明显。

8.5.3 化学技术在地矿勘探中的应用

地矿勘探是矿产资源开发的基础，主要目标是准确识别矿产类型、确定资源储量和分布。通过化学技术分析地质样品中的元素和化合物，为勘探决策提供核心技术支撑。目前，化学分析技术已从传统的实验室分析发展到现场快速检测和微观结构解析，推动了勘探方法从“经验驱动”向“数据驱动”的转型。

1. 矿物的分析

矿石的物质组成是判断矿产类型、评估资源价值的关键，化学分析技术可实现对矿石中常量元素（如Si、Al、Fe、Ca等）与微量元素（如Au、Ag、Cu、Ni等）的精准测定，为矿产勘探提供基础数据。

（1）原子吸收光谱与原子发射光谱。原子吸收光谱技术利用元素对特定波长光的吸收特性，实现对单一金属元素的定量分析，广泛用于铜、铅、锌等有色金属矿的成分检测。采用原子发射光谱技术则通过测量原子激发后发射的特征光谱，实现多元素同时分析，效率高于原子吸收光谱，适用于大规模勘探样品的批量检测。

（2）电感耦合等离子体质谱法。作为现今元素痕量分析的“金标准”，电感耦合等离子体质谱法结合了等离子体的高温电离特性和质谱的高分辨率的优点，能精准测定矿石中稀有金属（如Li、Rb、Cs）或稀土元素（如La、Ce、Nd）的含量。在锂矿勘探中，采用电感耦合等离子体质谱法可通过分析岩石样品中Li的分布特征，确定锂矿化带范围，为钻井的位置选择提供检测依据。

（3）X射线荧光光谱。X射线荧光分析技术通过X射线激发样品产生特征荧光，实现对元素的定性定量分析。该技术无需样品消解，分析速度快，且具有非破坏性，适用于野外现场勘探。例如，在铁矿勘探中，地质人员可携带便携式X射线荧光光谱仪，现场测定岩

石样品中 Fe_2O_3 的含量，快速区分贫矿与富矿区域，提高勘探效率。

2. 现场快速检测技术

传统实验室在分析时，需要将样品带回实验室进行消解、分离等预处理，耗时较长，往往需几天至数周，难以满足野外勘探“即时决策”的需求。近年来，基于化学原理的现场快速检测技术不断取得突破，成功实现了勘探数据的实时采集与获取。

（1）激光诱导击穿光谱。通过高能量激光聚焦于样品表面，产生等离子体，再通过光谱仪分析等离子体发射的特征光谱，从而实现对元素的快速检测。该技术无需样品预处理，单次检测仅需几秒至几十秒，可检测元素范围覆盖从 Li 到 U 的大部分元素。在野外勘探中，地质人员可使用手持式激光诱导击穿光谱仪，直接对岩石、土壤样品进行现场检测，实时判断是否存在目标元素异常，进而快速圈定勘探靶区。例如，在稀土矿勘探中，可使用激光诱导击穿光谱现场测定样品中 La、Ce 等稀土元素的含量，避免盲目采样，降低勘探成本。

（2）试纸法与试剂盒检测。针对部分特征性离子（如 Cu^{2+}、Pb^{2+}、As^{3+}），基于显色反应的试纸法与试剂盒检测技术，凭借操作简便、成本低廉的显著优势，在快速筛查中展现出极高的实用价值。以砷矿勘探领域的应用为例，在砷矿勘探中，工作人员只需将专用的砷检测试纸浸入样品液中，若试纸由白色变为粉红色，表明样品中存在 As^{3+}，再通过配套的比色卡比对，就可以大致判断 As 的含量范围，为后续实验室精准分析、制定详细勘探方案提供初步依据。

8.5.4 化学技术在矿产加工中的应用

矿产加工承担着将原矿转化为工业原料的核心使命，主要包含选矿与冶炼两个重要步骤。而化学技术通过调控矿物与药剂的作用机制，优化反应工艺，有效推动了矿产加工向“提升品质、降低能耗、减少污染”的转型目标迈进。

1. 选矿过程中的化学调控

选矿的核心是利用矿物间物理化学性质的差异，通过“捕收”“抑制”“起泡”等作用，实现目的矿物与脉石矿物的分离。化学药剂（捕收剂、抑制剂、起泡剂）的选择与调控是提高选矿效率的关键。

（1）捕收剂。捕收剂分子结构的一端是亲矿基团，另一端是烃链疏水基团，形成既可以有亲固性又有亲油性的“双亲结构”分子。利用其分子或离子中的极性亲矿基团与矿物表面作用，而疏水的非极性基团则朝向水，从而使矿物表面疏水化，增加可浮性，使其易于附着在气泡上被回收。传统捕收剂（如黄药、黑药）对单一矿物选择性较好，但对复杂多金属矿的分离效果较差。近年来，基于分子识别原理的新型捕收剂不断涌现，例如，针对铜-钼混合矿，研发的羟肟酸类捕收剂可通过与 Cu^{2+} 形成稳定的螯合物，而对钼矿物无明显化学作用，实现铜、钼的高效分离。

（2）抑制剂。抑制剂的核心作用机制是通过在脉石矿物表面发生吸附，显著增强其亲水性，进而阻断脉石矿物与捕收剂之间的相互作用。例如，在铁矿选矿中，脉石矿物的主要成分是石英（SiO_2），使用水玻璃（Na_2SiO_3）作为抑制剂，水玻璃可在石英表面形成亲水性的硅酸凝胶膜，抑制石英与捕收剂（如脂肪酸类）的吸附结合，从而提高铁精矿品位，保障选矿产品质量。

（3）起泡剂。起泡剂的分子结构一端是亲水基团，另外一端是烃链疏水基团。将起泡剂放到水里，亲水基团会与水相互作用而亲油基团则会插到油相或竖在空气中，形成定向排列，从而降低界面或表面张力。传统起泡剂（如松醇油）泡沫稳定性较差，易受水质影响。新型复合起泡剂通过将不同结构的表面活性剂（如醇类、醚类）按比例混合，利用协同作用提高泡沫稳定性与选择性。例如，在铅锌矿选矿中，将仲辛醇与二甘醇丁醚按 3∶1 比例复合，泡沫半衰期可延长，铅精矿回收率可提升 5%～8%。

2. 冶炼过程中的化学工艺应用

冶炼是将选矿得到的精矿转化为金属或金属化合物的过程，传统火法冶炼的优点是流程短，处理能力大，铜的回收率可达 95%。缺点是在造硫和吹炼过程中会排出 SO_2 废气，造成环境污染，而基于化学原理的湿法冶炼、生物冶炼技术为绿色冶炼提供了新路径。

（1）湿法冶炼提取工艺。利用化学试剂（酸、碱、盐溶液）与精矿反应，将金属元素溶解进入溶液，再通过分离、提纯得到金属产品，具有能耗低、污染小的优势。例如，采用湿法从铜硫矿中提取铜来代替传统的火法冶炼，在火法冶炼过程中，即便用最好的技术也难免会有 SO_2 废气排放到空气中，而湿法冶炼则不会产生 SO_2。其次，湿法冶炼与火法熔炼相比，投资成本更低，各种湿法冶炼技术都可以在矿山就地作业，节约了运输成本。

（2）生物冶炼提取工艺。生物冶炼，也常被称作生物浸出，是利用微生物（如氧化亚铁硫杆菌、氧化硫硫杆菌）的代谢作用，将矿物中的金属元素转化为可溶于水的离子形态，适用于低品位、复杂难处理矿的冶炼。相较于传统的火法熔炼和精炼，生物浸出在经济性和环保性上展现出双重优势：不仅整体冶炼成本大幅降低，对生态环境的负面影响也更小。例如，在低品位铜矿冶炼中，氧化亚铁硫杆菌可将矿石中的 Fe^{2+} 氧化为 Fe^{3+}，Fe^{3+} 再作为氧化剂将 CuS 氧化为 Cu^{2+}，之后 Cu^{2+} 通过溶剂萃取-电解工艺得到电解铜。并且生物冶炼的能耗仅为传统火法冶炼的 1/3～1/2，大幅降低了能源消耗，整个生产过程中也不会有二氧化硫（SO_2）排出，从源头上减少了对环境的破坏，实现了低耗、环保的矿物冶炼模式。

（3）冶炼废水的化学处理技术。在冶炼生产过程中，会产生含有大量污染物的废水，其中不仅包含 Cu^{2+}、Pb^{2+}、Cd^{2+} 等多种重金属离子，还含有酸性物质。这类废水若未经处理直接排放，会严重污染土壤与水体。化学沉淀法是处理冶炼废水的主流技术，其核心原理是通过向废水中投加特定化学药剂，让废水中的重金属离子与药剂成分发生化学反应，形成难溶性沉淀，随后通过沉淀分离工艺将这些沉淀物去除，从而实现废水净化。例如，处理含铜废水时，通常投加石灰来调节废水 pH 至 8～9 的范围，Cu^{2+} 与 OH^- 形成 $Cu(OH)_2$ 沉淀，沉淀率可达 99%以上，净化效果显著；而对于含镉废水，常用的处理方式是投加硫化钠（Na_2S），Cd^{2+} 与 S^{2-} 形成 CdS 沉淀，处理后废水中 Cd^{2+} 浓度可满足国家排放标准。除了化学沉淀法，近年来螯合树脂吸附技术在冶炼废水处理领域也得到了快速发展。这种技术的关键在于树脂上携带的螯合基团（如氨基二乙酸基）可以与废水中的重金属离子形成稳定的螯合物，从而将重金属离子从废水中高效吸附分离，该方法可实现重金属的回收与废水的循环利用，进一步提高资源利用率。

8.5.5 化学技术在地质环境治理中的应用

在全球资源与生态环境问题日益严峻的背景下，地矿行业正面临着前所未有的挑战。随着经济的快速发展，对矿产资源的需求规模不断攀升，而矿产资源大多属于不可再生资源，储量有限。传统大规模的矿产开发模式对生态环境造成了严重的破坏，如土地塌陷、水体污染、大气污染等。如何实现地矿行业的可持续发展，成为摆在我们面前的紧迫课题，而化学在其中扮演着至关重要的角色。

1. 绿色开采

在绿色开采方面，化学技术的创新有利于减少开采过程中造成的对环境的影响。以煤炭开采为例，传统的煤炭开采方式往往会产生大量的煤矸石堆积，不仅占用土地资源，还会释放二氧化硫、一氧化碳等有害气体，对环境造成污染。而通过化学处理技术，可以对煤矸石进行综合利用。比如通过化学方法将煤矸石中有价值的元素提取出来，如铝、铁等；还可以将煤矸石加工成建筑材料，如砖、瓦等，实现煤矸石的资源化利用，减少对环境的压力。在金属矿开采中，化学技术同样推动着开采模式的绿色转型。相较于传统的露天开采和地下开采，采用溶浸采矿等化学方法，能够减少对地表植被的破坏和土地的占用，降低开采过程中的能耗和废弃物排放，实现资源的高效开采和环境的有效保护。

2. 资源综合利用

资源综合利用是实现地矿行业可持续发展的重要环节，化学在这方面发挥着关键作用。在有色金属选矿过程中，通过研发新型的选矿药剂与优化选矿工艺，能够提高矿石的选矿回收率，减少资源的浪费。比如采用新型的螯合剂，可以更有效地从复杂的矿石中分离出目标金属，提升金属分离的效率与纯度。对于一些低品位的矿石，传统的选矿方法往往难以取得理想的效果，而化学浸出等技术的应用，可以将低品位矿石中的有价金属溶解出来，实现资源的有效利用。在尾矿处理方面，化学方法同样展现出强大的应用价值。一方面，借助化学深度处理技术，能够有效提取尾矿中残留的有价成分，有效利用资源的剩余价值；另一方面，通过无害化化学处理，可大幅降低尾矿中有害成分对生态环境的破坏。更重要的是，经过化学处理后的尾矿还能被用于制备水泥、耐火材料等，实现了尾矿的资源化利用，为地矿行业构建循环经济体系奠定了坚实的基础。

化学与地矿领域的深度融合，正成为破解矿山环境难题、推动资源绿色开发的关键突破口。通过研发更加环保的采矿与选矿工艺，结合化学技术对矿物进行有效资源综合利用，能够最大程度降低对生态环境的破坏，还能为高效利用矿产资源提供有力的支撑。

8.6 化学与交通

交通是现代社会运转的命脉，也是经济快速、健康、持续发展的重要保障。从道路上穿梭的汽车、高空翱翔的飞机，再到行驶于江河的轮船、便捷快速的高铁，每一种交通工具的发展都离不开化学技术的有力支撑。化学不仅为交通提供了核心动力，还在材料革新、维修养护、安全保障和环保升级等领域发挥着不可替代的作用，成为推动交通不断向前发展的隐形保障。

8.6.1 化学在交通工具制造中的应用

1. 金属材料

早期，钢铁凭借其高强度和较好的韧性，成为支撑交通行业前进的核心材料。在 19 世纪，火车的铁轨和车身大多由钢铁制成，火车的兴起让原本分散的区域被紧密连接，使大规模、长距离的货物运输从设想变为现实，更让普通人跨越山海的出行需求得以满足。然而，随着社会对交通工具性能的追求不断提高，传统钢铁的局限性也逐渐凸显，如密度较大，这在一定程度上限制了交通工具速度和效率的提升。

为了解决这些问题，铝合金、钛合金等新型金属材料应运而生。铝合金凭借低密度、高强度、优异耐腐蚀性与易加工性的优势，在航空航天和汽车制造等领域都得到了广泛应用。在航空领域，飞机的机身和机翼大量采用铝合金材料，这使得飞机大幅减重，燃油效率显著提高，飞行速度和航程也得到了极大提升。以波音737系列飞机为例，其铝合金材料的使用比例达到了70%以上，这为飞机的高效、稳定地运营奠定了坚实的基础。

而钛合金则凭借其更为优异的性能，在高端交通工具制造中崭露头角。钛合金具有密度小、比强度高、耐高温、耐腐蚀等优点，被广泛应用于航空发动机、航天器结构件以及高端汽车零部件等关键部位。在航空发动机中，钛合金主要用于制造风扇叶片、压气机盘等部件，能够承受高温、高压和高速旋转的极端工况，确保发动机的高效稳定运行。在航天器制造领域，钛合金则是制造卫星核心构件、火箭发动机壳体等的理想材料，它既能抵御太空环境对材料的侵蚀，又能维持结构的完整性与精度，保障航天器能够安全平稳地运行。

这些新型金属材料的应用，离不开化学技术的不断进步。通过化学方法对金属成分进行改进，添加合适的合金元素，并结合先进的热处理工艺，能够显著改变金属的组织结构和性能。例如，在铝合金中添加铜、镁、锌等元素，可促使材料内部形成稳定的强化相，提高铝合金的强度和硬度；对钛合金进行固溶处理和时效处理，能够优化其内部结构，提升其综合性能。化学技术的发展，为金属材料的优化提供了源源不断的动力，推动着交通工具制造技术不断迈向新高度。

2. 非金属材料

随着化学合成技术的迅猛发展，非金属材料在交通工具领域异军突起，展现出独特的优势和广阔的应用前景。碳纤维复合材料便是其中之一，它以碳纤维为增强体，以树脂、陶瓷等为基体，通过复合工艺制成。这种材料具有低密度、高强度、高模量、耐腐蚀等一系列优异性能，成为现代高性能交通工具的理想选材。

在航空航天领域，碳纤维复合材料的应用已经十分广泛。空客A350 XWB客机中，碳纤维复合材料的使用比例超过了50%，其机身、机翼、尾翼等主要结构部件大量采用这种材料，使得飞机显著减轻，燃油消耗降低，同时还提高了飞机的结构强度和抗疲劳性能，增强了飞行的安全性和可靠性。在汽车领域，碳纤维复合材料也逐渐崭露头角。一些高端跑车和新能源汽车都开始使用碳纤维复合材料制造车身和零部件，如宝马i3电动汽车的车身采用了碳纤维增强复合材料，不仅实现了车身的轻量化，还有效提高了车辆的操控性能和续航里程。

在交通工具的制造体系中，橡胶是一种非常重要的非金属材料，其出色的弹性与耐磨性，使其成为轮胎生产的核心原料。天然橡胶通过硫化工艺，与硫黄等硫化剂发生化学反应，形成交联结构，从而显著提高了橡胶的强度、硬度、耐磨性和抗老化性能。在轮胎制造中，除了天然橡胶，还会添加丁苯橡胶、顺丁橡胶等合成橡胶，以及炭黑、白炭黑等补强剂，通过优化配方和生产工艺，制造出满足不同性能需求的轮胎，为车辆在各类路况下的安全行驶提供坚实的保障。

3. 零部件材料

发动机零部件的表面处理工艺也是化学在交通工具制造中的重要应用。发动机在工作过程中，零部件需要承受高温、高压、高速摩擦等恶劣工况，这对零部件的表面性能提出了极高的要求。通过化学镀、电镀、热喷涂、气相沉积等表面处理工艺，可以在零部件表面形成一层具有特殊性能的涂层，如耐磨涂层、耐腐蚀涂层、耐高温涂层等，有效提高零部件的表面硬度、耐磨性、耐腐蚀性和抗氧化性，延长零部件的使用寿命。

8.6.2　化学在交通中的安全保障

1. 制动系统中的化学奥秘

对交通工具而言，制动系统是安全运行的重要保障，而制动液作为其中必不可少的存在，起到了非常关键的作用。制动液的种类丰富多样，主要包括醇型制动液、矿物油型制动液和合成型制动液。

醇型制动液由蓖麻油和低碳醇配制而成，从外观来看，这类制动液清澈透明，但沸点较低，在高温环境下容易引发制动系统故障，并且其低温性能欠佳，对金属和橡胶材料的兼容性较差，对车辆制动部件可能会造成一定的损害。

而矿物油型制动液以柴油馏分和稠化剂等制成，通常为红色透明液体，工作温度范围较为广泛。然而，它对橡胶具有较强腐蚀性，因此需要搭配专用的橡胶件以防止渗漏，同时它与水分不相容，容易产生气阻现象。目前，这类制动液在部分国家已逐渐被性能更优的产品所替代。

在现代汽车制动系统中，合成型制动液凭借其卓越性能成为目前应用较为广泛的产品。它由醚、醇、酯等混合而成，并添加了润滑、抗氧化等成分。这类制动液工作温度可达150℃左右，能轻松应对车辆行驶中的高温工况，并且对制动系统中的橡胶部件腐蚀性较低，可延长部件使用寿命。

2. 安全防护材料的化学特性

阻燃材料在交通工具中的作用同样十分重要，其通过多种化学原理发挥阻燃作用，有效降低了火灾发生的风险。阻燃材料的阻燃原理主要包括以下几个方面：一是隔绝氧气，以膨胀型涂料为例，当遭遇高温火焰时，它会迅速发泡膨胀，形成一层致密的碳化保护层，这层碳化层可以将氧气与可燃材料隔开，阻止燃烧反应的继续进行；二是冷却降温，以氢氧化铝为例，它在分解时会吸收大量热量，从而显著降低材料表面的温度，使燃烧反应难以持续进行；三是中断链式反应，溴系阻燃剂在高温下会释放自由基，这些自由基能与燃烧过程中产生的特定自由基发生反应，从而阻断燃烧的连锁反应，抑制火焰的传播；四是稀释可燃气体，N/P 系阻燃剂受热会释放出惰性气体，这些气体能够稀释氧气浓度，使燃烧环境中的氧气不足以支持燃烧的继续进行而逐渐熄灭。

在交通运输领域，阻燃材料有着广泛的应用。高铁座椅通常采用阻燃聚氨酯泡沫，这种材料经过特殊工艺处理，具备极强的阻燃效能，能够在火灾发生时延缓火势蔓延。飞机内饰大量使用芳纶蜂窝芯等阻燃材料，芳纶材料具有高强度、耐高温、阻燃等特性，其蜂窝结构不仅能显著减轻飞机整体重量，还能通过结构特点进一步增强阻燃性能。这些阻燃材料的应用，极大地提高了交通工具在火灾情况下的安全性，为乘客的生命安全提供了重要保障。

3. 防腐蚀技术中的化学应用

交通工具中的金属部件因为长期暴露在各种复杂环境中，极易受到腐蚀的威胁。而腐蚀会严重影响金属部件的性能和使用寿命，降低交通工具的安全性和可靠性。金属腐蚀主要包括化学腐蚀和电化学腐蚀两种类型。化学腐蚀是金属与接触到的干燥气体（如 O_2、Cl_2、SO_2 等）或非电解质液体（如石油）等直接发生化学反应而引起的腐蚀，其本质是金属原子失去电子被氧化，导致金属结构遭到破坏。例如，铁在有硫的环境中，会直接与硫发生化学反应，生成硫化铁，导致金属部件受损。而电化学腐蚀则指不纯的金属或合金因发生原电池反应而造成的腐蚀，这在金属腐蚀中更为普遍。

腐蚀现象会严重缩短部件使用寿命、增加安全隐患，因此基于化学原理的防腐蚀技术始终是行业研究的重点。涂抹防腐涂层是一种常见且有效的防腐蚀手段，它通过在金属表面涂覆一层具有保护作用的涂层，将金属与腐蚀介质隔离开来。一些高性能的防腐涂层中还会添加特殊的化学物质，如锌粉等，利用锌的电化学活性比铁高的特点，在涂层破损时，锌先于铁发生氧化反应，从而保护铁不被腐蚀。

8.6.3 交通中的化学挑战与应对

1. 汽车尾气排放与净化

汽车行业的快速发展，犹如一把“双刃剑”，在为我们出行带来便利的同时，它的尾气排放也给环境和人类健康带来了严峻威胁。尾气中含有多种有害物质，为了有效减少汽车尾气对环境和人类健康的危害，三元催化转化器应运而生，成为尾气净化的关键技术。三元催化转化器是安装在汽车排气系统中的核心机外净化装置，其工作原理是通过一系列氧化还原反应将有害气体转化为无害的二氧化碳、水和氮气，从而实现尾气的净化。

三元催化转化器的效果显著，然而，其性能也受到多种因素的制约。首先，空燃比是影响三元催化转化器效率的关键因素之一。所谓空燃比，即发动机进气中空气与燃油的比例，当空燃比以 14.7∶1 运行时，三元催化转化器内部的化学反应才能达到最佳状态，进而实现最高的转化效率。空燃比过高或过低，都会导致转化效率下降。其次，三元催化转化器对工作温度也有一定要求。一般来说，其最佳工作温度在 300～800℃之间。当温度过低时，化学反应减慢，转化效率降低；而当温度过高时，催化器中的催化剂可能会发生烧结现象，导致催化剂活性下降。此外，汽油的质量也不容忽视，含铅汽油中的铅会覆盖在催化剂表面，使催化剂中毒，失去原有的催化活性，因此使用三元催化转化器的汽车必须使用无铅汽油。

2. 电池回收与环保难题

随着电动汽车的迅猛发展，电池回收问题日益凸显，成为交通领域面临的一大环保难题。电动汽车的电池中蕴含着锂、钴、镍等多种珍贵的金属元素，这些金属不仅是电池性能的核心要素，也是现代工业不可或缺的重要原料。然而，当电池达到使用寿命后，如果处理不当，不仅会造成资源的巨大浪费，还会对环境产生严重的污染。

目前，电动汽车电池回收的现状不容乐观。首先，不同厂家生产的电池在规格、型号、化学成分等方面差异较大，缺乏统一的标准，这给回收工作带来了极大的困难。其次，回收渠道分散，正规回收企业与大量小作坊并存。小作坊往往缺乏专业的技术和设备，回收过程简单粗暴，导致资源回收率低，还会对环境造成严重的二次污染。而正规回收企业则面临着成本高、利润空间小的困境，在与小作坊的竞争中处于劣势，导致其回收积极性不高。据相关数据，我国新能源汽车动力电池规范化回收率不足 25%，大量退役电池未能得到妥善回收处理。

在回收技术方面，化学回收法是一种重要的手段。其核心原理是借助特定化学试剂的作用，将电池内部的有价值成分（如金属元素）从电极材料中溶解分离，然后通过一系列的化学反应和分离过程，提取出有价值的金属元素。化学回收法具有回收效率高、能够实现金属的高纯度回收等优点。然而，该方法也存在一些不足之处。化学试剂的使用会带来成本的增加，同时，如果对化学试剂的使用和排放控制不当，容易造成二次污染。因此为了实现电池回收的环保与资源高效利用的双重目标，还需要不断优化回收工艺，加强对化学试剂的管理和循环利用，推动化学回收法向更绿色、高效的方向发展。

8.6.4 化学视角下的未来交通畅想

在全球积极推动可持续发展的大背景下，新能源交通工具成为交通领域未来发展的重要方向，其中氢能源汽车和太阳能汽车均展现出广阔的发展空间，成为备受行业与社会关注的重点领域。

氢能源汽车以氢气作为核心燃料，通过氢燃料电池将化学能直接转化为电能，驱动车辆行驶，具有零排放、高效能的显著优势。在氢燃料电池技术的研发领域，目前主要的研究方向集中在提高燃料电池的能量转化效率和耐久性方面。通过改进催化剂的性能，如采用新型的非贵金属催化剂替代传统的铂基催化剂，不仅可以降低成本，还能提高催化活性和稳定性。在膜电极组件（MEA）的研发上，一方面，不断优化质子交换膜的性能，提高其质子传导率和化学稳定性，另一方面，改进气体扩散层的结构和材料，提高气体扩散效率，同时减少电池内阻，从而提升燃料电池的整体性能。

太阳能汽车则利用太阳能电池将太阳能转化为电能，为车辆提供动力。目前，太阳能电池主要包括硅基太阳能电池和新型薄膜太阳能电池。硅基太阳能电池技术较为成熟，其中单晶硅太阳能电池的光电转换效率较高，可达 20%～25%，但成本相对较高；多晶硅太阳能电池成本较低，但其光电转换效率略低，约为 15%～20%。为了进一步提高硅基太阳能电池的性能，研究人员正从技术优化入手，通过改进晶体结构设计、升级表面钝化工艺等方式，减少光生载流子的复合，从而提高光电转换效率。而新型薄膜太阳能电池，如碲化镉（CdTe）太阳能电池、铜铟镓硒（CIGS）太阳能电池等，具有成本低、可柔性制备等优点，近年来发展迅速。未来，随着量子点技术、有机-无机杂化钙钛矿等新型材料和技术的不断发展，太阳能电池的光电转换效率有望进一步提高，成本进一步降低，这将为太阳能汽车的普及与推广提供更加坚实的技术支撑。

在未来的发展中，我们应持续加大对化学与交通交叉领域的研究投入，鼓励创新，积极探索新的材料、技术和应用，不断挖掘化学在交通领域的潜力。通过多学科的协同合作，推动交通行业向绿色、智能、安全的方向持续发展，为人类创造更加美好的出行未来。

8.7 化学与环境

人类社会的快速发展与工业化进程在带来经济繁荣的同时，也引发了严峻的环境问题。大气污染、水体恶化、土壤退化、固体废物堆积等问题已成为威胁人类生存与生态系统平衡的全球性挑战。这些环境问题不仅影响自然生态系统的稳定性，还对人类健康和社会经济发展构成直接威胁，亟需跨学科的综合治理策略。化学作为一门基础科学，在揭示污染物本质、开发治理技术、推动可持续发展中发挥着核心作用。通过分子层面的解析与反应机制研究，化学为环境污染的源头控制、过程阻断和末端治理提供了理论基础与技术路径。本节将系统探讨主要环境问题的化学成因、危害及防治策略，并阐述清洁生产、绿色化学等创新科技在协调环境与发展关系中的重要意义。

8.7.1 大气污染物

大气污染物按其存在形式可分为颗粒物质和气态物质。颗粒物质包括降尘（粒径>10μm）、飘尘（粒径<10μm）、烟（粒径<1μm）及雾等液态颗粒。气态污染物主要包含硫氧化物（SO_2、SO_3）、氮氧化物（NO_x）、碳氢化合物（HC）、一氧化碳（CO）、卤素化合物（如氟氯烃）等。

1. 硫氧化物（SO_x）

硫氧化物（SO_x）是大气污染的重要组分，主要包括二氧化硫（SO_2）和三氧化硫（SO_3），其产生与人类能源活动和工业生产密切相关。这类化合物主要来源于含硫燃料的燃烧和金属冶炼过程。以煤炭为例，其含硫成分通常以黄铁矿（FeS_2）或有机硫形式存在。当煤炭燃烧时，黄铁矿在800℃高温下发生氧化反应（$4FeS_2+11O_2 \longrightarrow 2Fe_2O_3+8SO_2\uparrow$），每燃烧1吨含硫量2%的煤约释放40千克$SO_2$。此外，石油精炼过程中未完全脱除的硫醇和噻吩燃烧后也会生成SO_2，而金属冶炼行业（如铜、铅矿石焙烧）排放的烟气中SO_2浓度可达5%～15%。

进入大气后，SO_2通过均相或多相反应进一步转化为SO_3及硫酸盐气溶胶。工业烟气中的SO_2在五氧化二钒（V_2O_5）催化剂表面发生催化氧化反应（$2SO_2+O_2 \longrightarrow 2SO_3$，$\Delta H=-198\ kJ\cdot mol^{-1}$），生成的$SO_3$与大气中的水蒸气结合形成硫酸（$H_2SO_4$），再与氨气（$NH_3$）反应生成硫酸铵$(NH_4)_2SO_4$，成为PM2.5的主要成分之一。白天，$SO_2$还可与羟基自由基（OH•）发生光化学氧化反应，生成中间产物$HOSO_2\cdot$，并进一步与氧气反应生成SO_3，最终形成硫酸盐颗粒物。

SO_x的环境影响广泛而深远。首先，硫酸型酸雨（pH<5.6）对生态系统和建筑物造成严重破坏。例如，重庆酸雨区的硫酸根离子（SO_4^{2-}）占比超过60%，年均pH值介于4.2～4.8之间，导致土壤中钙、镁离子被氢离子置换而酸化，同时加速建筑材料的腐蚀（如$CaCO_3+H_2SO_4 \longrightarrow CaSO_4+CO_2$）。其次，$SO_2$直接危害人体健康，其刺激呼吸道黏膜的特性可诱发哮喘和慢性阻塞性肺病（COPD），我国《环境空气质量标准》规定其24小时平均浓度限值为150 $\mu g\cdot m^{-3}$。此外，硫酸盐气溶胶对太阳光的散射作用显著降低大气能见度，在北京等地的雾霾天气中，硫酸盐对能见度下降的贡献率达20%～30%。

针对SO_x污染，工程控制技术已形成多维度治理体系。在源头控制方面，洗煤技术可去除50%～70%的无机硫，而石油加氢脱硫（HDS）技术可将柴油硫含量从500 ppm降至10 ppm以下。对于工业烟气，湿法石灰石-石膏脱硫（FGD）技术应用最广，其原理是通过石灰石浆液吸收SO_2并氧化生成石膏（$SO_2+CaCO_3+{}^1\!/\!_2O_2+2H_2O \longrightarrow CaSO_4\cdot 2H_2O+CO_2$），脱硫效率超过95%。资源化利用方面，$SO_2$可通过接触法催化氧化制取硫酸，或通过克劳斯工艺（Claus Process）与硫化氢反应回收单质硫（$2H_2S+SO_2 \longrightarrow 3S+2H_2O$）。以内蒙古为例，当地燃煤电厂$SO_2$排放强度高达3.2 $g\cdot(kW\cdot h)^{-1}$，包头钢铁集团采用氨法脱硫技术，每年副产12万吨硫酸铵化肥，实现了硫资源的循环利用。然而，中小型燃煤锅炉的脱硫设施覆盖率不足40%，仍是区域污染治理的难点。未来需进一步推广低成本、高效率的脱硫技术，并强化多污染物协同控制策略。

2. 氮氧化物（NO_x）

氮氧化物（NO_x）是大气污染的关键组分，主要包括一氧化氮（NO）和二氧化氮（NO_2），其生成、转化及环境影响与能源利用和工业活动紧密相关。这类污染物主要来源于高温燃烧过程、工业生产和机动车尾气排放。在火力发电厂和工业锅炉中，空气中的氮气（N_2）与氧气（O_2）在燃烧温度超过1300℃时发生链式反应（Zeldovich机理），生成NO（$N_2+O\cdot \longrightarrow NO+N\cdot$；$N\cdot+O_2 \longrightarrow NO+O\cdot$）。燃煤锅炉烟气中$NO_x$浓度通常为300～800 $mg\cdot m^{-3}$，而柴油车因富氧燃烧条件，尾气中NO_x排放量占移动源总排放量的 60%以上。此外，硝酸制造、金属冶炼等行业也贡献了约 15%的工业 NO_x 排放。

进入大气后，NO_x 经历复杂的化学转化。NO 排放后迅速与臭氧（O_3）反应生成 NO_2（$NO+O_3 \longrightarrow NO_2+O_2$），而 NO_2 在紫外线（波长＜420 nm）作用下光解为 NO 和氧原子（$NO_2 \longrightarrow NO+O\cdot$），氧原子与氧气结合形成臭氧（$O\cdot+O_2 \longrightarrow O_3$），这一链式反应是光化学烟雾的核心机制。例如，北京夏季光化学污染期间，近地面 O_3 浓度峰值可达 250 $\mu g \cdot m^{-3}$，超出国家标准 1.5 倍。此外，NO_2 与大气中的羟基自由基（$OH\cdot$）反应生成硝酸（HNO_3），硝酸与氨气（NH_3）结合形成硝酸铵（NH_4NO_3），成为 PM2.5 的重要组分，占其质量的 15%～25%。

NO_x 的环境危害呈现多维度特征。在酸雨方面，硝酸型酸雨导致土壤中钙、镁离子流失，内蒙古赤峰地区曾监测到 pH 值低至 4.3 的酸雨，土壤 pH 下降 0.5 个单位即可造成农作物减产 10%～15%。健康影响方面，NO_2 会刺激呼吸道黏膜，长期暴露于 50 ppb 浓度的环境中可使儿童哮喘发病率增加 20%。同时，硝酸盐气溶胶加剧雾霾形成，呼和浩特冬季 PM2.5 中硝酸盐占比达 30%，显著降低大气能见度。

针对 NO_x 污染，工程控制技术聚焦源头减排与末端治理。燃煤电厂广泛采用选择性催化还原（SCR）技术，以钒钨钛（V_2O_5-WO_3/TiO_2）为催化剂，在 300～400℃下将 NO_x 还原为氮气（$4NO+4NH_3+O_2 \longrightarrow 4N_2+6H_2O$），脱硝效率超过 90%。机动车则通过三元催化转化器(TWC)实现 NO_x 与一氧化碳(CO)、碳氢化合物(HC)的同步转化，国六标准要求汽油车 NO_x 排放限值为 35 $mg \cdot km^{-1}$。内蒙古包头钢铁集团通过低氮燃烧器优化燃烧工况，结合 SCR 工艺，将烧结烟气中 NO_x 排放浓度从 450 $mg \cdot m^{-3}$ 降至 50 $mg \cdot m^{-3}$ 以下，达到超低排放要求。

3. 大气中的综合性污染物-光化学烟雾

光化学烟雾是由氮氧化物（NO_x）和挥发性有机物（VOCs）在太阳紫外线作用下发生链式反应形成的二次污染现象，其标志性污染物为臭氧（O_3）、过氧乙酰硝酸酯（PAN）及醛类化合物。这类污染多发于夏季晴朗天气，温度超过 25℃、风速低于 2 $m \cdot s^{-1}$ 时最易形成，对城市空气质量和人体健康构成严重威胁。

NO_x 和 VOCs 是光化学烟雾的核心前体物。在光照条件下，NO_2 吸收波长 290～430 nm 的紫外线发生光解，生成氧原子（$O\cdot$）并启动链式反应（$NO_2 \longrightarrow NO+O\cdot$；$O\cdot+O_2 \longrightarrow O_3$）；初始生成的 O_3 与 NO 反应重新生成 NO_2 和 O_2（$O_3+NO \longrightarrow NO_2+O_2$），形成动态平衡。但 VOCs 的存在打破这一平衡——其与羟基自由基（$OH\cdot$）反应生成有机过氧自由基（$RO_2\cdot$），迅速将 NO 转化为 NO_2 而不消耗 O_3，导致 O_3 持续累积。例如，1 ppm 丙烯参与反应可使 O_3 生成量增加 3～5 倍。

近地面 O_3 浓度峰值通常出现在午后 14：00～16：00，北京 2023 年夏季 O_3-8h 超标天数达 45 天，单日最高浓度 280 $\mu g \cdot m^{-3}$(超标 1.8 倍)。O_3 破坏植物叶绿体，使小麦减产 10%～15%，并引发人体气道炎症，儿童长期暴露于 160 $\mu g \cdot m^{-3}$ O_3 环境中，肺活量下降 5%～8%。过氧乙酰硝酸酯（PAN）是由乙醛与 NO_3 自由基反应生成（$CH_3CHO+NO_3\cdot \longrightarrow PAN$），其刺激性比甲醛强 50 倍，浓度为 20 ppb 即可导致眼部灼痛。

8.7.2 水污染物

水体污染物是由自然或人为活动引入水环境的化学、生物或物理物质，其种类繁多且对生态系统和人类健康构成多维威胁。根据污染物的化学性质与作用机制，可将其分为有机污染物、重金属、营养盐、病原体及新兴污染物等类别，各类污染物在环境中的迁移转化、毒性效应及控制技术具有显著差异。

1. 有机污染物

多环芳烃（PAHs）由两个及以上苯环稠合而成，主要来源于化石燃料不完全燃烧（如燃煤、炼焦）和石油泄漏。柴油车尾气中16种优控PAHs浓度可达200～500 $\mu g \cdot m^{-3}$，其中苯并［a］芘（BaP）占比5%～8%。PAHs的疏水性（$\lg K_{ow}=4.5 \sim 6.5$）使其易吸附于水体悬浮颗粒物，沉积物中PAHs浓度可达水相的10^3倍。生物毒性方面，PAHs经细胞色素P450代谢活化生成环氧化物，与DNA形成加合物（如BaP-DNA加合物检出率1.2～3.5个$\cdot 10^{-6}$核苷酸），诱发肺癌风险（BaP致癌强度因子SF=7.3 $kg \cdot d \cdot mg^{-1}$）。修复技术中，臭氧氧化（O_3剂量5 $mg \cdot dm^{-3}$）可降解90%的低环PAHs（萘降解速率$k=3.5 \times 10^3 (mol \cdot dm^{-3})^{-1} \cdot s^{-1}$），而热脱附（350℃）联合白腐真菌处理可使焦化厂土壤PAHs总量从1200 $mg \cdot kg^{-1}$降至50 $mg \cdot kg^{-1}$。

微塑料通过塑料破碎、洗涤废水等途径进入水体，全球海洋表层水微塑料浓度达1～10 particles$\cdot m^{-3}$。其降解动力学受聚合物类型调控：聚乙烯（PE）在紫外辐照下羰基指数（CI）60天内从0.1升至0.6，分子量下降40%；聚酯（PET）在海水中的水解半衰期约60年（25℃，pH=8.1）。微塑料可吸附PAHs等疏水性污染物，PE对菲的吸附量达8 $mg \cdot kg^{-1}$，使端足类动物体内PAHs积累量增加2～5倍。荷兰某污水处理厂采用膜生物反应器（MBR）后，出水微塑料浓度从12 particles$\cdot dm^{-3}$降至0.6 particles$\cdot dm^{-3}$，截留效率超95%。

2. 重金属污染

水中无机重金属污染物（如Hg^{2+}、Pb^{2+}）通过配位作用破坏生物分子功能，其毒性机制与化学形态、迁移转化特性密切相关。这类污染物主要来源于采矿冶炼、电子废弃物、化工废水等工业活动，例如铅锌矿选矿废水中Pb^{2+}浓度可达50～200 $mg \cdot dm^{-3}$，氯碱工业废水中Hg^{2+}浓度常超过0.1 $mg \cdot dm^{-3}$（超出地表水Ⅲ类标准1000倍）。

Hg^{2+}的毒性源于其与生物分子中巯基（—SH）的高亲和力（结合常数$K \approx 10^{20}$），导致含巯基酶（如ATP酶、过氧化氢酶）失活。例如，Hg^{2+}与谷胱甘肽（GSH）结合形成Hg-SG复合物，使细胞抗氧化系统崩溃，引发脂质过氧化（丙二醛浓度可升高3～5倍）。Hg^{2+}在水体中经硫酸盐还原菌作用转化为甲基汞（CH_3Hg^+），其脂溶性增强1000倍，通过食物链产生生物放大效应。日本水俣湾鱼类中甲基汞浓度达50 $mg \cdot kg^{-1}$（超标500倍），导致居民摄入后血汞浓度超200 $\mu g \cdot dm^{-3}$（正常值<5 $\mu g \cdot dm^{-3}$）。Pb^{2+}则通过离子半径相似性竞争性取代钙调蛋白中的Ca^{2+}，干扰神经信号传导，儿童血铅浓度达10 $\mu g \cdot dm^{-3}$即可造成智商下降5～8分。Pb^{2+}易吸附于悬浮颗粒物上，在沉积物-水界面动态迁移，水稻根系对Pb^{2+}的富集系数达0.8～1.2，稻米中铅含量超过0.2 $mg \cdot kg^{-1}$时将违反食品安全标准。

黄河上游某金矿区的Hg^{2+}污染导致沉积物汞含量达15 $mg \cdot kg^{-1}$（背景值0.05 $mg \cdot kg^{-1}$），当地采用化学稳定化（硫代硫酸钠固化）+人工湿地组合工艺，使水体汞浓度从0.08 $mg \cdot dm^{-3}$降至0.0005 $mg \cdot dm^{-3}$。长三角电子废弃物拆解区曾检出儿童血铅超标率38%，通过源头替代（无铅焊料）和土壤淋洗（EDTA络合），5年内血铅超标率控制到5%以下。未来需发展原位检测技术（如重金属离子选择性电极）和风险预警模型，实现从末端治理到过程防控的升级。

3. 营养盐污染

氮、磷过量输入引发水体富营养化，太湖流域农业面源贡献总氮负荷的60%～70%。

蓝藻水华暴发时，微囊藻毒素-LR 浓度超 10 $\mu g \cdot dm^{-3}$，抑制蛋白磷酸酶活性（$IC_{50}=0.1$ $nmol \cdot L^{-1}$）。控制技术包括建设人工湿地（脱氮率 70%～90%）和施用缓释肥料（氮利用率从 30%提至 50%）。丹麦 Maribo 湖实施磷沉淀（投加硫酸铝）后，水体总磷浓度从 0.15 $mg \cdot dm^{-3}$降至 0.03 $mg \cdot dm^{-3}$。

4. 病原体污染

生活污水携带的致病菌（如大肠杆菌、霍乱弧菌）和病毒（诺如病毒、甲肝病毒）威胁饮水安全。在发展中国家，约 80%的疾病与病原体污染相关，霍乱弧菌感染剂量极低，仅需 10^3 $CFU \cdot dm^{-3}$即可引发感染。膜过滤（孔径 0.1 μm）可去除 99.99%的病原体，南水北调工程采用紫外/氯联合消毒，经处理后，出水中的粪大肠菌群<10 $CFU \cdot dm^{-3}$。

5. 新兴污染物

抗生素（如磺胺甲噁唑）在污水处理厂出水中的残留浓度达 $\mu g \cdot dm^{-3}$级，使诱导耐药基因（如 sul1）丰度升高 10～100 倍。内分泌干扰物如双酚 A（BPA）可以通过模拟雌激素干扰生殖系统。瓶装水中 BPA 浓度普遍在 0.1～10 $\mu g \cdot dm^{-3}$，部分发展中国家超标率超 30%（限值 0.04 $\mu g \cdot dm^{-3}$）。污水处理厂出水中 BPA 残留约 50～200 $ng \cdot dm^{-3}$，传统活性污泥法去除率仅 40%～60%。

8.7.3 土壤污染物

土壤污染物指进入土壤后使土壤的正常功能遭到破坏、土壤质量下降的物质。其中，农药残留是现代农业带来的重大环境问题，其来源包括杀虫剂、除草剂、杀菌剂等化学品的过量使用与不当处置。全球每年约有 300 万吨农药投入农田，其中约 20%～30%通过挥发、径流或吸附进入土壤环境，导致残留浓度普遍达到 0.1～50 $mg \cdot kg^{-1}$，部分集约化农业区甚至超过 100 $mg \cdot kg^{-1}$。农药残留的持久性、生物累积性及毒性效应使其成为威胁土壤健康、食品安全和生态安全的核心污染物。DDT、六六六（BHC）、艾氏剂等有机氯农药（OCPs），尽管多数已被禁用，但在土壤中仍被广泛检出。例如，中国东北黑土中 DDT 残留量为 0.05～2.3 $mg \cdot kg^{-1}$（半衰期 10～30 年），其代谢产物 DDE 占比达 60%～80%。

8.8 化学与生活

化学作为一门基础科学，深刻渗透于人类日常生活的方方面面。从牙膏到护肤品，从食物的保鲜到疾病的治疗，化学无处不在，无声地提升着我们的生活质量和健康水平。

在家居环境中，合成洗涤剂通过表面活性剂降低水的表面张力，表面活性剂的亲水头和疏水尾结构使其能够在油水界面定向排列，乳化油脂，并将其分散到水中，从而实现高效清洁，从而提升去污效率。阻燃剂、增塑剂等添加剂赋予塑料制品耐热性与柔韧性，广泛应用于家具、电器外壳及食品包装。

食品工业中，苯甲酸钠、山梨酸钾等防腐剂通过抑制微生物代谢延长保质期，而阿斯巴甜、安赛蜜等人工甜味剂则为糖尿病患者提供低热量替代选择。这些甜味剂的甜度是蔗糖的数百倍，只需极少用量即可提供足够的甜味，且不被人体代谢为能量，不影响血糖水平。

日用品领域，化妆品中的二氧化钛通过光催化作用实现物理防晒，二氧化钛纳米颗粒反射和散射紫外线，防止其穿透皮肤造成损伤，同时其光催化活性也可能产生活性氧，需通过表面包覆改性来提高安全性。季铵盐类化合物作为抗菌成分添加于洗手液与消毒湿巾中，季铵盐通过破坏微生物细胞膜，导致内容物泄漏而死亡，对细菌、真菌和病毒均有较好效果，且刺激性较低。

医药行业更是化学应用的核心领域，阿司匹林通过乙酰化水杨酸抑制前列腺素合成，缓解炎症与疼痛；抗生素如青霉素通过破坏细菌细胞壁合成实现杀菌作用。然而，化学品的过度使用亦带来潜在风险，塑化剂邻苯二甲酸酯可能抑制内源性雌激素与雌激素受体结合、抑制睾酮合成中所需关键酶的表达，从而干扰内分泌系统，尤其对孕期和婴幼儿影响更大。

全氟化合物（PFCs）会从食品包装等接触性材料迁移至食物内，并通过食物链被人体摄入。这类物质具有生物蓄积性，一旦进入人体便难以排出，会不断富集，进而可能引发发育毒性、生殖毒性以及肝肾毒性等多种健康风险。因此，建立化学品全生命周期管理体系，推广绿色化学合成技术，成为平衡生活便利性与健康安全的关键路径。从设计阶段就避免使用危险物质，减少废物产生，提高资源利用效率，实现化学品的可持续管理。

8.8.1 家居环境中的化学工程革命

在家居环境化学工程革命进程中，新型功能材料的创新应用正重塑生活空间。智能调温相变材料（PCM）通过其独特的储热与释热能力，在建筑节能领域展现出显著优势。这类材料在相变过程中（如固态与液态的转换）吸收或释放大量潜热，从而缓冲环境温度波动，减少能源消耗。相变材料的核心特性是其高储热密度和温度稳定性。以石蜡、硅胶、结晶水盐等为代表的固态-液态相变材料，相变焓值可达 180～220 $kJ\cdot kg^{-1}$,能够在特定温度范围内(如 25～28℃)高效储热或释热。例如,石蜡在吸收热量时熔化为液态,储存热能;当环境温度降低时,液态石蜡凝固并释放热量,从而维持室内温度稳定。将 PCM 微胶囊化后嵌入墙体或屋顶材料中,可显著提升热惰性。例如,德国 Dresden 被动式住宅项目显示,含石蜡/膨胀石墨复合 PCM 的墙体可将夏季室内温度波动控制在 2℃以内,空调能耗降低 30%。尽管 PCM 技术成熟,但其成本(如纳米封装工艺)和长期稳定性仍需优化。未来研究方向包括开发宽温域复合 PCM、提升材料循环耐久性,以及通过智能化控制实现动态热管理。

甲醛广泛存在于装修之后的橱柜、地板、窗帘等家具中,甚至是孩子的衣物和玩具中。光触媒(以 TiO_2 为代表)是最常用的甲醛分解材料之一。其在紫外线或可见光激发下,表面产生高活性的羟基自由基(·OH)和超氧自由基（$\cdot O_2$），可将甲醛氧化为二氧化碳和水。例如，氮掺杂二氧化钛（N-TiO_2）：通过改性提升可见光响应能力，甲醛降解率在 1 小时内可达 95%。强氧化性物质通过直接与甲醛发生化学反应实现分解，气触媒的主要成分是二氧化氯（ClO_2）和负氧离子（O_2^-）。它可以在空气中主动寻找甲醛分子并分解，转化为对人体无害的二氧化碳、水和无机盐成分，无需光照即可工作，48 小时分解率超 95%。金属有机框架材料（MOF）凭借超高比表面积（如 ZIF-8 的比表面积可达数千 $m^2\cdot g^{-1}$）和多孔结构高效吸附并催化分解甲醛，如 ZIF-8@MnO_2 材料，结合物理吸附与化学催化，可同步去除 PM2.5 和分解甲醛，效率较传统滤网提升 3 倍。

饮用水中的微生物污染（如细菌、病毒、原生动物包囊等）是威胁公共健康的重要问题。传统的水厂处理工艺（如混凝、沉淀、过滤、消毒）虽能有效控制绝大多数微生物，但在管网输送、二次供水储存或家庭水路中，仍可能存在消毒副产物残留、消毒剂衰减后微生物再生或突发性污染等风险。因此，家庭终端净水设备成为保障饮用水生物安全的最后一道重要屏障。银离子缓释技术在家用净水器滤芯中的应用，既能长效抑菌又避免化学消毒剂残留。银离子具有广谱抗菌性，对细菌、病毒和真菌均有较好效果，且不易产生耐药性，适合长期使用。银离子带正电荷，与细菌细胞壁的负电荷结合，破坏其电荷平衡，导致细胞壁破裂；同时穿透细胞膜，与蛋白酶中的巯基或氨基结合，使酶失活，抑制细菌代谢和繁殖。通过将银离子负载于多孔材料（如沸石、陶瓷或纳米载体），利用离子交换或微胶囊封装技术，实现银离子的缓慢释放。例如，陶瓷滤芯内部均匀被覆银离子，在过滤过程中持续释放 Ag^+，延长抗菌周期。相比传统化学消毒剂（如氯），银离子缓释技术可避免药剂残留，且抗菌效果持久（通常 10～12 个月）。目前，光催化水体灭菌技术（AOT）是一种通过产生强氧化性自由基（主要是羟基自由基•OH)来高效降解水中微生物和有机污染物的高级氧化过程。羟基自由基是氧化性极强的活性物种，其氧化还原电位高达 2.8 V，仅次于氟气。它能无选择性地快速攻击细菌、病毒、真菌等微生物的细胞膜、细胞核及遗传物质，也能将有机污染物彻底矿化为二氧化碳和水，灭菌率达 99%。

8.8.2 食品工业的分子精准调控

现代食品工业通过分子水平的精准调控技术，实现了从原料加工到终端产品的全链条革新。酶工程技术通过定向进化改造脂肪酶和淀粉酶，成功开发低聚糖合成路径，是近年来食品生物技术领域的重要突破。定向进化是一种模拟自然进化过程的蛋白质工程方法，通过随机突变（如易错 PCR）和高通量筛选，对脂肪酶或淀粉酶的基因序列进行迭代改造，从而获得催化活性、底物特异性或稳定性显著提升的突变体。例如，针对脂肪酶的改造可能聚焦于增强其转糖基活性，使其能够将单糖（如葡萄糖或果糖）连接成低聚糖（如低聚果糖）；而淀粉酶的改造可能涉及水解路径的逆向工程，使其催化单糖聚合而非传统的淀粉分解。传统低聚糖生产依赖化学合成或微生物发酵，存在副产物多、能耗高等问题。通过定向进化后的脂肪酶/淀粉酶，可在温和条件下（如常温、中性 pH）催化单糖定向缩合。合成的低聚糖（如低聚半乳糖、低聚木糖）具有益生元功能，可选择性促进肠道有益菌增殖，同时不被人体消化吸收，热量极低，符合人们对无糖食品的健康需求。

通过口服方式补充益生菌都面临着一个难题：如何确保更多的益生菌能够保持活性并成功抵达肠道进行定植。利用掺有无机纳米粒子的微凝胶对益生菌进行包封，从而有效抵御食物储存和胃肠道运输过程中可能导致的益生菌活力下降，提升了益生菌的存活率。通过微胶囊包埋技术，益生菌获得了多层次的“保护衣”，显著提升了其抗酸能力，使其能够轻松穿越胃酸障碍，成功抵达肠道定植点。

许多功能性肽的活性与其分子量大小和氨基酸序列密切相关。通过精准控制酶解过程，可以富集特定分子量范围的肽段，从而定向增强其生理功能或加工特性。以开发增咸增鲜大豆肽为例，研究人员通过精准调控生物酶解进程（如选择特定的蛋白酶、控制水解温度、pH 和时间)，将大豆蛋白酶解产物中相对分子质量小于 300 道尔顿的肽段含量严格控制在 55%～60%。这些小分子肽更容易与舌头上的鲜味受体（T1R1/T1R3）结合，并能增强咸味感知。随后，这些特定分子量分布的大豆肽还可以通过美拉德反应进一步制备成美拉德反应中间体，增强其风味特性。这样制备得到的大豆肽及其美拉德中间体，可以作为高效的风味增强剂，用于部分替代传统的钠盐。它们能大幅提升食品的咸度和鲜度，同时增加食物的醇厚感，帮助实现“技术减盐”或“科学减盐”的目标，契合当前健康饮食的消费趋势。

食物霉变后会产生多种有害物质，其中黄曲霉毒素 B1（AFB1）是黄曲霉和寄生曲霉产生的强致癌物，主要污染玉米、花生等粮油作物。通过拉曼光谱结合 SERS（表面增强拉曼散射），利用纳米银/金基底增强 AFB1 特征峰信号，实现无损快速检测，检测限达 0.05 $\mu g \cdot kg^{-1}$。非标记核酸适配体可视化检测技术是一种新型的快速检测方法，通过适配体与靶标（AFB1）结合后引发的构象变化，直接转化为肉眼可见的信号（如颜色变化或聚集状态改变），无需依赖荧光标记或酶联反应。该方法具有灵敏度高、操作简便、成本低等优势，近年来在黄曲霉毒素 B1 检测中展现出重要应用潜力。

8.8.3 日化用品的多尺度构筑

微乳液技术在防晒霜中的应用，以其独特的纳米级结构解决了传统产品的多个痛点。微乳液是由水、油和两亲性表面活性剂/助表面活性剂自发形成的热力学稳定体系，其液滴尺寸通常在 10～100 纳米之间（远小于传统乳液的微米级）。纳米液滴提供了巨大的油水界面，能高效包裹二氧化钛（TiO_2）颗粒，通过表面活性剂的定向排列（亲水头吸附 TiO_2，疏水尾延伸至油相），形成稳定的“核-壳”结构。微乳液无需机械外力即可形成，且因热力学稳定性强，能长期防止 TiO_2 颗粒的聚集沉淀。当 TiO_2 粒径控制在 100～200 纳米时（接近紫外线波长 1/2），可通过瑞利散射高效反射 UVB/UVA（中波紫外线/长波紫外线），而微乳液的精准包裹能维持颗粒处于这一最佳尺寸范围。纳米级分散使 TiO_2 颗粒在皮肤表面形成致密、均匀的防护膜，减少因团聚导致的局部防护漏洞，从而最大化反射/散射紫外线的效率。

纳米纤维素表面富含羟基，可与高分子基质（如羧甲基纤维素钠、黄原胶）通过氢键形成三维网络结构。在牙膏膏体添加纳米纤维素，刷牙时施加的机械剪切力使氢键部分断裂，网络结构暂时解离，黏度急剧下降，膏体流动性增强，实现“柔滑易展开”的体验；剪切力消失后，纳米纤维素与高分子间的氢键快速重组，恢复网络结构，确保膏体形态稳定性。与传统增稠剂（如卡波姆）相比，纳米纤维素体系在降低黏腻感的同时，显著增强膏体的“塑形-延展”平衡性，尤其适用于透明牙膏和儿童牙膏。纳米纤维素还可负载抗菌成分（如锌离子）或抗敏剂（如硝酸钾），通过缓释作用延长功效持续时间，实现“清洁-护理-治疗”一体化。

吡硫鎓锌（ZPT）是洗发产品中常见的去屑成分，具有很强的抗菌能力，能够有效杀死导致头皮屑的真菌，具有很好的去屑功能，很早就被应用于洗发产品中。然而，ZPT 在洗发液中容易沉淀，这可能导致产品分层，限制了其在透明香波和含有 EDTA 等螯合剂的产品中的应用。此外，ZPT 在环境中不易被生物降解，对生态系统可能产生不良影响。因此，市场上开始使用其他安全可靠的去屑成分，比如吡罗克酮乙醇胺盐（OCT）、甘宝素等成分。OCT 凭借其杀菌、抗氧化及分解过氧化物的能力，能有效阻断头屑产生的途径，进而实现出色的去屑效果。该成分在低浓度（0.1%～0.75%）下即可发挥功效，且尚未发现细胞毒性，同时兼具低刺激性和环境友好性。

8.8.4 医药行业的化学生物融合

现代医药领域通过分子编辑技术，实现化学合成与生物技术的协同创新。在药物递送系统方面，基于两亲性嵌段共聚物自组装的纳米胶束（粒径＜100nm）可搭载疏水性抗癌药物，其表面修饰的靶向配体（如叶酸）通过受体介导内吞作用穿透细胞膜，在肿瘤微环境酸性条件下胶束解离实现精准释药。两亲性嵌段共聚物由疏水链段（如聚乳酸 PLA、聚己内酯 PCL）和亲水链段（如聚乙二醇 PEG）通过化学键连接而成。疏水链段在溶液中聚集形成胶束内核，包裹疏水性药物（如紫杉醇、多西他赛），亲水链段（如 PEG）向外伸展形成胶束外壳，提供空间位阻和胶体稳定性，避免被免疫系统快速清除，延长血液循环时间。肿瘤细胞表面通过表达特定受体（如叶酸受体在卵巢癌、乳腺癌中表达量是正常细胞的 100～300 倍）；配体-受体结合后触发网格蛋白介导的内吞或小窝蛋白依赖的内化途径，胶束整体进入细胞，避免药物提前泄漏。胶束内核或连接链中含 pH 敏感基团（如腙键、缩酮键），在酸性条件下断裂，释放药物，实现“分子编辑-靶向递送-智能响应”三位一体的技术体系。

生物传感器与化学检测的融合推动个性化医疗发展，如葡萄糖响应型胰岛素贴片采用苯硼酸/聚乙烯醇动态共价水凝胶体系，当皮下组织液葡萄糖浓度超过 10 $mmol \cdot dm^{-3}$时，苯硼酸可与葡萄糖的顺式二醇结构可逆结合，改变水凝胶的交联密度，引发溶胀，促使包埋的胰岛素纳米囊破裂释药。贴片通过实时感知皮下组织液中的葡萄糖浓度，自主调节胰岛素释放，无需外部干预。相比传统注射的“开环”模式，闭环系统能更精准地模拟生理性胰岛素分泌，减少血糖波动。这种闭环控制系统使糖尿病大鼠血糖维持正常水平达 10 小时，波动幅度较传统注射疗法降低 67%。

综上，化学与应用工程的关系是“科学发现”与“技术实现”的共生体，化学提供原理、方法与新材料；应用工程将其转化为可靠、高效、经济的解决方案。两者的深度融合推动了技术创新，在材料领域、能源领域、环境领域等方面都有很好的发展，成为现代社会可持续发展的核心驱动力。

习 题

1. 判断正误

(1) 轻骨料混凝土孔隙率较高，但不具备优良的保温性能。

(2) 高分子复合材料在力学性能、热稳定性及耐久性等方面展现出卓越优势。

(3) 光合作用分为含氧光合作用和无氧光合作用。

(4) 通过光电化学方法，可将太阳能转化为电能。

(5) 土壤污染物指进入土壤后使土壤的正常功能遭到破坏、土壤质量下降的物质。

(6) 超氧自由基可将甲醛氧化，负氧离子则不能氧化甲醛。

2. 选择题

(1) 下列能源中，不属于传统能源的是（　　）。

(A) 石油　　(B) 煤炭　　(C) 风能　　(D) 天然气

(2) 下列气体中，均不属大气污染物的一组是（　　）。

(A) SO_2，H_2S　　(B) CO，CO_2　　(C) NO，NO_2　　(D) N_2，O_2

(3) 下列物质中，不属于水体污染物的是（　　）。

(A) 汽车尾气　　(B) Pb^{2+} 和 Hg^{2+}　　(C) 洗涤剂　　(D) 二氧化硅

3. 高分子复合物具有哪些性质？该类材料在现实生活中的应用有哪些？

4. 新能源领域中包含哪几种能源？请从这些能源中选取一种，展开说明化学与该能源的关系及应用。

5. 水污染中的重金属污染主要指的是哪些重金属？现实生活中如何有效地解决水中重金属超标的问题？

6. 化学与人们的生活密不可分，“吃、穿、用、行”都离不开化学，请你列举身边的例子来说明化学与生活的密切关系。

第 9 章 化学实验基础

9.1 化学实验的学科地位与教学目标

9.1.1 化学实验的学科地位

化学是一门以实验为基础的自然科学，其学科发展与理论创新始终建立在实验研究的基石之上。实验既是化学学科的本质特征，也是推动学科进步的核心动力，更是化学教育体系不可或缺的重要环节。实验教学是学生接触科研的“第一课堂”，早期培养的严谨态度与技术能力直接影响其后续学术发展。化学实验通过“技能训练-思维养成-创新突破”的路径，不仅夯实学生的专业基础，更培养其科学探索精神与解决实际问题的能力，为其成为未来科学家或工程师提供核心素养支撑。

在化学教育领域，实验教学具有不可替代的育人功能。这一实践性教学形式通过多维度的培养路径，系统构建学生的科学素养：通过实验现象的观察与分析培养科学思维；借助仪器操作与流程设计提升实践能力；基于实验数据的处理与解释训练研究方法；依托创新性实验项目培育探索精神；在团队协作中塑造科学伦理与责任意识。

化学实验课程以能力培养为导向构建立体化教学目标体系：掌握化学研究的基本方法，夯实实验操作的核心技能；拓展学科认知维度，实现理论知识与实践应用的深度融合；培育批判性思维与创新能力，为科研创新储备潜能；锻造严谨求实的科学作风，培养绿色化学理念与安全责任意识。这些目标的协同达成，为培养新时代化学人才奠定坚实基础。

实验课程始终贯穿“科学精神-规范意识-创新思维-安全理念”四位一体的培养目标，着力打造学生可持续发展的实验能力与科研素养，为后续专业实验课程搭建坚实的实践桥梁。

9.1.2 化学实验教学基本目标

1. 理论与实践相结合，培养与提升兴趣

旨在通过实验操作，将抽象的化学知识具体化，使学生直接获取生动具体的化学事实。

通过归纳和总结，引导学生从感性认识上升到理性认识，从而巩固和加深对化学基础知识及基本理论的理解。鼓励学生灵活运用所学理论知识指导实验，提升学习兴趣和实践能力。

2. 掌握实验室基础知识与规章制度，强化化学实验基本操作与技能

使学生掌握实验室的一般知识，包括实验的基本流程和各项规章制度。确保学生能够安

全、有序地进行实验活动。

对学生进行严格的化学实验基本操作和技能的训练。培养学生掌握物质化学变化的感性知识，明确元素及其化合物的重要化学性质和反应。使学生熟练掌握无机化合物的一般合成制备、分离提纯及分析鉴定、表征、结构分析、性质研究和性能研究的方法。

3. 培养实验能力与分析解决问题的综合能力

学生通过实验熟练掌握基本的化学实验技术，培养分析和初步解决实际化学问题的能力。通过安全操作、细致观察、实事求是地记录实验现象，培养学生的独立操作能力、准确获取实验数据与处理实验数据能力。通过撰写实验报告，培养学生准确阐述实验结果、分析能力和总结表达能力，恪守学术规范和道德。

树立严格的“量”的概念，培养严谨求实的科学态度和质疑精神。建立勤俭节约、认真细致的实验习惯，形成相互协作的团队精神，具备家国情怀。为学习后继课程和未来的实际工作或科学研究打下坚实的基础。

9.1.3 实验室守则

1. 遵守规章制度

严格遵守实验室的各项规章制度和安全守则，不迟到，不早退，全程听从教师指导。

2. 培养安全意识，做好安全预案

应积极主动系统地学习安全知识，严格遵守安全守则。课前应充分预习，查明所用试剂、设备和操作，了解安全注意事项及防护和急救措施，熟悉仪器设备操作规程，做好安全预案。个人衣物、书包等物品需放置在指定位置，不堵通道，确保实验室整洁有序无安全隐患。

3. 规范操作，严肃认真

实验时做好防护措施，严格遵守操作规程，保持严肃认真的态度。禁止嬉戏打闹，杜绝任何干扰实验进程或安全的行为。严格执行实验教学安排，完成规定内容。若希望进行额外实验，需与指导教师商讨并征得同意。

4. 爱护公物，节约资源

小心使用仪器设备，注意节约水、电、气及备品等资源。设备使用后及时清理维护，并填写使用记录。损坏仪器需主动向教师申报并赔偿，不得藏匿或挪用他人仪器。

5. 规范使用化学试剂

试剂应按规定量取用，未规定用量时应节约使用。试剂瓶用后立即盖好瓶塞并放回原处，避免试剂暴露。固体试剂取用时避免撒落，已取出试剂不得倒回原瓶。使用后的滴管应立即清洗干净，避免交叉污染。严禁随意混合试剂，确保实验安全。实验完毕后，将需要回收的试剂或产品倒入指定容器。

6. 规范操作仪器设备

使用精密仪器前需认真学习操作规程。操作时细心谨慎，发现故障应立即停止使用并报告指导教师。切勿自行拆卸或维修仪器，确保仪器安全使用。

7. 坚守岗位，妥善处理异常情况

实验进行时不得中途离开，需经常检查反应情况是否正常。注意装置是否存在漏气、破裂等现象，若发现异常情况如异味、异声或异常发热，应立即停止实验并向指导教师报告。

8. 做好实验收尾工作

实验结束后进行收尾工作，按学校规定处理三废，碎玻璃放入专用容器。玻璃仪器洗刷干净，将所有物品放回原处。清洁现场包括地面、桌面等可能被污染的区域，确保实验室环境整洁卫生。

实验室内一切物品（仪器、试剂、产物和备品等）不得带离实验室。离开实验室前必须经指导教师检查实验内容及值日卫生等事项合格并同意后才可离开。离开实验室前确保水龙头、煤气、电源开关已关闭，门窗已锁好。

9.1.4 化学实验基本要求

1. 预习

实验前的预习是确保实验顺利进行的关键第一步。

（1）细致阅读教材，明确实验目的，掌握实验内容、原理、步骤及操作过程，同时了解实验注意事项。

（2）务必熟悉实验涉及化学试剂的性质及其安全使用方法，确保操作安全。

（3）深入思考实验教材中提出的思考题，形成初步见解，为课堂交流讨论做好准备。

（4）按照规范要求撰写预习报告。

2. 实验

在教师的示范和指导下，按照既定流程进行规范操作，确保高质量完成实验任务。实验过程中应集中精神，严肃认真，动作规范有序，仔细观察实验现象，作好记录。若实验过程中出现错误，不得随意结束实验，应积极主动思考或请教老师找出解决方案。

培养良好实验习惯，随时保持实验室和桌面清洁整齐，试剂、仪器用后及时放回原位并摆放整齐。操作期间，所用仪器与试剂等应放置在安全距离内，避免在实验台边缘放置物品。

必须做好实验记录，注意以下几点：

（1）学生应配备专门的实验记录本，用于记录实验数据。严禁将数据随意记录在单页纸、小纸片或其他非指定位置。

（2）实验过程中，应及时、准确、详细、清晰地记录测量数据、实验条件、实验现象、仪器设备型号及任何异常情况。记录数据时需保持严谨的科学态度，实事求是，严禁伪造或拼凑数据。

（3）记录数据时，需注意有效数字的保留。对于重复测量的数据，即使与初始数据相同，也需如实记录。若数据出现错误，需更正，应在原数据上划一横线，并在上方填写正确数据。

3. 实验报告

实验报告是实验过程的重要总结，应基于预习报告和实验记录整理而成。要求：格式规范、条理清晰、整洁工整、简明扼要。实验结束后，学生应及时、认真地撰写实验报告，并在规定时间内提交给指导教师。

实验报告通常包含以下内容：实验名称与实验日期、实验目的、实验原理或方法（应简洁明了地阐述实验原理或方法）、实验步骤或内容、实验结果与讨论（对实验数据进行详细分析，并得出科学结论）、问题与思考等。

4. 数据处理

在进行数据处理时，必须确保拥有完整的原始记录，并特别注意有效数字及计算规则的正确运用；同时，各物理量的使用也应遵循规范化标准。

（1）列表

为了清晰、准确地展示原始实验数据与处理结果，可采用列表形式进行呈现。列表的格式需规范，表头、标注等信息应齐备。在表下需明确注明所采用的处理方法和选用的公式。对于表中的原始数据、计算结果、误差和偏差，均应按照有效数字的记录、修约和运算规则进行科学处理，以确保数据的准确性和可靠性。

（2）作图

利用图形表达实验结果可以更加直观地展示数据的特点，如极大值、极小值、转折点等。同时，图形还可以用于求面积、做切线、进行内插和外推等操作。

9.2 实验室安全知识与守则

9.2.1 实验前要了解实验室的布局与安全措施

1. 熟悉安全出口和逃生路线。个人物品放在指定位置，不可遮挡安全通道。

2. 了解实验室的危险源和必要的防护措施，铭记急救电话和报警电话。

3. 了解电源、消防栓、灭火器材、紧急洗眼器、急救箱的位置及正确的使用方法。

4. 对不懂不熟的设施设备不得盲目操作，及时请教老师。遇突发事故，保持镇静，采取合理措施进行应对。

9.2.2 实验时要采取必要的安全防护措施

1. 穿实验服，戴橡胶手套和防护眼镜，涉及飞溅风险操作时加戴防护面罩。

2. 实验着装规范，身体防护应穿着长袖上衣及过膝长裤，禁止穿裙装、短裤等无防护性服装；头部管理，过肩长发需束起并纳入防护帽；指甲长度不超过指腹末端，实验操作前需卸除戒指等饰品；足部防护必须穿着全包趾的皮鞋等防滑的鞋，禁止穿拖鞋、凉鞋、高跟鞋（跟高＞3 cm）、镂空款鞋、带金属配件鞋具、轮滑设备。

3. 实验防护用品限实验区使用，严禁将实验服/手套带入生活区和其他清洁区域。遵守脱卸程序，完成实验立即脱除防护装备，接触污染物后需执行手部消毒。

4. 严格禁止实验区内饮食、吸烟等涉及入口动作，严禁存放食品饮料，杜绝使用化妆品。严禁徒手接触化学试剂，禁止任何形式的试剂入口，实验台面保持洁净无杂物。

9.2.3 正确使用试剂和进行相关操作

1. 试剂认知与配伍禁忌

熟悉所使用的化学物质的特性和潜在危害，绝不允许随意混合各种化学药品（特别是有强氧化性的试剂），以免发生事故甚至爆炸！

2. 挥发性试剂操作

低温保存试剂需静置至室温再开瓶。开瓶时戴防护手套和护目镜，瓶口转向无人处以免液体喷溅而导致伤害，布巾包裹瓶盖，禁用暴力开瓶手段。

在闻试剂的气味时，鼻子不能直接对着瓶口（或管口）吸气，而应用手将少量气体轻轻扇向自己的鼻孔。

3. 剧毒物质操作（汞盐/钡盐/铬盐/镉盐/H_2S 等）

操作时启用负压隔离装置，登记使用台账（用量/用途/余量），接触后立即执行三级洗消程序。

4. 浓酸、浓碱等具有强腐蚀性物质的使用

用前必须佩戴耐腐蚀手套（丁基橡胶材质）；移液操作应在通风橱内进行，通风橱内设置防溅挡板，不准在实验台上直接进行操作；稀释浓硫酸执行“酸入水、沿壁流、慢搅拌”原则；浓酸、浓碱，切勿溅在衣服、皮肤，尤其是眼睛上，避免引起烧伤和腐蚀。

5. 易燃试剂操作

采用间接加热系统（水浴温度<80 ℃，油浴温度<260 ℃），绝对不可使用明火。储存容器使用棕色磨口瓶（避光、防聚光），勿将易燃液体与玻璃器皿放于日光下，否则玻璃弯曲面的聚焦作用可产生局部高温而引起燃爆事故。操作半径 3m 内配置 CO_2 灭火器。禁止平行操作静电敏感实验。

9.2.4 合理使用通风橱等防护设备

实验室中的通风橱是减少呼吸损害的最主要的手段。通风橱可以确保蒸气和气体不散逸，保护实验者的呼吸区域免受污染，其玻璃门可以有效地阻碍火焰、飞物、化学试剂飞溅、小型内爆和爆炸等。

通风橱门上抬不可过高，15～20 cm 即可，手伸入进行操作，操作时应在通风橱内距离橱门至少 15 cm。头部和上半身不得伸入通风橱内。一切涉及有毒气体或有恶臭气味的实验，必须在通风橱中进行。涉及易挥发的或易燃物质的实验，都应在远离明火并尽可能在通风橱中进行；使用乙醚、苯、丙酮、三氯甲烷等易燃有机溶剂时，尽量在通风橱内进行，要远离火焰和热源，且用后应倒入指定回收瓶（桶）中回收，不准倒入下水道，以免造成污染和其他事故。

9.2.5 合理选用加热设备并能进行安全操作

加热时，要严格遵守各种仪器的操作规程，安全操作。

1. 使用酒精灯时应随用随点，不用时盖上灯帽。不要用已点燃的酒精灯去点燃别的酒精灯，不能往燃着的酒精灯内添加酒精，以免酒精溢出而发生火灾。

2. 使用煤气灯时应先将空气孔关闭，再点燃火柴。然后，一边点火，一边打开煤气开关。不允许先打开煤气开关，再用火柴点火。用后立即关闭灯上煤气进气开关和煤气分线路阀门。

3. 加热试管时，不要将试管口指向自己和他人。不要俯视正在加热的液体，避免蒸汽或溅出的液体对人体造成伤害。

4. 使用水浴锅加热时，要随时观察锅内的水位，以免干烧而烧坏加热元件或者引发火灾。使用油浴时要防止油的外溢。

5. 烘箱可用以干燥玻璃仪器或烘干无腐蚀性、加热不分解的物品。一般干燥仪器时应先沥干，无水滴下时再放入烘箱，升温加热，将温度控制在100～120 ℃。烘箱里放玻璃仪器时应自上而下依次放入，以免残留的水滴流下使下层已烘热的玻璃仪器炸裂。因底板靠近电热丝，上面不得放置任何物品。取出烘干后的仪器时，应戴隔热手套，不可用湿布和胶皮手套，防止快速导热而烫伤。如果条件允许，应先关闭电源降低温度，再取出仪器。

塑料制品、滤纸、挥发性试剂、易燃品或用酒精、丙酮等有机溶剂淋洗过的玻璃仪器、产物等切勿放入烘箱，以免发生燃烧或爆炸。不要用烘箱烘烤橡胶垫、聚四氟活塞。玻璃塞、玻璃活塞需要从仪器上取下，以免因膨胀速率不同挤破仪器。

加热后的真空烘箱应该冷却到室温后再解除真空。解除真空应缓慢进行，以防止气流过大导致样品飞溅。

6. 用高功率红外灯烘烤样品时应注意清空周边物品，以免引起火灾；使用紫外灯时要戴手套，不要直视紫外灯，避免紫外线直接照射皮肤。

9.2.6 规范使用玻璃仪器

1. 不允许使用破损的玻璃仪器。破碎玻璃制品应放入专门的垃圾桶，丢弃前应用水冲洗干净以去除残留试剂。

2. 清洗玻璃仪器必须佩戴手套，禁止用手直接搓洗。

3. 要分清哪些玻璃器皿可以加热，哪些不能，检查是否有压力出口。

4. 玻璃仪器容易破损，在安装仪器时要特别注意保护薄弱部位，以免仪器破裂，割伤皮肤。用铁夹固定仪器时，施力要适当，防止用力过猛损坏仪器，造成割伤。

5. 玻璃管（棒）截断时不能用力过猛，以防破碎，应戴防护手套；截断后断面锋利，应进行熔光；清扫桌面上碎玻璃管（棒）及毛细管时，要仔细小心；将玻璃管（棒）或温度计插入塞子或橡胶管中时，应先检查塞孔大小是否合适，然后将玻璃管（棒）或温度计上沾水或用甘油润滑，再用布裹住或者戴上防护手套后缓慢旋转垂直插入，拿玻璃管的手应靠近塞子，否则易使玻璃管折断，从而引起严重割伤。

6. 加热后的玻璃器皿应放在石棉网上，不要直接放在过冷的台面上或者水中。

7. 加热液体时，不可加得太满，以免液体沸腾外溢。

8. 温度计只可测温，不可做搅拌棒使用，防止碰坏。

9.2.7 安全使用带电设备

1. 使用电器设备时，应提前了解其性能和操作规程，检查线路是否有裸露、断裂的地方，以防触电或者短路，注意电压是否匹配，插头插实防虚接。电线、电器不要被水淋湿或浸渍到导电液体，切不可用湿手去开启电闸和电器开关。

2. 所用电器设备的功率不得超过电源负载能力。

3. 使用电热板时，要小心烫伤；要将其电源线整理好，远离加热面板，防止电源线的绝缘皮被烫坏而漏电。

4. 若电器设备发生过热现象或出现焦煳味儿，应立即关闭电源，报告老师和专业人员查找根源，绝不能擅自带电维修，以免造成严重后果。如遇触电事故，应立即切断电源，或用绝缘物体将电线与触电者分离，再实施抢救。

9.2.8 实验操作过程中的安全注意事项

1. 防漏气。实验前检查装置的气密性。

2. 防爆炸。点燃可燃性气体或用 CO、H_2 做还原反应之前，要检验气体的纯度；金属钠、钾与水反应时可能引起燃烧甚至爆炸，因此，要将钠、钾切至绿豆大小再用；不可轻易混合氧化剂与还原剂。

3. 防暴沸。加热液体时，要预先加入沸石或碎瓷片，反应中途不要打开装置添加沸石；配制硫酸的水溶液或硫酸的酒精溶液时，要将密度大的浓硫酸缓慢倒入水或酒精中；电石与水反应非常剧烈，可产生暴沸，要用饱和食盐水替代水；加热蒸发过程中要不断用玻璃棒搅拌，防止液体暴沸。

4. 防倒吸。某些气体溶于液体涉及要防倒吸的问题。防止倒吸一般采用下列措施之一，如在吸收液中用倒扣的漏斗吸收气体；导管连接球形干燥管或其他容积较大的仪器；导管口不插入液面下；装置中安放空的烧瓶或试管等作安全瓶用；为防倒吸，步骤中应最后停止通气。

5. 防污染。有毒尾气要通过吸收、收集、点燃等措施处理，防止中毒和污染环境。

6. 防倒流。如用酒精灯加热试管中的固体物质，试管口要朝下倾斜，防止水倒流而使试管破裂或爆炸，发生危险。

7. 防着火。实验室中的可燃物一定要远离火源。

8. 防伤害。使用和加工玻璃仪器时要防划伤，进行加热、浓硫酸稀释等液体混合操作时要防飞溅和灼烫伤。

9. 不脱岗。不能随意离开实验室，时刻注意异味、异响，如有发生，应立即停止实验，查找根源，排除隐患后再进行实验。若遇实验室停水，确保将水龙头关闭。

9.2.9 基础化学实验室常用仪器简介

常用仪器包括玻璃质、瓷质仪器及部分金属质、木质、塑料仪器。洗瓶、滴管等带尖嘴的仪器，尖嘴不可深入容器，更不得接触容器内壁。表 9-1 为化学实验室常用仪器。

表 9-1 化学实验室常用仪器

仪器	常见规格	用途	注意事项
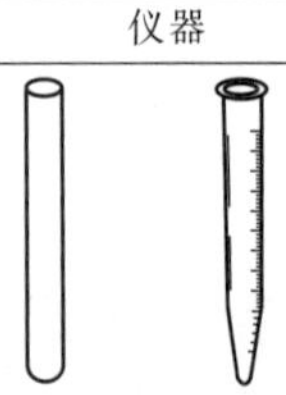 试管 离心试管	材质：玻璃、塑料等。容积/mL：5、10、15 等	少量试剂的反应与观察。 离心试管还可以离心沉淀	加热时管口不可对着人，试剂不要超过容积的 1/2
 烧杯	材质：玻璃、塑料。 容积/mL：50、100、250、500、1000 等	常温或加热条件下配制溶液。 用作反应容器	加热时外部应擦干，底部受热应均匀

续表

仪器	常见规格	用途	注意事项
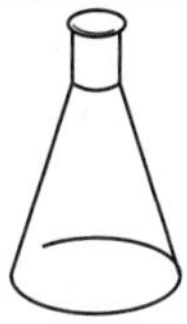 锥形瓶	容积/mL：100、250、500 等	常温或加热条件下用作反应容器。 滴定常用容器	加热时底部应擦干，底部受热应均匀
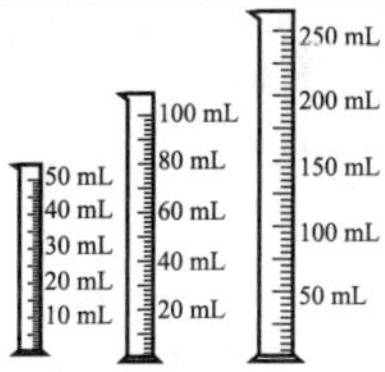 量筒	容积/mL：10、25、50、100、250 等	量取一定体积的液体	不能直接加热 不可用作反应容器
 容量瓶	容积/mL：25、50、100、250、500 等	配制准确浓度的溶液	不能加热，塞子为配套的不可互换，不可用作反应容器
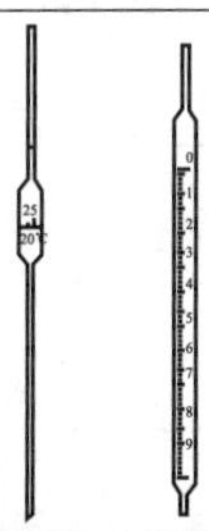 移液管　吸量管	容积/mL：2、5、10、25、50 等	精确量取一定体积的液体	用洗液、洗洁精等清洗，不可用去污粉洗涤；不能加热
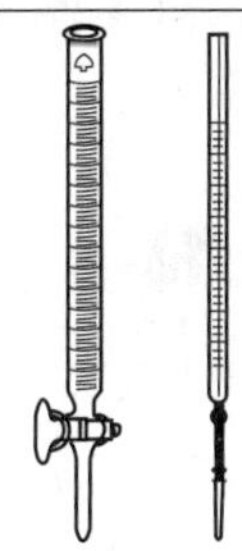 酸式/碱式滴定管	分酸式和碱式。 分无色和棕色。 碱式有常规和蓝线式	滴定或者量取准确体积的溶液用	碱式装碱性溶液或者还原性溶液，酸式装酸性或者氧化性溶液；需避光的试剂用棕色的滴定管；不能加热
 漏斗	口径/mm：30、40、60 等	常压过滤	不能加热
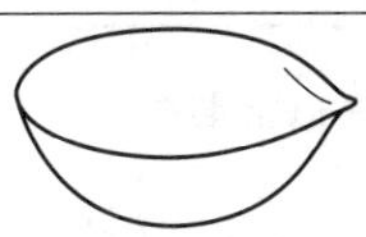 蒸发皿	材质：瓷、白金、石英等	蒸发浓缩液体	耐高温，忌骤冷骤热，依据被加热物质的性质选取不同的材质

续表

仪器	常见规格	用途	注意事项
 表面皿	口径/mm:45、65、75、90 等	盖在烧杯口防液体迸溅;放 pH 试纸等	不可直接加热
 吸滤瓶	容积/mL:250、500 等	与布氏漏斗配合使用吸滤	不可直接加热;使用时先开真空泵再吸滤;结束时先通大气再关闭真空泵
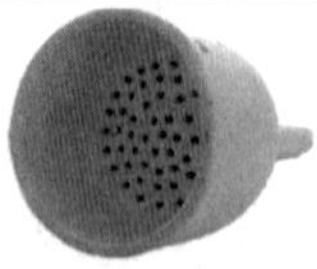 布氏漏斗	容积/mL:50、100、150 等	与吸滤瓶配合使用吸滤	使用时先开真空泵再吸滤;结束时先通大气再关闭真空泵;不可骤冷骤热
 广口瓶　细口瓶　滴瓶	材质:玻璃、塑料等。颜色:无色、棕色等。容积/mL:50、100、150、250、500 等	细口瓶装液体试剂,广口瓶装固体试剂	不能加热,不能装碱性试剂,需避光的试剂可用棕色瓶
 水浴锅	材质:铜、铝等	水浴用,或者粗略控制温度用	防止烧干

其他常用仪器如图 9-1 所示。

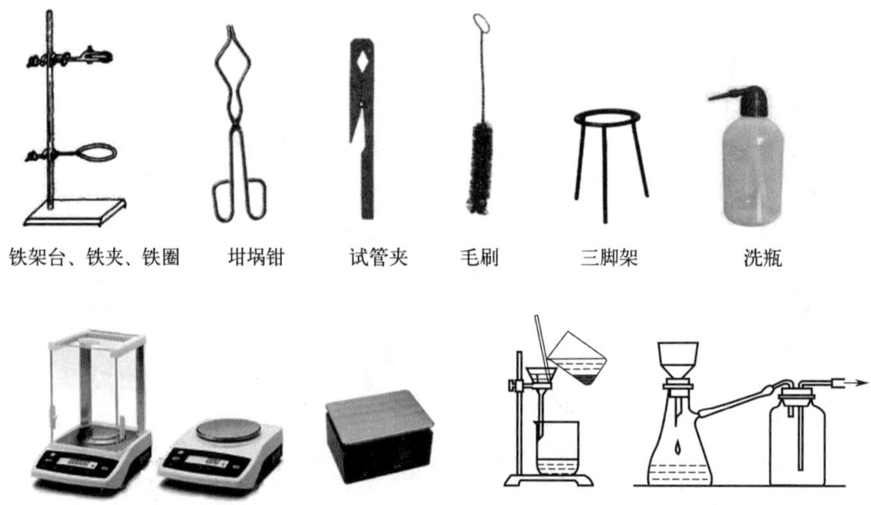

图 9-1　化学实验部分常用仪器

9.3 几个化学基础实验案例

实验一　中和热的测定

【实验目的】

1. 了解量热法测定反应热的原理和方法。
2. 深刻理解反应热效应的意义。

【实验原理】

在稀溶液中，酸与碱发生中和反应生成 1 mol 生成物时释放的热量称为中和热。反应的中和热可采用简易热量计来测量。

本实验就是由已知 HCl 和 NaOH 水溶液在热量计内反应的中和热（$-57.3\ kJ\cdot mol^{-1}$），测出热量计的热容 C：

$$C=-\frac{n\Delta_r H_m^{\ominus}}{\Delta T}$$

再由盐酸和氨水反应测定热量计体系的温度的改变值 ΔT，就可计算出氨水与盐酸反应的中和热（热量计体系的热容 C 已测得）：

$$\Delta_r H_m^{\ominus}=-\frac{C\Delta T}{n}$$

式中，n 为被测物的物质的量；C 为热量计系统的热容（即热量计系统的温度升高 1℃所需的热量）。

本实验的关键是准确测得 ΔT，实验中采用外推法由温度-时间曲线（图 9-2）求得 ΔT。即将曲线上 CB 线段延长与纵坐标交于 D 点，则 D 点为温度上升的最高点，A 点为反应前温度，AD 值即为 ΔT。

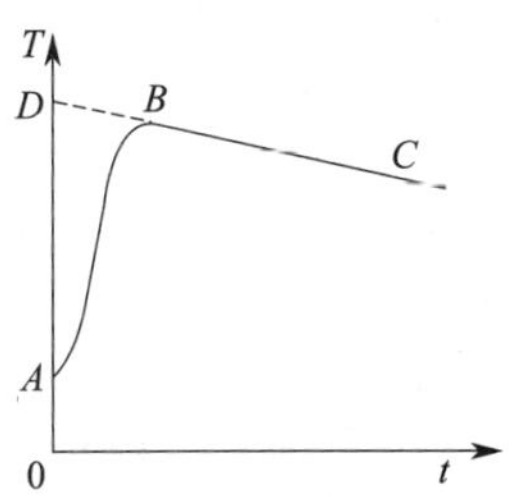

图 9-2　温度-时间曲线

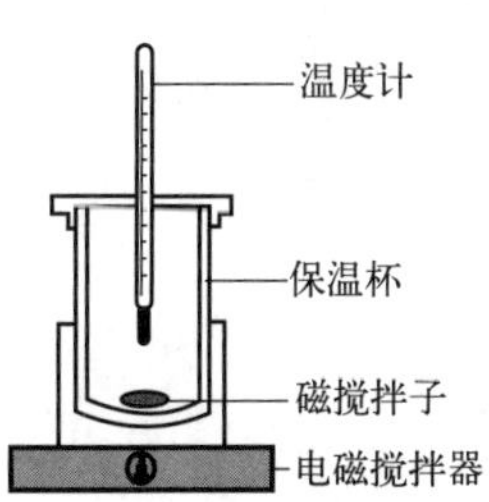

图 9-3　热量计示意图

【实验用品】

台秤，温度计（分度值为 0.1℃），保温杯，磁子（磁搅拌子），电磁搅拌器，移液管，坐标纸，秒表。

NaOH（1.0 mol•L^{-1}），HCl（1.0 mol•L^{-1}，1.5 mol•L^{-1}），NH_3•H_2O（1.5 mol•L^{-1}）。

【实验步骤】

1. 测定热量计的热容

实验中使用配有电磁搅拌器的杯式热量计（图 9-3，可自制），每次使用前都要保证热量计和磁搅拌子干净、干燥。

准确量取 50 mL 1.0 mol•L^{-1} NaOH 溶液倒入热量计的保温杯中，盖好杯盖，开动电磁搅拌器缓慢地搅拌。观察温度，若连续 3 min 基本稳定，记录该温度作为反应的起始温度（准确至 0.1℃）。

准确量取 50 mL 1.0 mol•L^{-1} HCl 溶液，使其温度与 NaOH 溶液温度基本一致，迅速倒入热量计的保温杯中并立即记录时间（用秒表或电子表均可），盖好杯盖并搅拌，每隔 30 s 记录一次温度，当温度达到最高点再记录 3 min。

2. 测定氨水和盐酸的中和热

按实验步骤一的操作，用 1.5 mol•$L^{-1}$$NH_3$•$H_2O$ 和 1.5 mol•L^{-1}HCl 溶液反应重复实验。

【结果处理】

1. 计算热量计的热容

作 HCl 与 NaOH 反应的温度-时间曲线，按外推法求得 ΔT_1，并计算热量计的热容量 C。

2. 计算氨水和盐酸的中和热

作 NH_3•H_2O 与 NaOH 反应的温度-时间曲线，按外推法求得 ΔT_2，计算中和热 $\Delta_r H_m^{\ominus}$ 。

【思考题】

1. 为什么不能由中和反应直接测定中和热？
2. 实验中影响测定结果准确性的因素有哪些？
3. 试设计测定锌粉和硫酸铜反应的热效应的实验原理和实验步骤。

实验二 粗盐的提纯

【实验目的】

1. 掌握氯化钠提纯的基本原理和方法，学会用化学方法提纯粗食盐。
2. 练习称量、加热、溶解、过滤、蒸发浓缩、结晶、干燥等基本实验操作。
3. 了解 Ca^{2+}、Mg^{2+}、SO_4^{2-} 等离子的定性鉴定。

【实验原理】

化学试剂或医药用的 NaCl 都是以粗食盐为原料提纯的，粗食盐中含有 Ca^{2+}、Mg^{2+}、

K^+ 和 SO_4^{2-} 等可溶性杂质和泥沙等不溶性杂质。选择适当的试剂可使 Ca^{2+}、Mg^{2+}、SO_4^{2-} 等生成难溶盐沉淀而除去。一般先在食盐溶液中加入 $BaCl_2$ 溶液，除去 SO_4^{2-}：

$$Ba^{2+} + SO_4^{2-} = BaSO_4 \downarrow$$

然后再在溶液中加 Na_2CO_3 溶液，除 Ca^{2+}、Mg^{2+} 和过量的 Ba^{2+}：

$$Ca^{2+} + CO_3^{2-} = CaCO_3 \downarrow$$

$$Ba^{2+} + CO_3^{2-} = BaCO_3 \downarrow$$

$$2Mg^{2+} + 2OH^- + CO_3^{2-} = Mg_2(OH)_2CO_3 \downarrow$$

过量的 Na_2CO_3 溶液用 HCl 中和，粗食盐中的 K^+ 仍留在溶液中。由于 KCl 溶解度比 NaCl 大，而且在粗食盐中含量少，所以在蒸发和浓缩食盐溶液时，NaCl 先结晶出来，而 KCl 仍留在溶液中，以此可制得纯净的氯化钠。

在物质提纯过程中，为了检查某种杂质是否除尽，常常需要取少量溶液（称为取样），在其中加入适当的试剂，从反应现象来判断某种杂质存在的情况，这种步骤通常称为“中间控制检验”，而对产品纯度和含量的测定，则称为“成品检验”。

【实验用品】

磁力加热搅拌器，烧杯，布氏漏斗，吸滤瓶，真空泵，天平。

NaCl(粗)，Na_2CO_3(饱和)，HCl($2\ mol \cdot L^{-1}$，$6\ mol \cdot L^{-1}$)，$(NH_4)_2C_2O_4$(饱和)，$BaCl_2$($1\ mol \cdot L^{-1}$)，NaOH($2\ mol \cdot L^{-1}$，$6\ mol \cdot L^{-1}$)，HAc($2\ mol \cdot L^{-1}$)，镁试剂(对硝基偶氮间苯二酚)，精密 pH 试纸。

【实验步骤】

1. NaCl 的提纯

(1) 粗食盐溶解。称取 20 g 粗食盐于 250 mL 烧杯中，加入 80 mL 水，加热搅拌加速溶解，不溶性杂质沉于底部。

(2) 除 SO_4^{2-}。继续加热溶液至沸，边搅拌边滴加 $1\ mol \cdot L^{-1}$ $BaCl_2$ 溶液约 3～5 mL，继续加热 5 min。适当放置一段时间，进行陈化，以利于沉淀颗粒长大而易于沉降。待沉降后取少量上清液于试管中，加 1～2 滴 $1\ mol \cdot L^{-1}$ $BaCl_2$ 溶液，如有混浊，表示 SO_4^{2-} 尚未除尽，需再加 $BaCl_2$ 溶液，再检验，循环往复直至不再产生浑浊，则表示 SO_4^{2-} 已除尽。吸滤，弃去沉淀。

(3) 除 Ca^{2+}、Mg^{2+} 和过量的 Ba^{2+} 等阳离子。将上步实验的滤液加热至沸，加入适量的（约 1 mL）$2\ mol \cdot L^{-1}$ NaOH 溶液，边搅拌边滴加饱和 Na_2CO_3 溶液，至滴入 Na_2CO_3 溶液不生成沉淀为止，再多加 0.5 mL Na_2CO_3 溶液，静置（或离心分离）。用滴管取上清液于试管中，再加几滴 Na_2CO_3，如有混浊，则表示 Ba^{2+} 未除尽，继续加 Na_2CO_3 溶液，直至除尽为止。测 pH，记录 Na_2CO_3 用量。吸滤，弃去沉淀。

(4) 除去过量的 CO_3^{2-}。向溶液中滴加 $2\ mol \cdot L^{-1}$ HCl，加热搅拌，中和到溶液呈微酸性（pH 为 3～4）。

(5) 浓缩与结晶。在蒸发皿中把溶液浓缩至有晶膜或沉淀出现，且不可蒸干。冷却结晶，抽滤至布氏漏斗下端无水滴。用少量乙醇洗涤，抽滤。将 NaCl 晶体转移到蒸发皿中，在石棉网上用小火烘炒，用玻璃棒不断翻动。当无水蒸气逸出后，改用高温烘炒数分钟，即得到洁白且松散的 NaCl 粉末。冷却至室温，称量，计算产率。

2. 产品纯度的检验

取粗食盐和提纯后的产品 NaCl 各 1 g，分别溶于约 5 mL 蒸馏水中，然后用下列方法对离子进行定性检验（记录在表 9-2 中）并比较二者的纯度。

（1）SO_4^{2-} 的检验。在两支试管中分别加入上述粗、纯 NaCl 溶液约 1 mL，分别加入 2 滴 6 $mol \cdot L^{-1}$ HCl 和 2 滴 1 $mol \cdot L^{-1}$ $BaCl_2$ 溶液，观察其现象。

（2）Ca^{2+} 检验。在两支试管中分别加入粗、纯 NaCl 溶液约 1 mL，加 2 $mol \cdot L^{-1}$ HAc 使呈酸性，再分别加入 3～4 滴饱和草酸铵溶液，观察现象（草酸钙 CaC_2O_4 为难溶盐）。

（3）Mg^{2+} 检验。在两支试管中分别加入粗、纯 NaCl 溶液约 1 mL，先各加入约 5 滴 6 $mol \cdot L^{-1}$ NaOH，摇匀，再分别加 2 滴镁试剂溶液，溶液有蓝色絮状沉淀时，表示有镁离子存在。反之，若溶液仍为紫色，表示无镁离子存在。

表 9-2　实验现象记录及结论

检验项目	检验方法	被检溶液	实验现象	结论
SO_4^{2-}	加入 6 $mol \cdot L^{-1}$ HCl，1 $mol \cdot L^{-1}$ $BaCl_2$	1 mL 粗 NaCl 溶液		
		1 mL 纯 NaCl 溶液		
Ca^{2+}	饱和 $(NH_4)_2C_2O_4$ 溶液	1 mL 粗 NaCl 溶液		
		1 mL 纯 NaCl 溶液		
Mg^{2+}	6 $mol \cdot L^{-1}$ NaOH，镁试剂	1 mL 粗 NaCl 溶液		
		1 mL 纯 NaCl 溶液		

【思考题】

1. 在除去 Ca^{2+}、Mg^{2+}、SO_4^{2-} 时为何先加 $BaCl_2$ 溶液，然后再加 Na_2CO_3 溶液？

2. 能否用 $CaCl_2$ 代替毒性大的 $BaCl_2$ 来除去食盐中的 SO_4^{2-}？

3. 在除 Ca^{2+}、Mg^{2+}、SO_4^{2-} 等杂质离子时，能否用其他可溶性碳酸盐代替 Na_2CO_3？

4. 加 HCl 除去 CO_3^{2-} 时，为什么要把溶液的 pH 调至 3～4？是否可以调至恰好为中性？（提示：从溶液中 H_2CO_3、HCO_3^- 和 CO_3^{2-} 浓度的比值与 pH 值的关系去考虑）。该步能否用别的酸代替？为什么？

【附注】

镁试剂是一种有机染料，它在酸性溶液中呈黄色，在碱性溶液中呈红色或紫色。但被 $Mg(OH)_2$ 沉淀吸附后，则呈蓝色，因此可以用来检验 Mg^{2+} 的存在。

实验三　醋酸解离常数的测定

【实验目的】

1. 了解 pH 法和半中和法测定弱酸解离常数的原理和方法。加深对弱电解质解离常数、解离度和解离平衡的理解。

2. 学习正确使用酸度计。

【实验原理】

乙酸（CH_3COOH，俗称醋酸，记为 HAc）是弱电解质，在水溶液中存在下列解离平衡：

$$HAc \rightleftharpoons H^+ + Ac^-$$

平衡常数表达式为：

$$K_a^\ominus = \frac{c(H^+)c(Ac^-)}{c(HAc)} \tag{1}$$

若 c 为 HAc 起始浓度，$c(H^+)$、$c(Ac^-)$、$c(HAc)$ 分别为氢离子、醋酸根、醋酸的平衡浓度（浓度均为相对浓度），$K_a^\ominus$ 为解离平衡常数，则在溶液中 $c(H^+)=c(Ac^-)$，$c(HAc)=c-c(H^+)$。当解离度 $\alpha<5\%$时，可以近似处理为 $c(HAc)\approx c$。

实验中用酸度计测出已知浓度 HAc 的 pH，即可求出 HAc 的解离常数和解离度。这种方法称为 pH 法。

若用 NaOH 溶液滴定 HAc 溶液，当 HAc 被中和一半时，则溶液中剩余的 HAc 浓度恰好等于生成的 Ac^- 浓度。即 $c(HAc)=c(Ac^-)$，此时式（1）变为：

$$c(H^+)=K_a^\ominus \tag{2}$$

实验中用酸度计（亦称 pH 计）测出 HAc 和 NaAc 混合溶液的 pH，即得醋酸的解离常数，这种方法也称为半中和法。

【实验用品】

酸度计，移液管，吸量管，容量瓶，烧杯，滤纸。

标准缓冲溶液（pH 为 4～5），HAc 标准溶液（$0.25\ mol \cdot L^{-1}$），NaOH 标准溶液。

【实验步骤】

1. pH 法

（1）配制不同浓度的 HAc 溶液。用移液管和吸量管取 25 mL、5 mL 和 2.5 mL 标准 HAc 溶液（$0.25\ mol \cdot L^{-1}$），分别放入 50 mL 容量瓶中，用蒸馏水稀释至刻度，摇匀。计算出各 HAc 溶液的浓度。

（2）测定 HAc 溶液的 pH。将稀释好的三种 HAc 溶液和 HAc 标准溶液，分别倒入四个干燥的小烧杯中，按从稀至浓的次序分别用 pH 计测定 pH（准确至 0.01）。

2. 半中和法

（1）溶液的配制。取 HAc 标准溶液 15 mL，按中和其一半的量加入准确浓度的 NaOH 标准溶液，记下总体积。

（2）测定混合溶液的 pH。测定混合溶液的 pH，然后将溶液稀释至原浓度的一半后再测定其 pH。

【数据记录与结果处理】

1. pH 法所测数据和处理结果（填入表 9-3）

表 9-3　pH 法测定 HAc 溶液数据记录与结果

溶液编号	c	pH	$c(H^+)$	α	$K_a^\ominus$
1					
2					
3					
4					
$K_a^\ominus$ 平均值					

2. 半中和法所测数据和处理结果（填入表 9-4 中）

表 9-4 半中和法测定 HAc 和 NaAc 混合溶液数据记录与结果

溶液编号	$c(\mathrm{HAc})$	$c(\mathrm{Ac^-})$	pH	$c(\mathrm{H^+})$	α	$K_a^\ominus$
1						
2						
$K_a^\ominus$ 平均值						

【思考题】

1. 用测定数据说明弱电解质的解离度与溶液浓度的关系。
2. 使用酸度计的操作应注意什么？

实验四　由废铁屑制备水合硫酸亚铁和莫尔盐

【实验目的】

1. 了解由活泼金属制备盐的方法、复盐的特性和目视比色的方法。
2. 掌握无机化合物制备中溶解、直接加热、水浴加热、蒸发浓缩、结晶、减压过滤等基本操作。
3. 制备水合硫酸亚铁和复盐硫酸亚铁铵。

【实验原理】

铁为活泼金属，溶于酸中可制备相关的盐，如制备 $FeSO_4$ 和 $FeCl_2$ 等。亚铁盐晶体在空气中易被氧化，但生成溶解度较小的硫酸亚铁铵复盐却较为稳定。

硫酸亚铁铵又称莫尔盐，为浅蓝绿色晶体，溶于水，几乎不溶于乙醇，在空气中比亚铁盐稳定，低毒。硫酸亚铁铵是一种重要的化工原料，用途十分广泛。在无机化学工业中，它是制取其他铁化合物的原料，如用于制造氧化铁系颜料、磁性材料、黄血盐和其他铁盐等。它可以作净水剂，可用作印染工业的媒染剂，在制革工业中可用于鞣革，在木材工业中可用作防腐剂，在医药行业中用于治疗缺铁性贫血，在农业中用于改良缺铁性土壤，在畜牧业中用作饲料添加剂等，还可以与鞣酸、没食子酸等混合后配制蓝黑墨水。因分子量大、性质相对稳定，分析化学中用以做基准物质，配制亚铁离子标准溶液。

莫尔盐是一种经典的复盐。除锂外，碱金属盐尤其是硫酸盐和卤化物具有形成复盐的能力。复盐的类型通常有卤化物形成的光卤石类和硫酸盐形成的莫尔盐和明矾类。复盐的溶解度比其他组分的溶解度要小。

本实验先将铁屑溶于稀硫酸中生成 $FeSO_4$ 溶液：

$$Fe + H_2SO_4 = FeSO_4 + H_2\uparrow$$

由于铁屑来源于工厂车间碎屑，其成分复杂，因此生成的氢气中常含有其他有气味和毒性的气体，所以尾气要用碱吸收后再排放。

等物质的量的 $FeSO_4$ 和 $(NH_4)_2SO_4$ 混合则生成溶解度较小的硫酸亚铁铵复盐晶体。

$$FeSO_4 + (NH_4)_2SO_4 + 6H_2O = (NH_4)_2SO_4 \cdot FeSO_4 \cdot 6H_2O$$

该产品中有 SO_4^{2-}、Fe^{2+} 和 NH_4^+，还可能含有微量 Fe^{3+}。SO_4^{2-} 可用 $BaCl_2$ 检验其存

在，Fe^{2+} 和 NH_4^+ 可用 NaOH 溶液检验，反应方程式如下：

$$Ba^{2+} + SO_4^{2-} \xlongequal{} BaSO_4 \downarrow$$

$$Fe^{2+} + 2OH^- \xlongequal{} Fe(OH)_2 \downarrow$$

$$NH_4^+ + OH^- \xlongequal{\triangle} NH_3 \uparrow + H_2O$$

$$4Fe(OH)_2 + O_2 + 2H_2O \xlongequal{\triangle} 4Fe(OH)_3 \downarrow$$

Fe^{3+} 含量采用目测比色法检验，Fe^{3+} 与 SCN^- 生成的配离子显红色，红色越深说明 Fe^{3+} 的含量越高，与标准浓度的样品比较，可确定产品的纯度。

$$Fe^{3+} + nSCN^- \rightleftharpoons [Fe(SCN)_n]^{3-n}$$

【实验用品】

电子台秤，循环水真空泵，恒温水浴箱，电加热板，布氏漏斗，吸滤瓶，蒸发皿，锥形瓶(250 mL)，量筒(10 mL，100 mL)，比色管(25 mL)，烧杯(100 mL)，试管。pH 试纸。

Na_2CO_3（5%），H_2SO_4（3.0 mol·L^{-1}），$BaCl_2$（0.10 mol·L^{-1}），KSCN（25%），NaOH(2.0 mol·L^{-1})，C_2H_5OH(无水)，$(NH_4)_2SO_4$(s)，$Fe_2(SO_4)_3$(s)，铁屑，铁粉(s)。

【实验步骤】

1. 硫酸亚铁的制备

(1) 铁屑处理。用台秤称取 4.0 g 铁屑置于小烧杯中，加约 20 mL5% 的 Na_2CO_3 溶液，小火加热几分钟以除去铁屑上的油污。用倾析法去掉碱液后，用水充分洗净铁屑。

(2) 反应。向锥形瓶内加入约 30 mL3 mol·L^{-1} 稀硫酸，连好尾气吸收装置，小火加热，在反应过程中适当补充蒸发掉的水分。待反应基本完全（产生氢气泡很少）后，趁热减压过滤。将滤液（硫酸亚铁）分成 2 等份，备用。

(3) 硫酸亚铁水合晶体制备。将 1 份硫酸亚铁滤液放入蒸发皿中，水浴加热蒸发浓缩（注意用玻璃棒将析出的晶体及时捅入溶液中，避免脱水氧化）至有晶膜出现，取下蒸发皿，使溶液慢慢冷却。冷却至室温后，减压过滤，得到 $FeSO_4 \cdot 7H_2O$ 晶体。

2. 硫酸亚铁铵的制备

称取 $(NH_4)_2SO_4$ 晶体 2.3 g，加到上述制备的另一份 $FeSO_4$ 滤液中，水浴加热，搅拌，待 $(NH_4)_2SO_4$ 全部溶解后，停止搅拌。用 3.0 mol·L^{-1} H_2SO_4 溶液调节至 pH 值 1～2 左右。继续加热蒸发浓缩至表面出现少量晶膜或少量不溶物后，停止加热（不可过度蒸发）。放置，使溶液慢慢冷却，析出 $FeSO_4 \cdot (NH_4)_2SO_4 \cdot 6H_2O$ 晶体。待冷却至室温后，减压过滤，用少量无水乙醇洗涤晶体两次。取出晶体，晾置使之充分干燥后称重，计算产率。观察晶体的颜色并用显微镜观察其形貌。

【产品检验】

1. SO_4^{2-}、Fe^{2+}、NH_4^+ 的检验

称取 1.0 g 产品置于小烧杯中，加蒸馏水溶解，配制成 25.0 mL 溶液。量取 2.0 mL 上述试液于一试管中，加入 1 滴 0.10 mol·L^{-1} $BaCl_2$ 溶液。若有白色沉淀生成，说明产品中有 SO_4^{2-} 存在。

量取 5.0 mL 上述试液于另一试管中，加入 2.0 mol·L^{-1}NaOH 溶液 1.0 mL。若生成白色胶状沉淀，加热沉淀转化为红棕色，并有氨气放出（使湿润的 pH 试纸变蓝），证明产品中存在 Fe^{2+} 和 NH_4^+。

由以上结果说明复盐的性质。

2. Fe^{3+} 的含量分析

称取 1.0 g 产品置于 25.00 mL 比色管中，用 15.0 mL 不含 O_2 的蒸馏水溶解（将去离子水事先用小火煮沸 10 min，除去所溶解的 O_2，盖好表面皿后冷却备用），加入 3.0 mol·L^{-1} H_2SO_4 溶液 1.0 mL 和 25%KSCN 溶液 1.0 mL，再加不含 O_2 的蒸馏水稀释至 25.0 mL，摇匀。与下列 Fe^{3+} 的标准溶液比较颜色，确定试样中 Fe^{3+} 含量符合哪一级试剂的规格，此法称目视比色法。

Ⅰ级试剂含 Fe^{3+} 0.05 mg·g^{-1}；Ⅱ级试剂含 Fe^{3+} 0.1 mg·g^{-1}；Ⅲ级试剂含 Fe^{3+} 0.2 mg·g^{-1}。

【思考题】

1. 铁屑与硫酸反应，为何要进行尾气吸收？尾气吸收装置应如何搭建使装置稳定并充分吸收尾气？反应完毕碱液还有何作用？如何使用？

2. 制备硫酸亚铁时，为什么必须保持溶液呈酸性？

3. 硫酸亚铁与硫酸铵一起加热制备硫酸亚铁铵时，蒸发掉的水为什么不能过少也不能过多？若蒸发过度，会有什么后果？应如何继续处理以得到高质量的产品？

【附注】三价铁标准溶液的配制

先配制浓度为 0.01 mg·mL^{-1} 的 Fe^{3+} 标准溶液。用移液管取 5 mLFe^{3+} 溶液于比色管中，加 2 mL3 mol·$L^{-1}$$H_2SO_4$ 和 1 mL25%的 KSCN 溶液，用除氧蒸馏水稀释至 25 mL，摇匀，得到Ⅰ级试剂标准溶液，其中含 Fe^{3+}0.05 mg。同样分别取 10 mL、20 mLFe^{3+} 的标准溶液，可配制成Ⅱ级和Ⅲ级试剂标准溶液，其中分别含铁 0.10 mg 和 0.20 mg。

附　录

附录 1　常用物理化学常数

常数	符号和数值
阿伏伽德罗常数	$N_A=6.0221367(36)\times10^{23}\,mol^{-1}$
电子电荷量	$e=1.60217733(49)\times10^{-19}\,C$
电子静止质量	$m_e=9.1093897(54)\times10^{-31}\,kg$
法拉第常数	$F=96485.309(29)\,C\cdot mol^{-1}$
普朗克常量	$h=6.6260755\ (40)\ \times10^{-34}\,J\cdot s$
玻尔兹曼常量	$k=1.380658\ (12)\ \times10^{-23}\,J\cdot K^{-1}$
摩尔气体常数	$R=8.314510\ (70)\ J\cdot K^{-1}mol^{-1}$
玻尔磁子	$\mu_B=9.2740154\ (31)\ \times10^{-24}\,J\cdot T^{-1}$
里德堡常数	$R_\infty=1.0973731534\ (13)\ \times10^{7}\,m^{-1}$
标准大气压	atm＝101.325kPa
真空中的光速	$c_0=299792458\,m\cdot s^{-1}$
原子的质量单位	$u=1.6605402\ (10)\ \times10^{-27}\,kg$

注：本表数据摘自 James G. Speight. LANGE' s Handbook of Chemistry. 16th ed. New York：McGraw－Hill Companies Inc，2005：Table 4. 3.

附录 2　常用换算关系

物理量	换算关系
长度	$1Å-1\times10^{-10}\,m=100\ pm=0.1\ nm$ 1 in＝2.54 cm
能量	1 cal＝4.184 J $1\ eV=1.602\times10^{-19}\,J$
温度	$t_F/℉=1.8t/℃+32$ $T/K=t/℃+273.15$
压力	$1Pa=1\ N\cdot m^{-2}$ 1 atm＝760 mmHg＝101.325 kPa 1 mmHg＝1 torr＝133.3 Pa $1\ bar=10^5\ Pa$

续表

物理量	换算关系
质量	1lb=0.454 kg 1oz=28.3g
电量	1esu=3.335×10^{-10}C
偶极矩	1D(debye)=3.33564×10^{-30} C·m
其他	1cm^{-1} 相当于 1.986×10^{-23}J=0.124meV 1eV 相当于 96.485 kJ·mol^{-1},8065.5cm^{-1} R =1.986 cal·mol^{-1}·K^{-1}=0.082 06 dm^3·atm·mol^{-1}·K^{-1} =8.314 J·mol^{-1}·K^{-1}=8.314 kPa·dm^3·mol^{-1}·K^{-1}

附录 3 元素的一些性质

原子序数	元素名称	元素符号	电子结构式	原子半径/pm	第一电离能 I_1/kJ·mol^{-1}	第一电子亲和能 E_1/kJ·mol^{-1}	电负性 χ
1	氢	H	$1s^1$	30	1312.0	72.77	2.20
2	氦	He	$1s^2$	140	2372.3	—	—
3	锂	Li	[He] $2s^1$	152	520.2	59.63	0.98
4	铍	Be	[He] $2s^2$	111.3	899.5	—	1.57
5	硼	B	[He] $2s^2 2p^1$	88	800.6	26.99	2.04
6	碳	C	[He] $2s^2 2p^2$	77.2	1086.5	121.78	2.55
7	氮	N	[He] $2s^2 2p^3$	70	1402.3	—	3.04
8	氧	O	[He] $2s^2 2p^4$	66	1313.9	140.98	3.44
9	氟	F	[He] $2s^2 2p^5$	64	1681.0	328.16	3.98
10	氖	Ne	[He] $2s^2 2p^6$	154	2080.7	—	—
11	钠	Na	[Ne] $3s^1$	186	495.8	52.87	0.93
12	镁	Mg	[Ne] $3s^2$	160	737.7	—	1.31
13	铝	Al	[Ne] $3s^2 3p^1$	143.1	577.5	41.76	1.61
14	硅	Si	[Ne] $3s^2 3p^2$	117	786.5	134.07	1.90
15	磷	P	[Ne] $3s^2 3p^3$	110	1011.8	72.04	2.19
16	硫	S	[Ne] $3s^2 3p^4$	104	999.6	200.41	2.58
17	氯	Cl	[Ne] $3s^2 3p^5$	99	1251.2	348.57	3.16
18	氩	Ar	[Ne] $3s^2 3p^6$	192	1520.6	—	—
19	钾	K	[Ar] $4s^1$	232	418.8	48.38	0.82
20	钙	Ca	[Ar] $4s^2$	197	589.8	2.37	1.00
21	钪	Sc	[Ar] $3d^1 4s^2$	162	633.1	18.14	1.36
22	钛	Ti	[Ar] $3d^2 4s^2$	147	658.8	7.29	1.54
23	钒	V	[Ar] $3d^3 4s^2$	134	650.9	50.65	1.63
24	铬	Cr	[Ar] $3d^5 4s^1$	128	652.9	65.21	1.66
25	锰	Mn	[Ar] $3d^5 4s^2$	127	717.3	—	1.55
26	铁	Fe	[Ar] $3d^6 4s^2$	126	762.5	14.57	1.83

续表

原子序数	元素名称	元素符号	电子结构式	原子半径/pm	第一电离能 I_1/kJ·mol^{-1}	第一电子亲和能 E_1/kJ·mol^{-1}	电负性 χ
27	钴	Co	[Ar] $3d^7 4s^2$	125	760.4	63.90	1.88
28	镍	Ni	[Ar] $3d^8 4s^2$	124	737.1	111.65	1.91
29	铜	Cu	[Ar] $3d^{10} 4s^1$	128	745.5	119.23	1.90
30	锌	Zn	[Ar] $3d^{10} 4s^2$	134	906.4	—	1.65
31	镓	Ga	[Ar] $3d^{10} 4s^2 4p^1$	153*	578.8	41.49	1.81
32	锗	Ge	[Ar] $3d^{10} 4s^2 4p^2$	128	762.2	118.94	2.01
33	砷	As	[Ar] $3d^{10} 4s^2 4p^3$	121	944.5	77.57	2.01
34	硒	Se	[Ar] $3d^{10} 4s^2 4p^4$	117	941.0	194.96	2.55
35	溴	Br	[Ar] $3d^{10} 4s^2 4p^5$	114	1139.9	324.54	2.96
36	氪	Kr	[Ar] $3d^{10} 4s^2 4p^6$	198	1350.8	—	—
37	铷	Rb	[Kr] $5s^1$	248	403.0	46.88	0.82
38	锶	Sr	[Kr] $5s^2$	215	549.5	5.02	0.95
39	钇	Y	[Kr] $4d^1 5s^2$	180	599.9	29.62	1.22
40	锆	Zr	[Kr] $4d^2 5s^2$	160	640.1	41.10	1.33
41	铌	Nb	[Kr] $4d^4 5s^1$	146	652.1	88.52	1.6
42	钼	Mo	[Kr] $4d^5 5s^1$	139	684.3	72.10	2.16
43	锝	Tc	[Kr] $4d^5 5s^2$	136	702.4	(53.07)	2.10
44	钌	Ru	[Kr] $4d^7 5s^1$	134	710.2	(100.96)	2.2
45	铑	Rh	[Kr] $4d^8 5s^1$	134	719.7	110.27	2.28
46	钯	Pd	[Kr] $4d^{10}$	137	804.4	54.24	2.20
47	银	Ag	[Kr] $4d^{10} 5s^1$	144	731.0	125.86	1.93
48	镉	Cd	[Kr] $4d^{10} 5s^2$	148.9	867.8	—	1.69
49	铟	In	[Kr] $4d^{10} 5s^2 5p^1$	167	558.3	38.98	1.78
50	锡	Sn	[Kr] $4d^{10} 5s^2 5p^2$	151	708.6	107.30	1.96
51	锑	Sb	[Kr] $4d^{10} 5s^2 5p^3$	145	830.6	101.06	2.05
52	碲	Te	[Kr] $4d^{10} 5s^2 5p^4$	137	869.3	190.16	2.10
53	碘	I	[Kr] $4d^{10} 5s^2 5p^5$	133	1008.4	295.15	2.66
54	氙	Xe	[Kr] $4d^{10} 5s^2 5p^6$	218	1170.3	—	2.60
55	铯	Cs	[Xe] $6s^1$	265	375.7	45.50	0.79
56	钡	Ba	[Xe] $6s^2$	217.3	502.9	13.95	0.89
57	镧	La	[Xe] $5d^1 6s^2$	183	538.1	53.07	1.10
58	铈	Ce	[Xe] $4f^1 5d^1 6s^2$	181.8	534.4		1.12
59	镨	Pr	[Xe] $4f^3 6s^2$	182.4	528.1		1.13
60	钕	Nd	[Xe] $4f^4 6s^2$	181.4	533.1		1.14
61	钷	Pm	[Xe] $4f^5 6s^2$	183.4	538.6		—
62	钐	Sm	[Xe] $4f^6 6s^2$	180.4	544.5		1.17
63	铕	Eu	[Xe] $4f^7 6s^2$	208.4	547.1		—
64	钆	Gd	[Xe] $4f^7 5d^1 6s^2$	180.4	593.4		1.20
65	铽	Tb	[Xe] $4f^9 6s^2$	177.3	565.8		—
66	镝	Dy	[Xe] $4f^{10} 6s^2$	178.1	573.0		1.22

续表

原子序数	元素名称	元素符号	电子结构式	原子半径/pm	第一电离能 I_1/kJ·mol^{-1}	第一电子亲和能 E_1/kJ·mol^{-1}	电负性 χ
67	钬	Ho	[Xe] $4f^{11}6s^2$	176.2	581.0		1.23
68	铒	Er	[Xe] $4f^{12}6s^2$	176.1	589.3		1.24
69	铥	Tm	[Xe] $4f^{13}6s^2$	175.9	596.7		1.25
70	镱	Yb	[Xe] $4f^{14}6s^2$	193.3	603.4		—
71	镥	Lu	[Xe] $4f^{14}5d^1 6s^2$	173.8	523.5		1.0
72	铪	Hf	[Xe] $4f^{14}5d^2 6s^2$	159	658.5	17.07	1.3
73	钽	Ta	[Xe] $4f^{14}5d^3 6s^2$	146	728.4	31.07	1.5
74	钨	W	[Xe] $4f^{14}5d^4 6s^2$	139	758.8	78.64	1.7
75	铼	Re	[Xe] $4f^{14}5d^5 6s^2$	137	755.8	5.83	1.9
76	锇	Os	[Xe] $4f^{14}5d^6 6s^2$	135	814.2	103.99	2.2
77	铱	Ir	[Xe] $4f^{14}5d^7 6s^2$	135.5	865.2	150.88	2.2
78	铂	Pt	[Xe] $4f^{14}5d^9 6s^1$	138.5	864.4	205.04	2.2
79	金	Au	[Xe] $4f^{14}5d^{10}6s^1$	144	890.1	222.75	2.4
80	汞	Hg	[Xe] $4f^{14}5d^{10}6s^2$	151	1007.1	—	1.9
81	铊	Tl	[Xe] $4f^{14}5d^{10}6s^2 6p^1$	170	589.4	36.37	1.8
82	铅	Pb	[Xe] $4f^{14}5d^{10}6s^2 6p^2$	175	715.6	34.42	1.8
83	铋	Bi	[Xe] $4f^{14}5d^{10}6s^2 6p^3$	154.7	702.9	90.92	1.9
84	钋	Po	[Xe] $4f^{14}5d^{10}6s^2 6p^4$	164	811.8	(183.32)	2.0
85	砹	At	[Xe] $4f^{14}5d^{10}6s^2 6p^5$			(270.16)	2.2
86	氡	Rn	[Xe] $4f^{14}5d^{10}6s^2 6p^6$		1037.1	(—)	—
87	钫	Fr	[Rn] $7s^1$	270	393.0	(44.38)	0.7
88	镭	Ra	[Rn] $7s^2$	(220)	509.3	(9.65)	0.9
89	锕	Ac	[Rn] $6d^1 7s^2$	187.8	519.2	(33.77)	1.1
90	钍	Th	[Rn] $6d^2 7s^2$	179	608.5		1.3
91	镤	Pa	[Rn] $5f^2 6d^1 7s^2$	163	568.3		1.5
92	铀	U	[Rn] $5f^3 6d^1 7s^2$	156	597.6		1.7
93	镎	Np	[Rn] $5f^4 6d^1 7s^2$	155	604.5		1.3
94	钚	Pu	[Rn] $5f^6 7s^2$	159	581.4		1.3
95	镅	Am	[Rn] $5f^7 7s^2$	173	576.4		
96	锔	Cm	[Rn] $5f^7 6d^1 7s^2$	174	578.1		
97	锫	Bk	[Rn] $5f^9 7s^2$		598.0		
98	锎	Cf	[Rn] $5f^{10}7s^2$	186 (2)	606.1		
99	锿	Es	[Rn] $5f^{11}7s^2$	186 (2)	619.4		
100	镄	Fm	[Rn] $5f^{12}7s^2$		627.2		
101	钔	Md	[Rn] $5f^{13}7s^2$		634.9		
102	锘	No	[Rn] $5f^{14}7s^2$		641.6		
103	铹	Lr	[Rn] $5f^{14}6d^1 7s^2$		478.6		

注：本表中金属半径、共价半径数据分别摘自 James G. Speight. LANGE' s Handbook of Chemistry. 16th ed. New York：McGraw— Hill Companies Inc，2005：Table 1.31 和 Table 1.33；稀有气体的范德华半径为 Pauling 数据。标 * 数据摘自 A. F. Holleman，E. WIberg. Inorganic Chemistry. San Francisco：Academic Press，2001。其余数据均摘自 J. R. Rumble. CRC Handbook of Chemistry and Physics. 101st ed. Boca Raton：CRC Press Inc，2020-2021。原表中数据单位为 eV 的，本表中将其换算成 kJ·mol^{-1}。

附录 4 一些弱酸的解离常数

中文名称	英文名称	分子式	级数	温度/K	K_a	pK_a
硼酸	Boric acid	H_3BO_3	1	293	5.81×10^{-10}	9.236
碳酸	Carbonic acid	H_2CO_3	1	298	4.45×10^{-7}	6.352
			2	298	4.69×10^{-11}	10.329
叠氮酸	Hydrazoic acid	HN_3		298	2.40×10^{-5}	4.62
氢氰酸	Hydrocyanic acid	HCN		298	6.17×10^{-10}	9.21
氢氟酸	Hydrofluoric acid	HF		298	6.31×10^{-4}	3.20
过氧化氢	Hydrogen peroxide	H_2O_2	1	298	2.29×10^{-12}	11.64
次磷酸	Hydrogen phosphinate	H_3PO_2		298	5.89×10^{-2}	1.23
硫化氢	Hydrogen sulfide	H_2S	1	298	1.07×10^{-7}	6.97
			2	298	1.26×10^{-13}	12.90
次溴酸	Hypobromous acid	HBrO		298	2.82×10^{-9}	8.55
次氯酸	Hypochlorous acid	HClO		298	2.90×10^{-8}	7.537
次碘酸	Hypoiodous acid	HIO		298	3.16×10^{-11}	10.5
碘酸	Iodic acid	HIO_3		298	1.57×10^{-1}	0.804
亚硝酸	Nitrous acid	HNO_2		298	7.24×10^{-4}	3.14
高碘酸	Periodic acid	HIO_4		298	2.29×10^{-2}	1.64
磷酸	Phosphoric acid	H_3PO_4	1	298	7.11×10^{-3}	2.148
			2	298	6.34×10^{-8}	7.198
			3	298	4.79×10^{-13}	12.32
亚磷酸	Phosphorous acid	H_3PO_3	1	293	3.72×10^{-2}	1.43
			2	293	2.09×10^{-7}	6.68
焦磷酸	Pyrophosphoric acid	$H_4P_2O_7$	1	298	1.23×10^{-1}	0.91
			2	298	7.94×10^{-3}	2.10
			3	298	2.00×10^{-7}	6.70
			4	298	4.47×10^{-10}	9.35
硅酸	Silicic acid	H_4SiO_4	1	303	2.51×10^{-10}	9.60
			2	303	1.58×10^{-12}	11.8
硫酸	Sulfuric acid	H_2SO_4	2	298	1.02×10^{-2}	1.99
亚硫酸	Sulfurous acid	H_2SO_3	1	298	1.29×10^{-2}	1.89
			2	298	6.24×10^{-8}	7.205
四氟硼酸	Tetrafluoroboric acid	HBF_4		298	3.16×10^{-1}	0.5
乙酸	Acetic acid	CH_3COOH		298	1.75×10^{-5}	4.756
甲酸	Formic acid	HCOOH		298	1.77×10^{-4}	3.751
草酸	Oxalic acid	$H_2C_2O_4$	1	298	5.36×10^{-2}	1.271
			2	298	5.35×10^{-5}	4.272

注：本表数据摘自 James G. Speight “LANGE’ s Handbook of Chemistry” Table 1.74 和 Table 2.59，16th，edition 2005. pK_b 数据表中相应的质子化了的化合物的 pK_a 数据计算出。

附录 5 常见难溶电解质的溶度积

化学式	K_{sp}	pK_{sp}	化学式	K_{sp}	pK_{sp}
AgBr	5.35×10^{-13}	12.27	AgCl	1.77×10^{-10}	9.75
Ag_2CrO_4	1.12×10^{-12}	11.95	$AgNO_2$	6.0×10^{-4}	3.22
Ag_2SO_4	1.20×10^{-5}	4.92	Ag_2S	6.3×10^{-50}	49.20
AgI	8.52×10^{-17}	16.07	$Al(OH)_3$	1.3×10^{-33}	32.89
As_2S_3	2.1×10^{-22}	21.68	$BaCO_3$	2.58×10^{-9}	8.59
$BaCrO_4$	1.17×10^{-10}	9.93	$BaSO_4$	1.08×10^{-10}	9.97
$Be(OH)_2$	6.92×10^{-22}	21.16	Bi_2S_3	1×10^{-97}	97
$CaCO_3$	2.8×10^{-9}	8.54	CaF_2	5.3×10^{-9}	8.28
$Ca(OH)_2$	5.5×10^{-6}	5.26	$CaC_2O_4\cdot H_2O$	2.32×10^{-9}	8.63
$Ca_3(PO_4)_2$	2.07×10^{-29}	28.68	$CaSO_4$	4.93×10^{-5}	4.31
$Cr(OH)_3$	6.3×10^{-31}	30.20	CrF_3	6.6×10^{-11}	10.18
$Co(OH)_2$(新生成)	5.92×10^{-15}	14.23	$Co(OH)_3$	1.6×10^{-44}	43.80
α-CoS	4.0×10^{-21}	20.40	β-CoS	2.0×10^{-25}	24.70
CuCl	1.72×10^{-7}	6.76	CuI	1.27×10^{-12}	11.90
Cu_2S	2.5×10^{-48}	47.60	$Cu(OH)_2$	2.2×10^{-20}	19.66
$Cu(IO_3)_2$	6.94×10^{-8}	7.16	CuS	6.3×10^{-36}	35.20
FeF_2	2.36×10^{-6}	5.63	$Fe(OH)_2$	4.87×10^{-17}	16.31
FeS	6.3×10^{-18}	17.20	$Fe(OH)_3$	2.79×10^{-39}	38.55
$Pb(OAc)_2$	1.8×10^{-3}	2.75	$PbCO_3$	7.4×10^{-14}	13.13
$PbCl_2$	1.70×10^{-5}	4.77	$PbCrO_4$	2.8×10^{-13}	12.55
$Pb(OH)_2$	1.43×10^{-15}	14.84	$Pb(IO_3)_2$	3.69×10^{-13}	12.43
PbI_2	9.8×10^{-9}	8.01	PbS	8.0×10^{-28}	27.10
$PbSO_4$	2.53×10^{-8}	7.60	Li_2CO_3	2.5×10^{-2}	1.60
LiF	1.84×10^{-3}	2.74	Li_3PO_4	2.37×10^{-11}	10.63
$MgCO_3$	6.82×10^{-6}	5.17	MgF_2	5.16×10^{-11}	10.29
$Mg(OH)_2$	5.61×10^{-12}	11.25	$MnCO_3$	2.34×10^{-11}	10.63
$Mn(OH)_2$	1.9×10^{-13}	12.72	Hg_2Cl_2	1.43×10^{-18}	17.84
Hg_2I_2	5.2×10^{-29}	28.72	Hg_2SO_4	6.5×10^{-7}	6.19
Hg_2S	1.0×10^{-47}	47.0	HgI_2	2.9×10^{-29}	28.54
HgS(黑)	1.6×10^{-52}	51.80	$NiCO_3$	1.42×10^{-7}	6.85
$Ni(OH)_2$(新生成)	5.48×10^{-16}	15.26	β-NiS	1.0×10^{-24}	24.0
$K_2[SiF_6]$	8.7×10^{-7}	6.06	$KClO_4$	1.05×10^{-2}	1.98
$Na[Sb(OH)_6]$	4×10^{-8}	7.4	$Na_2[AlF_6]$	4.0×10^{-10}	9.39
TlCl	1.86×10^{-4}	3.73	TlI	5.54×10^{-8}	7.26
Tl_2S	5.0×10^{-21}	20.30	$Sn(OH)_2$	5.45×10^{-28}	27.26
$Sn(OH)_4$	1.0×10^{-56}	56	SnS	1.0×10^{-25}	25.00
$ZnCO_3$	1.46×10^{-10}	9.94	ZnF_2	3.04×10^{-2}	1.52
$Zn(OH)_2$	3×10^{-17}	16.5	$Zn_3(PO_4)_2$	9.0×10^{-33}	32.04
α-ZnS	1.6×10^{-24}	23.80	β-ZnS	2.5×10^{-22}	21.60

注：本表数据摘自 James G. Speight "LANGE' s handbook of chemistry" Table 1.71，16th，edtion 2005。

附录 6 一些单质和化合物的热力学数据(298.15 K, 100 kPa)

化学式	状态	$\Delta_f H_m^\ominus$/kJ·mol^{-1}	$\Delta_f G_m^\ominus$/kJ·mol^{-1}	$S_m^\ominus$/J·mol^{-1}·K
Ag	s	0.0	0.0	42.6
Ag_2CrO_4	s	−731.7	−641.8	217.6
Ag_2O	s	−31.1	−11.2	121.3
Ag_2S	s	−32.6	−40.7	144.0
Ag_2SO_4	s	−715.9	−618.4	200.4
AgCl	s	−127.0	−109.8	96.3
AgI	s	−61.8	−66.2	115.5
$AgNO_3$	s	−124.4	−33.4	140.9
Al	s	0.0	0.0	28.3
Al_2O_3	s	−1675.7	−1528.3	50.9
$AlCl_3$	s	−704.2	−628.8	109.3
AlF_3	s	−1510.4	−1431.1	66.5
Ar	g	0.0	0.0	154.8
B_2H_6	g	35.6	86.7	232.1
B_2O_3	s	−1273.5	−1194.3	54.0
BCl_3	l	−427.2	−387.4	206.3
BCl_3	g	−403.8	−388.7	290.1
BF_3	g	−1136.0	−1119.4	254.4
Ba	s	0.0	0.0	62.5
$Ba(OH)_2$	s	−944.7		
$BaCl_2$	s	−855.0	−806.7	123.7
$BaCO_3$	s	−1213.0	−1134.4	112.1
BaO	s	−548.0	−520.3	72.1
BaS	s	−460.0	−456.0	78.2
$BaSO_4$	s	−1473.2	−1362.2	132.2
Be	s	0.0	0.0	9.5
$Be(OH)_2$	s	−902.5	−815.0	45.5
$BeCl_2$	s	−490.4	−445.6	75.8
Bi	s	0.0	0.0	56.7
$Bi(OH)_3$	s	−711.3		
Bi_2S_3	s	−143.1	−140.6	200.4
$BiCl_3$,	s	−379.1	−315.0	177.0
Br_2	l	0.0	0.0	152.2
Br_2	g	30.9	3.1	245.5
C(石墨)	s	0.0	0.0	5.7
C(金刚石)	s	1.9	2.9	2.4
$COCl_2$	g	−219.1	−204.9	283.5
CCl_4	l	−128.2		
CO	g	−110.5	−137.2	197.7
CO_2	g	−393.5	−394.4	213.8
Ca	s	0.0	0.0	41.6
$Ca(OH)_2$	s	−985.2	−897.5	83.4
$Ca_3(PO_4)_2$	s	−4120.8	−3884.7	236.0
$CaCl_2$	s	−795.4	−748.8	108.4
$CaCO_3$(calcite)	s	−1207.6	−1129.1	91.7

续表

化学式	状态	$\Delta_f H_m^\ominus$/kJ·mol^{-1}	$\Delta_f G_m^\ominus$/kJ·mol^{-1}	$S_m^\ominus$/J·mol^{-1}·K
$CaCO_3$(aragonite)	s	−1207.8	−1128.2	88.0
CaH_2	s	−181.5	−142.5	41.4
CaO	s	−634.9	−603.3	38.1
Cl_2	g	0.0	0.0	223.1
$Co(OH)_2$	s	−539.7	−454.3	79.0
$CoCl_2$	s	−312.5	−269.8	109.2
CoO	s	−237.9	−214.2	53.0
CoS	s	−82.8		
$CoSO_4$	s	−888.3	−782.3	118.0
Cr	s	0.0	0.0	23.8
Cr_2O_3	s	−1139.7	−1058.1	81.2
Cu	s	0.0	0.0	33.2
$Cu(OH)_2$	s	−449.8		
Cu_2O	s	−168.6	−146.0	93.1
CuCl	s	−137.2	−119.9	86.2
$CuCl_2$	s	−220.1	−175.7	108.1
CuI	s	−67.8	−69.5	96.7
CuO	s	−157.3	−129.7	42.6
CuS	s	−53.1	−53.6	66.5
$CuSO_4$	s	−771.4	−662.2	109.2
F_2	g	0.0	0.0	202.8
Fe	s	0.0	0.0	27.3
Fe_2O_3	s	−824.2	−742.2	87.4
Fe_3O_4	s	−1118.4	−1015.4	146.4
$FeCl_2$	s	−341.8	−302.3	118.0
$FeCl_3$	s	−399.5	−334.0	142.3
FeS	s	−100.0	−100.4	60.3
$FeSO_4$	s	−928.4	−820.8	107.5
H_2	g	0.0	0.0	130.7
H_2O	l	−285.8	−237.1	−70.0
H_2O	g	−241.8	−228.6	188.8
H_2O_2	l	−187.8	−120.4	109.6
H_2S	g	−20.6	−33.4	205.8
H_2SiO_3	s	−1188.7	−1092.4	134.0
H_2SO_4	l	−814.0	−690.0	156.9
H_3PO_4	s	−1284.4	−1124.3	110.5
H_4SiO_4	s	−1481.1	−1332.9	192.0
HBr	g	−36.3	−53.4	198.7
HCl	g	−92.3	−95.3	186.9
He	g	0.0	0.0	126.2
HF	l	−299.8		
HF	g	−273.3	−275.4	173.8
Hg	l	0.0	0.0	75.9
Hg	g	61.4	31.8	175.0
Hg_2Cl_2	s	−265.4	−210.7	191.6
$HgBr_2$	s	−170.7	−153.1	172.0
$HgCl_2$	s	−224.3	−178.6	146.0
HgI_2	s	−105.4	−101.7	180.0
HgO	s	−90.8	−58.5	70.3
HgS	s	−58.2	−50.6	82.4

续表

化学式	状态	$\Delta_f H_m^{\ominus}$/kJ·mol^{-1}	$\Delta_f G_m^{\ominus}$/kJ·mol^{-1}	$S_m^{\ominus}$/J·mol^{-1}·K
$HgSO_4$	s	−707.5		
HI	g	26.5	1.7	206.6
HNO_2	g	−79.5	−46.0	254.1
HNO_3	l	−174.1	−80.7	155.6
I_2	s	0.0	0.0	116.1
I_2	g	62.4	19.3	260.7
K	s	0.0	0.0	64.7
K_2CO_3	s	−1151.0	−1063.5	155.5
K_2O	s	−361.5		
K_2O_2	s	−494.1	−425.1	102.1
K_2SiF_6	S	−2956.0	−2798.6	226.0
K_2SO_4	s	−1437.8	−1321.4	175.6
KCl	s	−436.5	−408.5	82.6
$KClO_3$	s	−397.7	−296.3	143.1
$KClO_4$	s	−432.8	−303.1	151.0
$KHCO_3$	s	−963.2	−863.5	115.5
KI	s	−327.9	−324.9	106.3
$KMnO_4$	s	−837.2	−737.6	171.7
KNO_2	s	−369.8	−306.6	152.1
KNO_3	s	−494.6	−394.9	133.1
KO_2	s	−284.9	−239.4	116.7
KOH	s	−424.6	−379.4	81.2
KSCN	s	−200.2	−178.3	124.3
Li	s	0.0	0.0	29.1
Li_2CO_3	s	−1215.9	−1132.1	90.4
Li_2SO_4	s	−1436.5	−1321.7	115.1
LiF	s	−616.0	−587.7	35.7
LiOH	s	−487.5	−441.5	42.8
Mg	s	0.0	0.0	32.7
$Mg(OH)_2$	s	−924.5	−833.5	63.2
$MgCl_2$	s	−641.3	−591.8	89.6
$MgCO_3$	s	−1095.8	−1012.1	65.7
MgO	s	−601.6	−569.3	27.0
$MgSO_4$	s	−1284.9	−1170.6	91.6
Mn	s	0.0	0.0	32.0
$MnCl_2$	s	−481.3	−440.5	118.2
$MnCO_3$	s	−894.1	−816.7	85.8
MnO	s	−385.2	−362.9	59.7
MnO_2	s	−520.0	−465.1	53.1
MnS	s	−214.2	−218.4	78.2
N_2	g	0.0	0.0	191.6
NO	g	91.3	87.6	210.8
N_2O_3	g	86.6	142.4	314.7
NO_2	g	33.2	51.3	240.1
N_2O_4	l	−19.5	97.5	209.2
N_2O_4	g	11.1	99.8	304.4
N_2O_5	s	−43.1	113.9	178.2
NF_3	g	−132.1	−90.6	260.8
NH_3	g	−45.9	−16.4	192.8
NH_4Cl	s	−314.4	−202.9	94.6

续表

化学式	状态	$\Delta_f H_m^\ominus$/kJ·mol^{-1}	$\Delta_f G_m^\ominus$/kJ·mol^{-1}	$S_m^\ominus$/J·mol^{-1}·K
NH_4F	s	−464.0	−348.7	72.0
Na	s	0.0	0.0	51.3
Na_2CO_3	s	−1130.7	−1044.4	135.0
Na_2HPO_4	s	−1748.1	−1608.2	150.5
Na_2O	s	−414.2	−375.5	75.1
Na_2O_2	s	−510.9	−447.7	95.0
Na_2S	s	−364.8	−349.8	83.7
Na_2SiF_6	s	−2909.6	−2754.2	207.1
Na_2SiO_3	s	−1554.9	−1462.8	113.9
Na_2SO_3	s	−1100.8	−1012.5	145.9
Na_2SO_4	s	−1387.1	−1270.2	149.6
NaCl	s	−411.2	−384.1	72.1
NaF	s	−576.6	−546.3	51.1
$NaHCO_3$	s	−950.8	−851.0	101.7
$NaHSO_4$	s	−1125.5	−992.8	113.0
$NaNO_2$	s	−358.7	−284.6	103.8
$NaNO_3$	s	−467.9	−367.0	116.5
NaOH	s	−425.8	−379.5	64.4
NaO_2	s	−260.2	−218.4	115.9
Ni	s	0.0	0.0	29.9
Ni_2O_3	s	−489.5		
NiS	s	−82.0	−79.5	53.0
$NiSO_4$	s	−872.9	−759.7	92.0
O_2	g	0.0	0.0	205.2
O_3	g	142.7	163.2	238.9
P(白)	s	0.0	0.0	41.1
Pb_3O_4	s	−718.4	−601.2	211.3
$PbCl_2$	s	−359.4	−314.1	136.0
$PbCO_3$	s	−699.1	−625.5	131.0
PbI_2	s	−175.5	−173.6	174.9
PbO	s	−217.3	−187.9	68.7
PbO_2	s	−277.4	−217.3	68.6
PbS	s	−100.4	−98.7	91.2
PCl_3	l	−319.7	−272.3	217.1
PCl_3	g	−287.0	−267.8	311.8
PCl_5	g	−374.9	−305.0	364.6
PF_5	g	−1594.4	−1520.7	300.8
Sb_2O_3	s	−971.9	−829.2	125.1
$SiCl_4$	l	−687.0	−619.8	239.7
SiF_4	g	−1615.0	−1572.8	282.8
SiO_2	s	−910.7	−856.3	41.5
Sn(白)	s	0.0		51.2
Sn(灰)	s	−2.1	0.1	44.1
$Sn(OH)_2$	s	−561.1	−491.6	155.0
$SnCl_2$	s	−325.1		
$SnCl_4$	l	−511.3	−440.1	258.6
SnS	s	−100.0	−98.3	77.0
SF_4	g	−763.2	−722.0	299.6
SF_6	g	−1220.5	−1116.5	291.5
SO_2	g	−296.8	−300.1	248.2

续表

化学式	状态	$\Delta_f H_m^\ominus$/kJ·mol^{-1}	$\Delta_f G_m^\ominus$/kJ·mol^{-1}	$S_m^\ominus$/J·mol^{-1}·K
SO_3	s	−454.5	−374.2	70.7
SO_3	l	−441.0	−373.8	113.8
SO_3	g	−395.7	−371.1	256.8
Ti	s	0.0	0.0	30.7
$TiCl_4$	l	−804.2	−737.2	252.2
TiO_2	s	−944.0	−888.8	50.6
Zn	s	0.0	0.0	41.6
$Zn(NO_3)_2$	s	−483.7		
$Zn(OH)_2$	s	−641.9	−553.5	81.2
$ZnCl_2$	s	−415.1	−369.4	111.5
$ZnCO_3$	s	−812.8	−731.5	82.4
ZnO	s	−350.5	−320.5	43.7
ZnS	s	−206.0	−201.3	57.7
$ZnSO_4$	s	−982.8	−871.5	110.5

注：本表摘自 J. R. Rumble. CRC Handbook of Chemistry and Physics. 101st ed. Boca Raton：CRC Press Inc，2020-2021：5-3～5-41.

附录 7 标准电极电势（298.15 K）

电对符号	电极反应 氧化型 + ze$^-$ ⇌ 还原型	$E^\ominus$/V
Li^+/Li	$Li^+ + e^- \rightleftharpoons Li$	−3.0401
K^+/K	$K^+ + e^- \rightleftharpoons K$	−2.931
Ba^{2+}/Ba	$Ba^{2+} + 2e^- \rightleftharpoons Ba$	−2.912
Sr^{2+}/Sr	$Sr^{2+} + 2e^- \rightleftharpoons Sr$	−2.899
Ca^{2+}/Ca	$Ca^{2+} + 2e^- \rightleftharpoons Ca$	−2.868
Na^+/Na	$Na^+ + e^- \rightleftharpoons Na$	−2.71
La^{3+}/La	$La^{3+} + 3e^- \rightleftharpoons La$	−2.379
Mg^{2+}/Mg	$Mg^{2+} + 2e^- \rightleftharpoons Mg$	−2.372
Be^{2+}/Be	$Be^{2+} + 2e^- \rightleftharpoons Be$	−1.847
Al^{3+}/Al	$Al^{3+} + 3e^- \rightleftharpoons Al$	−1.676
Ti^{3+}/Ti	$Ti^{3+} + 3e^- \rightleftharpoons Ti$	−1.209
Mn^{2+}/Mn	$Mn^{2+} + 2e^- \rightleftharpoons Mn$	−1.185
V^{2+}/V	$V^{2+} + 2e^- \rightleftharpoons V$	−1.175
Cr^{2+}/Cr	$Cr^{2+} + 2e^- \rightleftharpoons Cr$	−0.913
Zn^{2+}/Zn	$Zn^{2+} + 2e^- \rightleftharpoons Zn$	−0.7618
Ga^{3+}/Ga	$Ga^{3+} + 3e^- \rightleftharpoons Ga$	−0.549
H_3PO_2/P	$H_3PO_2 + H^+ + e^- \rightleftharpoons P + 2H_2O$	−0.508
Fe^{2+}/Fe	$Fe^{2+} + 2e^- \rightleftharpoons Fe$	−0.447
Cd^{2+}/Cd	$Cd^{2+} + 2e^- \rightleftharpoons Cd$	−0.4030
In^{3+}/In	$In^{3+} + 3e^- \rightleftharpoons In$	−0.3382

续表

电对符号	电极反应 氧化型 + ze^- $\rightleftharpoons$ 还原型	$E^\ominus$/V
Tl^+/Tl	$Tl^+ + e^- \rightleftharpoons Tl$	−0.336
Co^{2+}/Co	$Co^{2+} + 2e^- \rightleftharpoons Co$	−0.28
Ni^{2+}/Ni	$Ni^{2+} + 2e^- \rightleftharpoons Ni$	−0.257
Sn^{2+}/Sn	$Sn^{2+} + 2e^- \rightleftharpoons Sn$	−0.1375
Pb^{2+}/Pb	$Pb^{2+} + 2e^- \rightleftharpoons Pb$	−0.1262
H^+/H_2	$2H^+ + 2e^- \rightleftharpoons H_2$	0.00000
MoO_3/Mo	$MoO_3 + 6H^+ + 6e^- \rightleftharpoons Mo + 3H_2O$	0.075
Ge^{4+}/Ge	$Ge^{4+} + 4e^- \rightleftharpoons Ge$	0.124
S/H_2S	$S + 2H^+ + 2e^- \rightleftharpoons H_2S(aq)$	0.142
Sn^{4+}/Sn^{2+}	$Sn^{4+} + 2e^- \rightleftharpoons Sn^{2+}$	0.151
Cu^{2+}/Cu^+	$Cu^{2+} + e^- \rightleftharpoons Cu^+$	0.153
SO_4^{2-}/H_2SO_3	$SO_4^{2-} + 4H^+ + 2e^- \rightleftharpoons H_2SO_3 + H_2O$	0.172
SbO^+/Sb	$SbO^+ + 2H^+ + 3e^- \rightleftharpoons Sb + 2H_2O$	0.212
As_2O_3/As	$As_2O_3 + 6H^+ + 6e^- \rightleftharpoons 2As + 3H_2O$	0.234
Bi^{3+}/Bi	$Bi^{3+} + 3e^- \rightleftharpoons Bi$	0.308
Cu^{2+}/Cu	$Cu^{2+} + 2e^- \rightleftharpoons Cu$	0.3419
H_2SO_3/S	$H_2SO_3 + 4H^+ + 4e^- \rightleftharpoons S + 3H_2O$	0.449
Cu^+/Cu	$Cu^+ + e^- \rightleftharpoons Cu$	0.521
I_2/I^-	$I_2 + 2e^- \rightleftharpoons 2I^-$	0.5355
MnO_4^-/MnO_4^{2-}	$MnO_4^- + e^- \rightleftharpoons MnO_4^{2-}$	0.558
$H_3AsO_4/HAsO_2$	$H_3AsO_4 + 2H^+ + 2e^- \rightleftharpoons HAsO_2 + 2H_2O$	0.560
O_2/H_2O_2	$O_2 + 2H^+ + 2e^- \rightleftharpoons H_2O_2$	0.695
$[PtCl_4]^{2-}/Pt$	$[PtCl_4]^{2-} + 2e^- \rightleftharpoons Pt + 4Cl^-$	0.755
Fe^{3+}/Fe^{2+}	$Fe^{3+} + e^- \rightleftharpoons Fe^{2+}$	0.771
Hg_2^{2+}/Hg	$Hg_2^{2+} + 2e^- \rightleftharpoons 2Hg$	0.7973
Ag^+/Ag	$Ag^+ + e^- \rightleftharpoons Ag$	0.7996
NO_3^-/N_2O_4	$2NO_3^- + 4H^+ + 2e^- \rightleftharpoons N_2O_4 + 2H_2O$	0.803
Hg^{2+}/Hg_2^{2+}	$2Hg^{2+} + 2e^- \rightleftharpoons Hg_2^{2+}$	0.920
NO_3^-/HNO_2	$NO_3^- + 3H^+ + 2e^- \rightleftharpoons HNO_2 + H_2O$	0.934
NO_3^-/NO	$NO_3^- + 4H^+ + 3e^- \rightleftharpoons NO + 2H_2O$	0.957
HNO_2/NO	$HNO_2 + H^+ + e^- \rightleftharpoons NO + H_2O$	0.983
$Br_2(aq)/Br^-$	$Br_2(aq) + 2e^- \rightleftharpoons 2Br^-$	1.0873
Pt^{2+}/Pt	$Pt^{2+} + 2e^- \rightleftharpoons Pt$	1.18
IO_3^-/I_2	$2IO_3^- + 12H^+ + 10e^- \rightleftharpoons I_2 + 6H_2O$	1.195
MnO_2/Mn^{2+}	$MnO_2 + 4H^+ + 2e^- \rightleftharpoons Mn^{2+} + 2H_2O$	1.224
O_2/H_2O	$O_2 + 4H^+ + 4e^- \rightleftharpoons 2H_2O$	1.229
$Cr_2O_7^{2-}/Cr^{3+}$	$Cr_2O_7^{2-} + 14H^+ + 6e^- \rightleftharpoons 2Cr^{3+} + 7H_2O$	1.232
Tl^{3+}/Tl^+	$Tl^{3+} + 2e^- \rightleftharpoons Tl^+$	1.252

续表

电对符号	电极反应 氧化型 + ze$^-$ ⇌ 还原型	$E^\ominus$/V
Cl_2/Cl^-	$Cl_2 + 2e^- \rightleftharpoons 2Cl^-$	1.358
PbO_2/Pb^{2+}	$PbO_2 + 4H^+ + 2e^- \rightleftharpoons Pb^{2+} + 2H_2O$	1.455
ClO_3^-/Cl_2	$ClO_3^- + 6H^+ + 5e^- \rightleftharpoons \frac{1}{2}Cl_2 + 3H_2O$	1.47
MnO_4^-/Mn^{2+}	$MnO_4^- + 8H^+ + 5e^- \rightleftharpoons Mn^{2+} + 4H_2O$	1.507
Bi_2O_4/BiO^+	$Bi_2O_4 + 4H^+ + 2e^- \rightleftharpoons 2BiO^+ + 2H_2O$	1.593
H_5IO_6/IO_3^-	$H_5IO_6 + H^+ + 2e^- \rightleftharpoons IO_3^- + 3H_2O$	1.601
$HClO/Cl_2$	$HClO + H^+ + 2e^- \rightleftharpoons \frac{1}{2}Cl_2 + H_2O$	1.611
NiO_2/Ni^{2+}	$NiO_2 + 4H^+ + 2e^- \rightleftharpoons Ni^{2+} + 2H_2O$	1.678
MnO_4^-/MnO_2	$MnO_4^- + 4H^+ + 2e^- \rightleftharpoons MnO_2 + 2H_2O$	1.679
$PbO_2/PbSO_4$	$PbO_2 + SO_4^{2-} + 4H^+ + 2e^- \rightleftharpoons PbSO_4 + 2H_2O$	1.6913
Au^+/Au	$Au^+ + e^- \rightleftharpoons Au$	1.692
H_2O_2/H_2O	$H_2O_2 + 2H^+ + 2e^- \rightleftharpoons 2H_2O$	1.776
$S_2O_8^{2-}/SO_4^{2-}$	$S_2O_8^{2-} + 2e^- \rightleftharpoons 2SO_4^{2-}$	2.010
O_3/H_2O	$O_3 + 2H^+ + 2e^- \rightleftharpoons O_2 + H_2O$	2.076
F_2/HF	$F_2 + 2H^+ + 2e^- \rightleftharpoons 2HF$	3.053

注：本表数据摘自 J. R. Rumble. CRC Handbook of Chemistry and Physics. 101st ed. Boca Raton：CRC Press Inc，2020-2021：5-100～5-103.

参考文献

[1] 陈林根．工程化学基础．3 版．北京：高等教育出版社，2018.

[2] 董志平，王萃娟，郝静．工程化学基础．3 版．北京：高等教育出版社，2024.

[3] 范勇，屈学俭，徐家宁．基础化学实验．2 版．无机化学实验分册．北京：高等教育出版社，2015.

[4] 彭银仙，王静．工程化学．北京：化学工业出版社，2021.

[5] 王莉，范勇，宋晓伟，等．无机化学核心教程．3 版．北京：科学出版社，2019.

[6] 王丽丽，郭丽，曹晶晶．无机化学实验．北京：化学工业出版社，2022.

[7] 徐家宁，范勇，刘嫒嫒，等．无机化学实验．北京：化学工业出版社，2025.

[8] 徐甲强，邢彦军，周义峰．工程化学．北京：科学出版社，2017.

[9] 张丽荣，程鹏，徐家宁，等．无机化学．5 版．上册．北京：高等教育出版社，2024.

[10] 张丽丹，李顺来，张春婷主编．新编大学化学实验．2 版．北京：化学工业出版社，2020.

[11] 赵新华，孙豪岭．无机化学实验．5 版．北京：高等教育出版社，2023.

[12] 周祖新，黄莎华，肖秀珍，等．工程化学．3 版．北京：化学工业出版社，2023.